EUL VERLAG

Implikationen steuerlicher Risiken – ökonomische Analyse und empirische Evidenz

Inauguraldissertation zur Erlangung des akademischen Grades eines Doktors der Wirtschaftswissenschaften der Universität Mannheim

vorgelegt von

Diplom-Kaufmann Sebastian Matenaer

aus Ludwigshafen

2013

Dekan: Dr. Jürgen M. Schneider

Referent: Prof. Dr. Christoph Spengel

Korreferent: Prof. Dr. Ulrich Schreiber

Tag der mündlichen Prüfung: 22. Februar 2013

Reihe: Steuer, Wirtschaft und Recht · Band 330

Herausgegeben von vBP StB Prof. Dr. Johannes Georg Bischoff, Wuppertal, Dr. Alfred Kellermann, Vorsitzender Richter (a. D.) am BGH, Karlsruhe, Prof. (em.) Dr. Günter Sieben, Köln, und WP StB Prof. Dr. Dr. h. c. Norbert Herzig, Köln

Dr. Sebastian Matenaer

Implikationen steuerlicher Risiken

Ökonomische Analyse und empirische Evidenz

EUL VERLAG

Bibliografische Information der Deutschen Nationalbibliothek

Die Deutsche Nationalbibliothek verzeichnet diese Publikation in der Deutschen Nationalbibliografie; detaillierte bibliografische Daten sind im Internet über <http://dnb.d-nb.de> abrufbar.

Dissertation, Universität Mannheim, 2013

ISBN 978-3-8441-0238-3
1. Auflage April 2013

JOSEF EUL VERLAG GmbH
Brandsberg 6
53797 Lohmar
Tel.: 0 22 05 / 90 10 6-6
Fax: 0 22 05 / 90 10 6-88
E-Mail: info@eul-verlag.de
http://www.eul-verlag.de

Bei der Herstellung unserer Bücher möchten wir die Umwelt schonen. Dieses Buch ist daher auf säurefreiem, 100% chlorfrei gebleichtem, alterungsbeständigem Papier nach DIN 6738 gedruckt.

Für meine Familie, Sarah und David Angstmann

Vorwort

Die vorliegende Arbeit wurde im März 2013 von der Fakultät für Betriebswirtschaftslehre der Universität Mannheim als Dissertation angenommen. Die Arbeit entstand während meiner Tätigkeit als wissenschaftlicher Mitarbeiter am Lehrstuhl für Allgemeine Betriebswirtschaftliche und Betriebswirtschaftliche Steuerlehre II an der Universität Mannheim.

Besonderer Dank gebührt meinem Doktorvater Herrn Prof. Dr. Christoph Spengel, der die Anregung zu dieser Arbeit gab, für die fachliche Begleitung meiner Arbeit und seinen großen Beitrag zu meiner persönlichen Weiterentwicklung. Herrn Prof. Dr. Ulrich Schreiber danke ich für die Übernahme des Zweitgutachtens sowie Herrn Prof. Dr. Thomas Fetzer, LL.M. für die kurzfristig eingeräumte Möglichkeit die Wahlfachprüfung bei ihm abzulegen.

Den Kolleginnen und Kollegen am Lehrstuhl und am Zentrum für Europäische Wirtschaftsforschung (ZEW) in Mannheim danke ich für die gute Zusammenarbeit, den Zusammenhalt und die angenehme Arbeitsatmosphäre. Eine große moralische Stütze abseits des Lehrstuhls waren für mich Dr. Martina Corsten und Dr. Wojciech Stiller. In hohem Maße schulde ich Dr. Benedikt Zinn Dank und Anerkennung. Ohne unsere enge Zusammenarbeit und seine Begeisterungsfähigkeit wäre diese Dissertation nicht in der vorliegenden Form und nicht in dem relativ kurzen Zeitrahmen entstanden.

Meinen langjährigen besten Freunden Jan Denzel, Selim Saidi und Jörg Vayhinger danke ich, dass sie all die Jahre für mich da waren. Von besonderem Wert war überdies meine gemeinsame Studienzeit mit Christian Becker, die mich sehr geprägt hat. Matthias Full habe ich einen reibungslosen Berufseinstieg in die Beratungspraxis zu verdanken.

Schließlich möchte ich meiner Familie, insbesondere meinen Eltern Renate und Wolfgang Matenaer, für die jahrelange liebevolle Unterstützung von ganzem Herzen danken. Bei Sarah und David Angstmann bedanke ich mich herzlich für die schönen gemeinsamen Stunden, welche mich Anspannung und Arbeitsdruck vergessen haben lassen. Sarah danke ich im Besonderen für ihre vorbehaltlose Rücksichtnahme und Unterstützung meiner Promotion. Deshalb sei meiner Familie, Sarah und David Angstmann diese Arbeit in tiefer Dankbarkeit gewidmet.

Frankfurt, im März 2013 *Sebastian Matenaer*

Inhaltsübersicht

Inhaltsverzeichnis

Tabellenverzeichnis

Abbildungsverzeichnis

Abkürzungsverzeichnis

a. A	andere(r) Ansicht
Abb.	Abbildung
Abl.	Amtsblatt der Europäischen Gemeinschaften / Europäischen Union
Abs.	Absatz
AER	The American Economic Review
a. F.	alte Fassung
AG	Die Aktiengesellschaft
AktG	Aktiengesetz
a. M.	am Main
AO	Abgabenordnung
Art.	Artikel
ASB	Accounting Standards Board (Großbritannien)
ASC	Accounting Standards Codification
AStG	Gesetz über die Besteuerung bei Auslandsbeziehungen (Außensteuergesetz)
AT	Österreich
ATX	Austrian Traded Index
BB	Betriebsberater
BBK	Buchführung, Bilanzierung, Kostenrechnung
BC	Zeitschrift für Bilanzierung, Rechnungswesen und Controlling
Bd.	Band
BDI	Bundesverband der Deutschen Industrie
BE	Belgien
BFH	Bundesfinanzhof
BFuP	Betriebswirtschaftliche Forschung und Praxis
BGBl	Bundesgesetzblatt
BGH	Bundesgerichtshof
BGHSt	Entscheidungssammlung des Bundesgerichtshofs in Strafsachen
BMF	Bundesministerium der Finanzen
BMJ	Bundesministerium der Justiz
BpO	Betriebsprüfungsordnung
Bsp.	Beispiel
BStBl	Bundessteuerblatt
BT-Drucks.	Bundestags-Drucksache
BU	Bulgarien

Buchst.	Buchstabe
bzw.	beziehungsweise
CDU	Christlich Demokratische Union
CEO	Chief Executive Officer
CFO	Chief Financial Officer
CESifo	Centre for Economic Studies und Ifo Institute for Economic Research
CFC	Controlled Foreign Companies
COM	Commission
c. p.	ceteris paribus
CPA	Certified Public Accountant
CSU	Christlich Soziale Union
CY	Zypern
CZ	Tschechien
DAX	Deutscher Aktienindex
DB	Der Betrieb
DBA	Doppelbesteuerungsabkommen
DBW	Die Betriebswirtschaft
d. h.	das heißt
Diss.	Dissertation
DK	Dänemark
DK	Der Konzern
DPR	Deutsche Prüfstelle für Rechnungslegung
DRS	Deutsche Rechnungslegungs Standards
DStJG	Deutsche Steuerjuristische Gesellschaft e. V.
DStR	Deutsches Steuerrecht
DStZ	Deutsche Steuerzeitung
EBOR	European Business Organization Law Review
EBITDA	Earnings before Interest, Taxes, Depreciation and Amortization
ECFR	European Company and Financial Law Review
ECTR	EC Tax Review
ED	Exposure Draft
EDV	Elektronische Datenverarbeitung
EE	Estland
EER	European Economic Review

EFRAG	European Financial Reporting Advisory Group
EG	Europäische Gemeinschaften
EP	Economic Policy
ERP	Enterprise Resource Planning
ES	Spanien
EStG	Einkommensteuergesetz
ET	European Taxation
et al.	und andere (et alii)
etc.	et cetera
EU	Europäische Union
EuGH	Europäischer Gerichtshof
EuGHE	Entscheidungen des Gerichtshofes der Europäischen Gemeinschaften
EURIBOR	Euro Interbank Offered Rate
EuZW	Europäische Zeitschrift für Wirtschaftsrecht
e. V.	eingetragener Verein
EWS	Europäisches Wirtschafts- und Steuerrecht
f., ff.	folgende, fortfolgende
FA	Finanzarchiv
FAS	Financial Accounting Standards
FB	Finanz Betrieb
FDP	Freie Demokratische Partei
FG	Finanzgericht
FI	Finnland
FIN 48	FASB Interpretation Number 48
FN	Fußnote
FR	Frankreich
FR	Finanzrundschau
FS	Festschrift
GA	Generalanwalt/Generalanwältin am EuGH
GER	Deutschland
GewStG	Gewerbesteuergesetz
GG	Grundgesetz für die Bundesrepublik Deutschland
GKKB	Gemeinsame konsolidierte Körperschaftsteuer-Bemessungsgrundlage
GmbHG	Gesetz betreffend die Gesellschaften mit beschränkter Haftung
GmbHR	GmbH-Rundschau

GR	Griechenland
GuV	Gewinn- und Verlustrechnung
HGB	Handelsgesetzbuch
h. M.	herrschende Meinung
Hrsg., hrsg.	Herausgeber, herausgegebene(e)
HU	Ungarn
IAS	International Accounting Standards
IBFD	International Bureau of Fiscal Documentation
IDW	Institut der Wirtschaftsprüfer
IE	Irland
IFA	l'Association Fiscale Internationale
IFRS	International Financial Reporting Standards
IFS	Institute for Fiscal Studies
Intertax	International Tax Review
i. S. d.	im Sinne des/der
IRS	Internal Revenue Service
IStR	Internationales Steuerrecht
IT	Italien
ITPF	International Tax and Public Finance
i. V. m.	in Verbindung mit
IWB	Internationale Wirtschaftsbriefe
JoPE	Journal of Political Economy
JPE	Journal of Public Economics
JStG	Jahressteuergesetz
KMU	Kleine und mittlere Unternehmen
KOM	Kommission
KonTraG	Gesetz zur Kontrolle und Transparenz im Unternehmensbereich
KoR	Zeitschrift für internationale und kapitalmarktorientierte Rechnungslegung
KSt	Körperschaftsteuer
KStG	Körperschafsteuergesetz
LT	Litauen
LU	Luxemburg

LV	Lettland
M & A	Mergers and Acquisitions
Mio.	Millionen
MT	Malta
m. w. N.	mit weiteren Nachweisen
NBER	National Bureau of Economic Research
NJW	Neue Juristische Wochenschrift
NL	Niederlande
Nr.	Nummer
NTJ	National Tax Journal
NVwZ	Neue Zeitschrift für Verwaltungsrecht
NWB	Neue Wirtschaftsbriefe
NZG	Neue Zeitschrift für Gesellschaftsrecht
OECD	Organisation for Economic Co-Operation and Development (Organisation für wirtschaftliche Zusammenarbeit und Entwicklung)
OECD-MA	OECD-Musterabkommen
OFD	Oberfinanzdirektion
OLS	Ordinary Least Squares
OREP	Oxford Review of Economic Policy
OWiG	Gesetz über Ordnungswidrigkeiten
PiR	Praxis der internationalen Rechnungslegung
PL	Polen
PT	Portugal
PwC	PricewaterhouseCoopers
PWP	Perspektiven der Wirtschaftspolitik
QJE	The Quarterly Journal of Economics
RIW	Recht der internationalen Wirtschaft
RMS	Review of Managerial Science
RO	Rumänien
Rn.	Randnummer
Rs.	Rechtssache
Rz.	Randziffer

S.	Seite(n), Satz
SBR	Schmalenbach Business Review
SE	Schweden
SEC	(United States) Securities and Exchange Commission
Sec.	Section
SK	Slowakei
SME	Small and Medium-sized Enterprises
SL	Slowenien
sog.	Sogenannt
SOA	Sarbanes-Oxley Act
SSRN	Social Science Research Network
StB	Der Steuerberater
Stbg	Die Steuerberatung
StbJb	Steuerberater-Jahrbuch
SteuerStud	Steuer und Studium
SteuK	Steuerrecht kurzgefaßt
StuB	Steuern und Bilanzen
StuW	Steuern und Wirtschaft
u. a.	unter anderem
Ubg	Die Unternehmensbesteuerung
UK	Vereinigtes Königreich
USA	United States of America
usw.	und so weiter
v.	von/vom
vgl.	vergleiche
Vorb.	Vorbemerkung(en)
VTR	Virginia Tax Review
WD	Wirtschaftsdienst
WiSt	Wirtschaftswissenschaftliches Studium
WPg	Die Wirtschaftsprüfung
XBRL	eXtensible Business Reporting Language
YLJ	The Yale Law Journal

z. B.	zum Beispiel
ZCG	Zeitschrift für Corporate Governance
ZEW	Zentrum für Europäische Wirtschaftsforschung
ZfB	Zeitschrift für Betriebswirtschaft
ZfbF	Zeitschrift für betriebswirtschaftliche Forschung
ZfCM	Zeitschrift für Controlling & Management
ZfP	Zeitschrift für Planung und Unternehmensteuerung
ZRFG	Zeitschrift für Risk, Fraud & Governance
ZWS	Zeitschrift für Wirtschafts- und Sozialwissenschaften
ZHR	Zeitschrift für das gesamte Handels- und Wirtschaftsrecht

1 Problemstellung, Zielsetzung und Gang der Untersuchung

Die ersten Ansätze einer systematischen Beschäftigung mit dem Thema Risiko entstanden in den 60er Jahren des vorherigen Jahrhunderts im Bereich des betrieblichen Versicherungswesens. Zu diesem Zeitpunkt begannen amerikanische Großunternehmen in Folge der Zunahme von unternehmensgefährdenden Risiken und der steigenden Belastung mit Versicherungsprämien, den Einkauf sowie die Administration von Versicherungsverträgen effizienter zu gestalten und nicht versicherbare Risiken planmäßig zu erfassen.[1] Dieses Konzept wurde, als Versicherungsunternehmen als Gegenleistung für niedrigere Prämien von den Unternehmen Sicherheitsvorkehrungen abverlangten,[2] um schadenvorbeugende Maßnahmen erweitert.[3] Parallel dazu entwickelte sich vor allem im Bankenbereich der Einsatz von Finanzinstrumenten zur Absicherung von finanzwirtschaftlichen Risiken, wie beispielsweise Zinsschwankungen. Schließlich wurden Risiken auch im industriellen Bereich systematisch wahrgenommen und kontrolliert.[4]

Die ersten Versuche, Standards für das Risikomanagementsystem und das interne Kontrollsystem zu entwickeln, unternahm das Committee of Sponsoring Organizations of the Treadway Commission 1992. Erst im Zuge der Umsetzung des Sarbanes-Oxley Act (SOX, 2002)[5] und der FASB Interpretation Number 48[6] (FIN 48, 2006) in den USA, der Internationalisierung der Kapitalmärkte,[7] der Übernahme der IFRS für Konzernabschlüsse (2005) in Europa und der damit verbundenen Fokussierung auf die Bilanzansätze der Vermögenswerte und Schulden rückten die (Risiko-)Managementfähigkeiten der Steuerabteilung stärker in den Fokus der Unternehmensleitung. Anteilseigner verlangen heute mehr Informationen über die betriebliche Steuerpolitik, wodurch die Bedeutung von Kapitalmarktinformationen zum steuerlichen Ergebnis des Unternehmens zunimmt.[8]

Auch die Unternehmen scheinen mittlerweile zu realisieren, dass ein betriebliches Risikomanagement die steuerlichen Folgen unternehmerischen Handelns explizit miteinschließen soll-

1 Vgl. Schramm, H.-G., Steuerliche Ungewißheitsanalyse, Bergisch Gladbach 1989, S. 143.
2 Vgl. Fichtner, K., Strategisches Risiko- und Diversifikationsmanagement, Chemnitz 2008, S. 90.
3 Vgl. Theil, M., Risikomanagement – Stand und Ansätze für eine Weiterentwicklung, Wien 1996, S. 209.
4 Vgl. Denk, R./Exner-Merkelt, K./Ruthner, R., Wirtschaft und Management 2006, S. 10.
5 Section 302 des Sarbanes-Oxley Acts (SOX) verlangt, dass CEO und CFO bestätigen, dass sie für die Finanzabschlusskontrolle und – prozesse verantwortlich sind.
6 Vgl. zu FIN 48 und ED/2009/2 Abschnitt 5.3.
7 Die nationalen Kapitalmärkte wurden im Zuge der Globalisierung und der internationalen Vernetzung durch das Internet zu einem internationalen Kapitalmarkt verschmolzen. Vgl. Reichmann, T., Controlling mit Kennzahlen und Managementberichten, München 2001, S. 599.
8 Vgl. KPMG, The Rising Tide, Zug 2007, S. 6.

te.[9] Denn Steuerrisiken sind ein untrennbarer Teil des Unternehmensrisikos und die Steuerposition kann einen großen Anteil der gesamten Aufwendungen des Unternehmens ausmachen.[10]

Steuerliche Risiken werden in Zukunft weiter an Bedeutung gewinnen, einerseits durch sich ständig ändernde Strukturen innerhalb von Konzernen, andererseits durch die wachsenden regulatorischen Vorgaben in den Bereichen Rechnungslegung und Steuern. Hinzu kommt der öffentliche Druck durch private Organisationen, wie das britische Tax Justice Network oder Henderson Global Investors,[11] und die generelle Bedeutungszunahme der Corporate Governance, welche Steuerplanung zunehmend auch zu einer moralischen und ethischen Frage werden lassen und die moralischen Vorstellungen akzeptabler Steuerplanungsstrategien bereits verschoben haben.[12] Die Anzahl der Zeitungsartikel, die sich mit dem Thema Steuern beschäftigen, hat folglich einen bemerkenswerten Umfang erreicht.[13]

Die Steuerabteilungsleiter scheinen auch aufgrund der Aufmerksamkeit der Öffentlichkeit zunehmend das Risiko zu scheuen.[14] Die Fokussierung auf die Reduzierung des steuerlichen Risikoumfangs wird der Steuerplanung zukünftig spürbare Grenzen setzen. Gleichzeitig könnte aber der Einfluss der Steuerabteilung in den Unternehmen steigen.[15] Auch für die Steuerberatungsgesellschaften wird es in Zukunft noch bedeutender werden, die steuerliche Risikostrategie ihrer Kunden zu verstehen.[16]

Steuerliche Risiken sind dagegen erst seit jüngerer Zeit Gegenstand von Forschungsarbeiten in den Steuerwissenschaften. Bisherige Forschungsansätze sind im Wesentlichen auf die normative Abhandlung der Regelungen von internationalen Rechnungslegungsstandards und die Darstellung von steuerrechtlichen Risiken im Allgemeinen sowie die Analyse möglicher Gestaltungsansätze bei der Implementierung eines steuerlichen Risikomanagements begrenzt. Darüber hinaus liegt bislang nur eine ökonometrische Untersuchung zu steuerlichen Risiken

---

9 Vgl. Röthlisberger, R./Zitter, G., Schweizer Treuhänder 2005, No. 4, S. 295 f.; CFO Research Services/Deloitte Tax LLP, What Do Companies Want from the Corporate Tax Function?, Boston 2006; Wunder, H.F., Journal of International Accounting, Auditing and Taxation 2009, Vol. 18, No. 1, S. 22 f.

10 Vgl. Endres, D./Rödl, C./Spengel, C./Scheffler, W., DStR 2009, S. 2500.

11 Vgl. Henderson Global Investors, Tax, risk and corporate governance, London 2005.

12 Vgl. kritisch hierzu Jacobs, O.H., Internationale Unternehmensbesteuerung, 7. Auflage, München 2011, S. 917 ff.

13 Vgl. Henderson Global Investors, Tax, risk and corporate governance, London 2005, S. 4; Erle, B., Tax Risk Management and Board Responsibility, Berlin 2008, S. 206; OECD, Information Note – General Administrative Principles: Corporate Governance and Tax Risk Management, Paris 2009, S. 18; Bakker, A.J., Tax Risk Management – Look before You Leap and Be in Control, Amsterdam 2010, S. 469 f.

14 Vgl. Henderson Global Investors, Tax, risk and corporate governance, London 2005, S. 8; Wunder, H.F., Journal of International Accounting, Auditing and Taxation 2009, Vol. 18, No. 1, S. 20.

15 Vgl. Ernst & Young, Tax Risk Management. The evolving role of tax directors, London 2004, S. 14.

16 Vgl. Crest, S., International Tax Review 2005, Vol. 16, No. 8, S. 13 f.; Wunder, H.F., Journal of International Accounting, Auditing and Taxation 2009, Vol. 18, No. 1, S. 15 f.

vor.[17] Insbesondere sind keine umfassenden Untersuchungen zu den Bilanzpositionen, auf denen die Wertdifferenzen zwischen Handels- und Steuerbilanz basieren, für deutsche Jahresabschlüsse vorhanden, noch wurden Zusammenhänge der temporären Differenzen mit der steuerlichen Risikoposition aufgezeigt. Folglich mangelt es an empirischer Evidenz zur steuerlichen Risikosituation deutscher Unternehmen und deren Implikationen für eine Weiterentwicklung der Bilanzierungsvorschriften im deutschen Handelsrecht. Bislang fehlen zudem fundierte Kenntnisse zu den prozessualen und strategischen Einflussfaktoren eines steuerlichen Risikomanagements. Die Implementierung von Risikomanagementansätzen in den Unternehmen beeinflusst auch die strukturelle Neuausrichtung der deutschen Finanzverwaltung im Rahmen der elektronischen Steuererhebung. In diesem Zusammenhang fehlen jedoch aktuelle Daten zur Verbreitung von Risikomanagementansätzen in anderen Ländern und daraus ableitbare Reformempfehlungen für die Betriebsprüfungspraxis in Deutschland.

Vor diesem Hintergrund ist es Zielsetzung dieser Arbeit die aufgezeigten Forschungslücken zu schließen. Zunächst werden hierzu steuerliche Risiken definiert, gegenüber anderen Risikogruppen abgrenzt und systematisiert. Dabei wird eine ursachenbezogene Systematisierung von Steuerrisiken vorgenommen. Im Anschluss daran wird analysiert, welche strategischen und organisationalen Voraussetzungen für die institutionalisierte Etablierung eines Tax Risk Managements geschaffen werden müssen. Aus einer Gegenüberstellung der Organisation der Steuerabteilung mit dem betrieblichen Risikomanagements sollen Gestaltungsempfehlungen für die Aufbauorganisation eines systematischen steuerlichen Risikomanagements abgeleitet werden. Die Anforderungen an die Ablauforganisation sollen aus den Vorgaben des Sarbanes-Oxley Acts und des Gesetzes zur Kontrolle und Transparenz im Unternehmensbereich (KonTraG) gewonnen werden. In einem weiteren Schritt wird analysiert, ob und wo steuerliche Risiken in der externen Rechnungslegung ausgewiesen werden. Darauf aufbauend stellt diese Arbeit darauf ab, die mit zukünftigen Steueraufwendungen verbundenen Risiken und deren Ursachen auf der Basis von händisch erhobenen Anhangangaben empirisch zu untersuchen. Anschließend wird eine Ableitung von Handlungsempfehlungen für eine Weiterentwicklung der handelsrechtlichen Bilanzierung von latenten Steuern und Steuerrisikorückstellungen aus den gewonnenen empirischen Ergebnissen angestrebt. Abschließend wird das Ziel verfolgt, zu erörtern, ob die Finanzverwaltung als steuererhebende Instanz spiegelbildlich zu den steuerpflichtigen Unternehmen ihre Aufkommensrisiken in ausreichendem Umfang kontrolliert.

[17] Vgl. Endert, V., Analyse ausgewählter Einflussfaktoren auf die Höhe von Steuernachzahlungen – eine empirische Untersuchung anhand von Bilanzdaten deutscher Unternehmen, Hamburg 2010.

Hierzu sollen die Risikomanagementansätze aller Länder der EU-27 Mitgliedstaaten, der Schweiz und der USA vergleichend untersucht werden.

Der Gang der Untersuchung folgt der Zielsetzung der Arbeit. Im zweiten Teil wird zunächst der Untersuchungsgegenstand der steuerlichen Risiken konkretisiert, indem Risikokategorien ursachenbezogen identifiziert werden. Für jede Risikokategorie werden Risikoobjekt bezogene Unterkategorien gebildet. Für jede Unterkategorie werden Beispiele für Steuerrisiken dargestellt, um die vorgenommene Systematisierung zu veranschaulichen.

Der dritte Teil entwickelt aus einer Gegenüberstellung von Steuerabteilung und betrieblichem Risikomanagement organisationale sowie strategische Einflussfaktoren der Implementierung eines systematischen Tax Risk Management. Aus einem Vergleich von Sarbanes-Oxley Act und dem KonTraG werden dabei prozessuale Implikationen abgeleitet. Hierzu wird zunächst die erforderliche strategische Ausrichtung der Steuerabteilung im Zuge der Einführung eines steuerlichen Risikomanagements diskutiert. Daran anschließend werden die Implikationen eines steuerlichen Risikomanagements auf die Unternehmensorganisation analysiert. Abschließend werden die Einflussfaktoren auf die Ablauforganisation untersucht. Veränderungen der Ablauforganisation werden vor allem im Bereich der Reporting Lines und der Dokumentation erörtert.

Im vierten Teil wird der Ausweis steuerlicher Risiken in der externen Rechnungslegung untersucht. In einem ersten Schritt werden hierbei die Bilanzierung von Steuerrisiken nach HGB und die dazugehörigen Anhangangaben normativ untersucht. Der Schwerpunkt der Untersuchung liegt auf der Analyse Bilanzierung latenter Steuern und den damit verbundenen Anhangangaben nach § 285 Nr. 29 HGB. Hierzu werden Jahresabschlüsse deutscher börsennotierter Kapitalgesellschaften auf Angaben mit Bezug zu steuerlichen Risiken, die mit zukünftigen Steuerzahlungen verbunden sind, statistisch ausgewertet. Deskriptive Auswertungen vermitteln dabei einen Einblick in die Bedeutung latenter Steuern für die Bilanzpolitik und die Ursachen von Risiken, die mit temporären Differenzen verbunden sind. Daran anknüpfend dienen multivariate Regressionen der Beantwortung der Frage, in welchem Zusammenhang die Qualität der Unternehmenspublizität und Unternehmenscharakteristika stehen. Insbesondere wird die Frage beantwortet, ob Unternehmen sich in Abhängigkeit von ihren Implementierungskosten signifikant in der Berichtsqualität von anderen Kapitalgesellschaften unterscheiden. Die empirischen Befunde werden zum Schluss um eine vergleichende Analyse mit den US-GAAP und IFRS ergänzt und zu Reformempfehlungen für die Bilanzierung latenter Steuern nach HGB weiterentwickelt.

Im fünften Teil wird der Frage nachgegangen, ob durch die Vorgabe spezifischer Vorschriften zur Bilanzierung von Steuerrisiken, die unter US-GAAP (FIN 48) bereits vor einigen Jahren implementiert wurden, die Abbildung von Steuerrisikorückstellungen in den handelsrechtlichen Jahresabschlüssen reformiert werden kann. Hierzu werden die Regelungen des FIN 48 mit den Vorschlägen des IASB in ED/2009/2 verglichen und die bisherigen empirischen Befunde zur Bilanzierungspraxis unter FIN 48 ergänzend ausgewertet. Darauf aufbauend werden, unter Berücksichtigung des Informationsnutzens der Rechnungslegungsvorschriften und der damit verbundenen Kosten auf Unternehmensseite, Reformempfehlungen für den zukünftigen Ausweis von Steuerrisiken nach HGB entwickelt.

Im sechsten Teil wird zunächst das Konzept der Betriebsprüfung in Deutschland und aktuelle Reformüberlegungen vorgestellt. Anschließend werden, basierend auf den Ergebnissen einer Befragung von Steuerexperten, vergleichend die Betriebsprüfungssysteme in den EU-Mitgliedstaaten, der Schweiz und den USA analysiert. Aus einer Gegenüberstellung der Betriebsprüfungsansätze werden dann Implikationen für eine Weiterentwicklung der Betriebsprüfungspraxis in Deutschland abgeleitet. Abschließend erfolgt ein Ausblick auf die Weiterentwicklungsmöglichkeiten durch grenzüberschreitende Betriebsprüfungen.

Die Arbeit schließt mit einer thesenförmigen Zusammenfassung, welche die zentralen Ergebnisse der einzelnen Analyseschritte zusammenfasst und aufbereitet.

2 Tax Risk: der steuerliche Risikobegriff – eine konzeptionelle Betrachtung

2.1 Einleitung, Begriffsbestimmung und Abgrenzung zu anderen unternehmerischen Risiken

Vor der ökonomischen und empirischen Untersuchung von Steuerrisiken sollen diese zunächst charakterisiert und systematisiert werden.

Viele Unternehmen[18] haben historisch gesehen unter Steuerrisiken Steuergestaltungen verstanden, die bei Betriebsprüfungen aufgedeckt werden könnten und zu Steuernachzahlungen führen.[19] Aber Steuerrisiken lassen sich, vor allem vor dem Hintergrund der Shareholder-Value Orientierung,[20] nicht derart einfach charakterisieren.[21]

Steuerrisiken sind vielmehr jedes steuerliche Ereignis, das die Zielgrößen[22] des Unternehmens in nicht geplanter Weise negativ beeinflusst.[23] Diese Definition schließt neben Abweichungen der tatsächlichen von der geplanten Steuerzahlung auch nur schwer monetär messbare Reputationsverluste sowie nicht zahlungswirksame Erträge und Aufwendungen ein.[24] Steuerrisiken haben somit Einfluss auf die Liquidität und den Erfolg eines Unternehmens. Sie können sich lediglich in einem Zinsnachteil, aber auch in einer endgültigen finanziellen Belastung niederschlagen.

In der normativen Steuerliteratur wird von einer asymmetrischen Unsicherheit gesprochen.[25] Mit anderen Worten, wird argumentiert, dass Steuerrisiken überwiegend mit Steuernachzahlungen verbunden sind.[26] Dies lässt sich jedoch dadurch erklären, dass zumeist kein erwarteter Steuernachzahlungsbetrag als Zielgröße berücksichtigt wird.[27] Bei treffend gewähltem Bezugspunkt können die tatsächlichen Steuernachzahlungen unter oder über dem erwarteten Betrag liegen. Insofern handelt es sich bei genauer Betrachtung um eine symmetrische Unsicherheit.

---

18 Vgl. für einen Überblick zu den steuerlichen Risiken aus Sicht des Abschlussprüfers Loitz, R., WPg 2012, S. 253 ff.

19 Vgl. Takano, H./Ariyasu, K./Angell, R., Japan, Amsterdam 2010, S. 299.

20 Vgl. Rappaport, A., Creating Shareholder Value: A Guide for Managers and Investors, 2. Auflage, New York 1998.

21 Vgl. auch Lee, A./Rabenort, M., International Tax Review 2009, Vol. 20, No. 8, S. 32.

22 Vgl. für eine Auswertung der verwendeten Risikobegriffe in der betriebswirtschaftlichen Forschung Jonen, A., Semantische Analyse des Risikobegriffs: Strukturierung der betriebswirtschaftlichen Risikodefinition und literaturempirische Auswertung, Beiträge zur Controlling-Forschung Nr. 11, Kaiserslautern 2007.

23 Vgl. Haller, M., Risiko-Management – Eckpunkte eines integrierten Konzepts, SzU, Band 33, Wiesbaden 1986, S. 19.

24 Vgl. für eine Übersicht der in der Steuerliteratur bisher vorgeschlagenen Definitionen steuerlicher Risiken Risse, R., Ubg 2012, S. 170 f.

25 Vgl. Weber, J./Weißenberger, B.E./Liekweg, A., DStR 1999, S. 1711 f.

26 Vgl. Senger, T./Brune, J.W./Hoehne, F., WPg 2010, S. 673.

27 Vgl. hierzu Mensch, G., Risiko und Unternehmensführung, Frankfurt am Main 1991, S. 32 f.

Die Nichtinanspruchnahme vorteilhafter Wahlrechte und anderer Begünstigungen, wie z. B. die Rücklage für Reinvestitionen nach § 6 b EStG, stellt nach der obigen Begriffsbestimmung auch ein Steuerrisiko dar. Schließlich sind auch strafrechtliche Auswirkungen denkbar, wenn Entscheidungsträger wegen Steuerbetrugs oder persönlicher Bereicherung verurteilt werden.[28]

Steuerrisiken resultieren aus steuerlichen Ereignissen in Veranlagungszeiträumen, die noch unter dem Vorbehalt der Nachprüfung nach § 164 AO stehen.[29] Denn nach erfolgter Außenprüfung können Steuerbescheide nur erschwert geändert werden, wenn neue Tatsachen oder Beweismittel bekannt werden (§ 173 Abs. 2 AO).

Es sind zahlreiche Ansätze für eine Systematisierung und Kategorisierung von Steuerrisiken denkbar.[30] Im Folgenden wird eine ursachenbezogene Systematisierung (Compliance, operatives Geschäft, Strategie und Tax Accounting) von Steuerrisiken vorgenommen, die risikoobjektbezogen untergliedert wird. Diese Vorgehensweise wird im Hinblick auf die zu entwickelnden Handlungsempfehlungen und die empirische Analyse gewählt. Die beschriebenen Steuerrisiken sollen dabei nicht kasuistisch vorgestellt werden, da hieraus über die betrachteten Einzelfälle hinaus kein Erkenntnisgewinn zu verzeichnen wäre. Vielmehr werden bedeutsame Beispiele für Steuerrisiken ausgewählt, um die vorgenommene Kategorisierung zu veranschaulichen.

An dieser Stelle sei noch klarstellend darauf hingewiesen, dass sämtliche steuerliche Risiken interdependent sind. Ein Unternehmenszusammenschluss kann beispielsweise die Realisierung steuerlicher Verlustvorträge wahrscheinlicher machen und damit das Tax Accounting-Risiko reduzieren. Gleichzeitig entsteht aber potenziell das Risiko einer Nichtanerkennung der steuerneutral vorgenommenen Verschmelzung und damit steigt das operative Steuerrisiko. Eine aus Sicht der Finanzverwaltung nicht überzeugende Rechtsauffassung des Unternehmens kann eine Überprüfung anderer Angaben in der Steuererklärung nach sich ziehen.[31] Daher können Einzelrisiken häufig erst durch Wechselwirkungen mit anderen Risiken bestandsgefährdenden Charakter annehmen.

Abschließend soll noch kurz auf Besonderheiten im Hinblick auf die Bewertung von Steuerrisiken eingegangen werden. Für Steuerrisiken lassen sich keine Wahrscheinlichkeitsverteilun-

---

[28] Strafrechtliche Risiken für die Entscheidungsträger erzeugen indirekte Kosten in Form suboptimaler Vertragsvereinbarungen mit den verantwortlichen Führungskräften. Vgl. Chen, K.-P./Chu, C.Y.C., Rand Journal of Economics 2005, Vol. 36, No. 1, S. 151 ff.

[29] Je mehr Veranlagungszeiträume noch offen sind, desto höher werden tendenziell die Steuerrisiken, die eintreten können. Vgl. Krampe, S./Helios, M., Corporate Finance law 2010, S. 142.

[30] Vgl. Hey, J., Steuerplanungssicherheit als Rechtsproblem, Köln 2002, S. 63 ff.

[31] Vgl. Neubig, T./Balvinder, S., Tax Executive 2004, Vol. 56, No. 2, S. 116.

gen identifizieren. Es können nur subjektive Wahrscheinlichkeiten durch Expertenbefragungen geschätzt werden. Für finanzwirtschaftliche Risiken lassen sich im Gegensatz dazu, aufgrund der vielen Beobachtungen an den Kapitalmärkten, auf der Basis mathematisch-statistischer Verfahren Wahrscheinlichkeitsverteilungen festlegen.[32] Steuerrisiken sind daher kaum einer Risikobewertung zugänglich. Insbesondere können die in der Finanzwirtschaft entwickelten Verfahren, wie der Value at Risk,[33] nicht ohne Anpassungen auf das Management steuerlicher Risiken übertragen werden.

Die Gliederung des zweiten Kapitels folgt der Systematisierung der steuerlichen Risiken. Abschnitt zwei stellt Compliance Risiken vor, Abschnitt drei beschäftigt sich mit operativen Steuerrisiken und strategische Steuerrisiken werden in Abschnitt vier erörtert. Schließlich wendet sich der fünfte Abschnitt den Tax Accounting-Risiken zu, bevor Abschnitt sechs kurz die herausgearbeiteten Resultate zusammenfasst.

2.2 Compliance Risiken

Tax Compliance Risiken betreffen die Einhaltung gesetzlicher Normen zur Vermeidung von Steuernachzahlungen, Haftungsfällen oder Reputationsverlusten eines Unternehmens, seiner Mitarbeiter und seiner Organe. Hierbei lassen sich nachfolgende Einzelrisiken unterscheiden.

2.2.1 Vorauszahlungen

Vorauszahlungen fallen bei vielen Steuerarten an und müssen entsprechend akkurat berechnet werden. Zu den Obliegenheiten des Steuerpflichtigen gehört die pünktliche Entrichtung der Vorauszahlungen an das zuständige Finanzamt (§ 37 EStG, § 31 KStG, § 18 UStG). Werden die Vorauszahlungen dagegen verzögert entrichtet, können Säumniszuschläge verhängt werden (§ 240 AO).

Durch zu hohe Vorauszahlungen können negative Zinseffekte entstehen, die zu den Steuerrisiken zählen. Vorauszahlungen müssen daher bei einem voraussichtlichen Rückgang des steuerlichen Gewinns unmittelbar angepasst werden, um die Liquidität des Unternehmens zu sichern.

2.2.2 Vollständige und pünktliche Deklaration

Steuererklärungen und monatliche Steueranmeldungen müssen fristgerecht eingereicht werden (Deklarationspflicht, § 90 Abs. 1, § 149, § 150 AO), festgesetzte Steuerzahlungen haben termingerecht und in der richtigen Höhe zu erfolgen (Steuerentrichtungspflicht, § 43 S. 2

[32] Vgl. Tsay, R.S., Analysis of Financial Time Series, 2. Auflage, New York 2002, S. 13.
[33] Vgl. Gleißner, W., Grundlagen des Risikomanagements in Unternehmen, München 2008, S. 112 f.

AO). Andernfalls drohen Zinsen auf Steuernachforderungen, Verspätungszuschläge und Säumniszuschläge (§§ 233-240 AO, § 152 AO).[34] Verspätungs- und Säumniszuschläge sind als steuerliche Nebenleistungen im Sinne des § 3 Abs. 4 AO einzuordnen. Sie zählen daher zu den nicht abziehbaren Aufwendungen und erhöhen die Risikowirkung. Das gleiche gilt für die Vollverzinsung mit 6% p. a. ab dem 16. Monat nach Ende des betroffenen Steuerjahres (§ 233 a AO, § 238 AO), die sich damit effektiv auf etwa 10% pro Jahr beläuft.[35]

Das Outsourcing von Compliance Tätigkeiten an Shared Service Center verspricht zwar Kostenvorteile, das beauftragende Unternehmen trägt aber auch ein erhöhtes Compliance Risiko,[36] weil es für die Richtigkeit der steuerlichen Bilanzpositionen und die Steuererklärung verantwortlich bleibt.

Ohne funktionsfähige Kontrollen und geeignete Systeme (z. B. Risikomanagementsysteme) entstehen Compliance Risiken,[37] weil dem Steuerpflichtigen vorgeworfen werden kann, dass er die Verletzung gesetzlicher Pflichten nicht verhindert hat, weil geeignete Kontrollmechanismen fehlen (§ 130 OWiG) oder dass er bei entsprechender Sorgfalt die Unrichtigkeit hätte erkennen können (§ 378 AO). Dabei reicht nach § 130 OWiG eine bloße Vermutung eines kausalen Zusammenhangs zwischen der Pflichtverletzung und der persönlichen Schuld.[38] Ungeeignete oder nicht vorhandene Tax Compliance Systeme beinhalten daher das Risiko kosten- und personalintensiver streitiger Auseinandersetzungen mit der Finanzverwaltung.

Das Compliance Risiko wurzelt zusammenfassend in den Geschäftsprozessen und verwendeten EDV-Systemen zur Erstellung der Steuererklärungen. Es wird dabei von der Integrität der Buchhaltungssysteme sowie der Fähigkeit des EDV-Systems, steuerlich relevante Daten aus den Informationen des Buchhaltungssystems zu generieren, beeinflusst.[39]

2.2.3 Dokumentationsvorschriften

Meldeverpflichtungen und Aufbewahrungspflichten sind nicht weniger bedeutsam für das steuerliche Risikoprofil. Die Steuergesetzgebung der letzten Jahre hat die steuerlichen Infor-

---

[34] Hohe Nachzahlungen können zu einem Bewertungsabschlag am Kapitalmarkt führen. Vgl. Arbeitskreis Externe und Interne Überwachung der Unternehmen der Schmalenbach-Gesellschaft für Betriebswirtschaft e. V., DB 2010, S. 1510.

[35] Vgl. Pöllath, R., Unternehmensführung (Corporate Governance) und Besteuerung, München 2008, S. 14 f.

[36] Vgl. Elgood, T./Paroissien, I./Quimby, L., Journal of International Taxation 2005, Vol. 16, No. 5, S. 25 f.; Risse, R., DB 2011, S. 669.

[37] Nach § 69 AO haften Vertreter einer Gesellschaft, soweit Ansprüche aus dem Steuerschuldverhältnis aufgrund vorsätzlicher oder grob fahrlässiger Pflichtverletzung nicht oder nicht rechtzeitig festgesetzt oder erfüllt werden. In anderen Ländern gibt es keine vergleichbare Regelung. Vgl. Schön, W., Tax and Corporate Governance: A Legal Approach, Berlin 2008, S. 42.

[38] Vgl. Kiesel, H./Böhriner, J., BB 2012, S. 1192.

[39] Vgl. Obermayr, A., Managing Tax Risks, Wien 2006, S. 92 f.

mations- und Dokumentationsanforderungen deutlich erhöht. Neben den allgemeinen Dokumentations- und Aufbewahrungspflichten gemäß § 257 HGB und § 147 AO, die sechs bzw. zehn Jahre umfassen, hat der Gesetzgeber eine Vielzahl ähnlich gelagerter Verpflichtungen geschaffen.[40] Während dieses Zeitraums sollte der Steuerpflichtige alle abgeschlossenen Geschäftsvorfälle lückenlos dokumentieren,[41] weil eine nachträgliche Rekonstruktion von Sachverhalten zeitaufwendig und kostspielig ist.

Die steuerlichen Aufbewahrungsfristen enden nach § 147 Abs. 3 S. 2 AO, wenn die Festsetzungsfrist für die unterliegenden steuerlichen Sachverhalte abgelaufen ist. Die Installation neuer IT-Systeme birgt daher das Risiko, dass für die Betriebsprüfung wichtige digital verfügbare Unterlagen abhandenkommen.

Sollte es zu einem Gerichtsprozess kommen, ist es aus risikopolitischer Sicht von großem Vorteil, wenn gut aufgearbeitete Informationen zur Verfügung stehen, aus denen klar hervorgeht, warum es auf Seiten des Unternehmens in einer strittigen Rechtsfrage zur betreffenden Beurteilung der steuerrechtlichen Vorschriften kam.[42]

2.2.4 Indirekte Steuern

Da das Steueraufkommen aus den Ertragsteuern im Zuge des internationalen Steuerwettbewerbs weltweit sinkt, haben indirekte Steuern an Bedeutung gewonnen.[43] Dies lässt sich z. B. an der Anhebung der Umsatzsteuersätze im Rahmen der anhaltenden Staatsschuldenkrise in Irland, Italien und Spanien erkennen.[44] Im Zuge dieser Entwicklung übersteigen die Steuerzahlungen der Unternehmen für die indirekten Steuern häufig die Steuerbeträge der Ertragsteuern.[45]

Da große Unternehmen zahlreiche Transaktionen jeden Tag abwickeln, sind sie einem hohen Risikovolumen ausgesetzt. Hinzu kommt, dass die Einhaltung der gesetzlichen Vorschriften im Bereich der indirekten Steuern meist die Zusammenarbeit mehrerer Abteilungen erfordert, was komplizierte Prozesse und Kontrollen voraussetzt.[46]

Typische Risiken im Bereich der Umsatzsteuer sind die falsche Implementierung von Vorsteuerberichtigungen, fehlende Belegnachweise sowie eine mangelhafte Abbildung von Ge-

---

40 Siehe die Ausführungen zu den Dokumentationsverpflichtungen bei den Verrechnungspreisen unter Abschnitt 2.3.1.

41 Vgl. Hermenau, C.-J., FR 2011, S. 120.

42 Vgl. Künstler, T./Seidel, F., Tax Compliance, Wiesbaden 2008, S. 259.

43 Vgl. Europäische Kommission, Taxation Trends in the European Union, Brüssel 2012, S. 185, S. 199.

44 Vgl. Langer, R., Änderungen bei den Umsatzsteuersätzen in Europa – weitere Entwicklungen, BC Fachnachrichten 8/2012.

45 Vgl. beispielsweise European Commission, Taxation Trends in the European Union, Brüssel 2010, S. 68 ff.

46 Vgl. Schärer, C./Mayne, H., International Tax Review 2007, Vol. 18, No. 8, S. 33 ff.

setzesänderungen im Buchhaltungssystem.[47] Wenn die für den Vorsteuerabzug erforderlichen Rechnungsangaben fehlen oder unzutreffend sind, besteht für den Leistungsempfänger kein Anspruch auf Vorsteuerabzug. Eine Ausfuhrlieferung ist gemäß § 4 Abs. 1 UStG nur umsatzsteuerfrei, wenn ein buchmäßiger Nachweis nach § 13 UStDV erbracht wird. Die Umsatzsteuer kann im Nachhinein in vielen Fällen nicht mehr überwälzt werden. Sie belastet die Liquidität des Unternehmens, wenn nachträglich festgestellt wird, dass die Voraussetzungen für die Steuerfreiheit nicht vorlagen.[48] Bei einer langen Leistungskette und vielen formal falschen Rechnungen kann eine definitiv werdende Umsatzsteuerschuld über dem Steuerbetrag für den Endverbraucher liegen.[49]

Bei einer zu früh abgegebenen Umsatzsteuervoranmeldung handelt es sich auch um ein Steuerrisiko. Für die meisten Unternehmen führt die Umsatzsteuer, neben den Umsatzerlösen und dem Wareneinsatz, zum höchsten Liquiditätsfluss im Unternehmen. Durch eine Optimierung des Umsatzsteuercashflows lässt sich in großen Unternehmen die Liquiditätssituation entscheidend verbessern. Ähnliche Optimierungspotentiale ergeben sich durch die Verschiebung von Bestell-, Rechnungsstellungs- und Zahlungszeitpunkten.[50]

2.2.5 Quellensteuern

Unternehmen erheben vermehrt Abzugs-, Umsatz- und Verbrauchsteuern für den Fiskus.[51] Selbstbemessungsabgaben wohnt aber ein hohes Risiko inne, da die Steuererklärungen oder Voranmeldungen nach ihrer Abgabe keiner unmittelbaren Überprüfung unterzogen werden. Unterlaufen dem Unternehmen bei der Berechnung der Steuerzahlung Fehler, droht eine Haftung für die Abzugsverpflichtung. Eine verspätete Festsetzung im Bereich der Anmeldesteuern fällt darüber hinaus unter den Tatbestand der Steuerverkürzung nach § 370 AO.

Wird die Kapitalertragsteuer nicht zum maßgeblichen Fälligkeitszeitpunkt an das Finanzamt abgeführt, so haftet das Unternehmen für die Steueransprüche (§ 44 Abs. 5 EStG)[52] inklusive anfallender Säumniszuschläge.[53] Gerade bei der Kapitalertragsteuer duldet die Finanzverwal-

[47] Vgl. Obermayr, A., Managing Tax Risks, Wien 2006, S. 102.
[48] Vgl. Freidank, C.-C./Mammen, A., ZCG 2008, S. 289.
[49] Vgl. Schroen, O.C., NWB 2010, S. 4125.
[50] Vgl. Harley, G., International Tax Review 2009, Vol. 20, No. 50, S. 33 ff.
[51] Vgl. Obermayr, A., Managing Tax Risks, Wien 2006, S. 86.
[52] In den USA und in Australien gelten ähnliche Regelungen. Vgl. Schön, W., Tax and Corporate Governance: A Legal Approach, Berlin 2008, S. 42. Die Foreign Account Tax Compliance Act Vorschriften zielen dabei auf die Identifizierung von Konto- und Depotwerten ab, um eine Steuerumgehung zu verhindern. Vgl. hierzu Tikos, P., RIW 2011, S. 221 ff.
[53] Vgl. Petrak, L./Schneider, J., BC 2008, Heft 1, S. 13.

tung keine Verspätung der abzuführenden Beträge, reagiert umgehend und verhängt Säumnis- und Verspätungszuschläge (§ 152 AO, § 240 AO).[54]

Im Bereich der Quellensteuern muss die Steuerabteilung auch überwachen, ob es kapitalertragssteuerpflichtige Zahlungen gab, für die eine Reduzierung der Steuerschuld oder eine Befreiung beantragt werden kann (§ 43 b EStG, § 44 a Abs. 9 EStG). Der diesbezügliche Erstattungsantrag muss fristgerecht gestellt werden (§ 50 d Abs. 1 und 2 EStG). Die Befreiung erfolgt dann typischerweise in Fällen geringer steuerlicher Bedeutung unter der Auflage, dass jährlich über die Höhe der an den Empfänger gezahlten Beträge Meldungen vorzunehmen sind.[55]

Neben der Kapitalertragsteuer wird die Lohnsteuer im Wege des Steuerabzugs erhoben. Im Rahmen der Lohnsteuer sind Teilzeitarbeitsverhältnissen ein Risikofaktor. Nachzuzahlende Lohnsteuer ist für jedes Unternehmen eine bedeutende finanzielle Belastung.[56] Die Anwendung der Pauschalversteuerung setzt bei Teilzeitarbeitsverhältnissen eine detaillierte Dokumentation voraus. Wenn diese unterbleibt, können Mehrbelastungen infolge einer nicht ordnungsgemäß durchgeführten Lohnsteuerpauschalierung entstehen.[57]

2.3 Operative Steuerrisiken

Die Art der unternehmerischen Betätigung, die Strukturen des Unternehmens, die Abläufe und die Standorte der Konzerngesellschaften ergeben ein einzigartiges Risikoprofil.[58] Die Minimierung der Steuerbelastung steht dabei konfliktär der Zielsetzung gegenüber, steuerliche Risiken zu reduzieren. Operative Steuerrisiken sind im Gegensatz zu steuerlichen Compliance Risiken dynamisch, da sich die getätigten Investitionen aufgrund der Abschnittsbesteuerung über mehrere Veranlagungszeiträume steuerlich auswirken können.

Die ökonomischen Entscheidungen auf allen Ebenen des Unternehmens ziehen potenziell steuerliche Wirkungen nach sich. Deswegen nehmen die steuerlichen Risiken mit der Größe des Unternehmens und dem Internationalisierungsgrad zu.[59] Alle Risiken, die bei nationalen Sachverhalten vorhanden sind, vervielfältigen sich bei grenzüberschreitender wirtschaftlicher Betätigung. Doppelbesteuerungen drohen, weil zeitgleich steuerliche Anknüpfungspunkte in

---

[54] Vgl. Schneider, H., Kreditwesen 1999, S. 24.
[55] Vgl. BMF-Schreiben vom 20.5.2009, BStBl I 2009, S. 645.
[56] Vgl. Streck, M./Binnewies, B., DStR 2009, S. 232.
[57] In Südafrika werden beispielweise Fehler beim Lohnsteuerabzug mit Strafen bis zu 200% belegt. Vgl. Erasmus, D.N., South Africa, Amsterdam 2010, S. 398.
[58] Vgl. Clopath, G., Der Schweizer Treuhänder 2000, S. 664.
[59] Die einzelnen Länder unterscheiden sich hinsichtlich der steuerlichen Risiken, die mit einem Auslandsengagement verbunden sind. Vgl. Wunder, H.F., Journal of International Accounting, Auditing and Taxation 2009, Vol. 18, No. 1, S. 17 f.

zwei Staaten verwirklicht werden. Das Risiko einer Doppelbesteuerung besteht auch wenn die beteiligten Staaten ein Doppelbesteuerungsabkommen abgeschlossen haben, da die Vertragspartner abkommensrechtliche Begriffe unterschiedlich oder extensiv auslegen können. Steuerliche Risiken bei grenzüberschreitenden Investitionen werden zudem durch die erhöhte Komplexität der Transaktionen und durch eine wachsende Intransparenz der internationalen Steuergesetzgebung beeinflusst.[60] Hinzu treten die Umrechnungsproblematik bei unterschiedlichen Währungen und die teilweise notwendige Übersetzung der ausländischen Steuererklärungen. Die Risikoposition multinationaler Unternehmen wird daher maßgeblich davon bestimmt, wie häufig und umfassend die steuerlichen Rahmenbedingungen der grenzüberschreitenden Geschäftstätigkeit überprüft werden.

Wenn der Steuerpflichtige einen Tatbestand verwirklicht, an den das Gesetz eine Leistungspflicht knüpft, entstehen Ansprüche aus dem Steuerschuldverhältnis.[61] Verwirklichte Sachverhalte lassen sich steuerlich in der Regel nicht mehr rückgängig machen. In Unkenntnis der resultierenden Steuerforderungen kann der Steuerpflichtige somit entgegen seiner Absicht Besteuerungsfolgen auslösen.

Die Steuerabteilung kann dies nur verhindern, Transaktionen steuerplanerisch betreuen und Steuerrisiken reduzieren, falls sie rechtzeitig, umfassend und zeitnah von den operativ tätigen Einheiten über geplante Transaktionen informiert wird. Deshalb sind Unternehmen bei der Durchführung außergewöhnlicher Transaktionen wie beispielsweise einer Unternehmensübernahme einem erhöhten Risiko ausgesetzt. Inkonsistente oder fehlerhafte Prozesse und Kontrollen sind meist Ursache für die skizzierten operativen Steuerrisiken.[62]

Ein Risiko besteht vor allem dann, wenn Vorgänge nur mittelbar den Steuerbereich betreffen und dieser Zusammenhang von anderen Abteilungen nicht erkannt wird. Auslandsentsendungen können beispielsweise zur Begründung einer Betriebsstätte führen, wenn die Steuerabteilung nicht rechtzeitig eingreifen kann.[63] International ist eine zunehmende Tendenz zu beobachten, den Betriebsstättenbegriff auszuweiten und die damit verbundenen Subtanzanforderungen zu reduzieren.[64] Gerade wenn mit dem Zielland kein DBA geschlossen wurde, ist der Betriebsstättenbegriff nach nationalem Recht meist sehr weit gefasst.

---

60 Vgl. Eilers, S./Maier, A, Ubg 2010, S. 683.
61 Vgl. § 38 AO.
62 Vgl. Hilsebein, G./Rengier, C., VW 2010, S. 1742; Geuenich, M./Kiesel, H., BB 2012, S. 157.
63 Vgl. Ernst & Young, The Tipping Point – Where Tax Risks and International Audit Meet, London 2007, S. 2. Vgl. zu aktuellen Detailproblemen Eilers, S./Maier, A., Ubg 2010, S. 683 f.
64 Vgl. Maier, A., SteuK 2011, S. 295.

Ist sich der Steuerpflichtige der Verwirklichung des Tatbestandes und der Besteuerungsfolgen bewusst, verbleibt das Problem der Anwendung und Auslegung der Rechtslage.[65] Unbestimmte Rechtsbegriffe, Ermessensnormen oder Gesetzeslücken lassen Interpretationsspielräume zu und führen zu einer unsicheren Rechtslage.[66] Rechtssicherheit würde Steuergesetze voraussetzen, deren Wortlaut so bestimmt ist, dass sich darauf Steuergestaltungen aufbauen ließen, die jeder behördlichen Überprüfung standhalten würden.[67] Angesichts der schwierigen Materie des steuerrechtlichen Normengefüges können Risiken jedoch kaum ausgeschlossen werden.[68] Insbesondere die Frage, ob eine steuerliche Strukturierung noch von dem Gesetzeswortlaut gedeckt ist, oder ob es sich bereits um einen Missbrauch von rechtlichen Gestaltungsmöglichkeiten handelt, ist kaum zu beantworten.[69] Ein Verstoß gegen Missbrauchsvermeidungsnormen kann dabei mit hohen Strafen belegt werden.[70]

Aggressive Steuerplanungsmodelle der Steuerpflichtigen haben in den USA und in Großbritannien[71] inzwischen sogar dazu geführt, dass Steuergestaltungen im Rahmen der Steuererklärung offenzulegen sind.[72] In den USA werden hierzu Listen mit unerwünschten Steuerplanungsmodellen und Transaktionen veröffentlicht, die von den Steuerpflichtigen angegeben werden müssen.[73]

2.3.1 Verrechnungspreise

Da die Leistungsbeziehungen zwischen Konzernunternehmen nicht zu Marktpreisen abgewickelt werden können, eröffnen sich in der Praxis erhebliche Ermessensspielräume. Diese beruhen darauf, dass es zwischen Konzerngesellschaften an einem Interessenskonflikt wie zwischen unabhängigen Dritten fehlt. Da die angemessene Höhe von Verrechnungspreisen im Wesentlichen durch die Zuordnung von Funktionen und Risiken bestimmt wird, ist es für die steuerliche Anerkennung von Verrechnungspreisen unabdingbar, nicht nur eine schriftliche

---

65 Vgl. Horváth, P., Controlling, 8. Auflage, München 2002, S. 290.

66 Vgl. Henselmann, K./Rose, A., Management steuerlicher Risiken, Heidelberg 2001, S. 188 ff.

67 Vgl. Tipke, K., Zu Gerd Roses Bemühen um mehr Steuerplanungssicherheit, Wiesbaden 1991, S. 97.

68 Eine korrekte Subsumtion ist für einige steuerliche Sachverhalte auch erst nach Ablauf eines Beurteilungszeitraums möglich. Vgl. Rose, G., Ein Grundgerüst planungsrelevanter Steuerrechtsrisiken, Wiesbaden 1995, S. 484 f.

69 Vgl. zur Diskussion Freedman, J./Loomer, G./Vella, J., Moving Beyond Avoidance? Tax Risk and the Relationship between Large Business and HMRC, Oxford 2007, S. 18 ff.

70 In Frankreich können bis zu 80% der Steuerersparnis als Strafzahlung verhängt werden. Vgl. Amadieu-Le Claire, C., France, Amsterdam 2010, S. 246.

71 Vergleichbare Vorschriften existieren auch in Kanada und Australien. Vgl. Friese, A./Link, S./Mayer, S., Taxation and Corporate Governance – The State of the Art, Berlin 2008, S. 403.

72 Vgl. Williams, D.F., Developing the Concept of Tax Governance, Discussion Paper, London 2007, S. 22.

73 In den USA ist es zudem sehr lukrativ, Steuerhinterzieher an den Pranger zu stellen. Informanten erhalten 15% bis 30% des erzielten Steueraufkommens. Vgl. Fiechter, J.-R.W., International Tax Journal 2010, Vol. 36, No. 6, S. 50.

Vereinbarung zu treffen, sondern auch eine Zuweisung von wesentlichen finanziellen und personellen Ressourcen mit der Zuordnung von Risiken und Funktionen zu verbinden.[74]

Mit der weltweit zunehmenden Marktverflechtung hat sich das Augenmerk von Betriebsprüfungen auf die Angemessenheit von Verrechnungspreisen verschoben.[75] Verrechnungspreisrisiken werden daher auch in empirischen Erhebungen[76] und Analysen[77] als eine der größten steuerlichen Risikoquellen identifiziert. Die Wahrscheinlichkeit einer Überprüfung der Verrechnungspreise ist in Industrieländern als sehr hoch einzuschätzen, wobei Praxisberichte darauf hindeuten, dass die Wahrnehmung von Verrechnungspreisrisiken offenbar sehr stark von den Erfahrungen in den zurückliegenden Betriebsprüfungen beeinflusst wird.[78]

Verrechnungspreise bilden nicht nur einen Schwerpunkt bei Außenprüfungen, sondern gehen mit hohen Anpassungen der Steuerbemessungsgrundlage einher, weil sie eine Schätzung der Besteuerungsgrundlagen hervorrufen können (analog § 162 AO). Steuerschätzungen wurden in den letzten Jahren in vielen Ländern deutlich verschärft[79] und können auf den für den Steuerpflichtigen ungünstigsten Wert festgelegt werden. Die Nichteinhaltung formaler Kriterien kann dabei zur Nichtanerkennung der gesamten Transaktion führen.[80]

Ausgangspunkt für die Ermittlung adäquater konzerninterner Verrechnungspreise ist der sog. Fremdvergleichsgrundsatz bzw. im internationalen Sprachgebrauch das arm's length principle. Artikel 9 OECD-MA kodifiziert den abkommensrechtlichen Fremdvergleichsgrundsatz als Berichtigungsmaßstab für unangemessene Preisvereinbarungen. Obwohl sich viele Ländern bei der Einführung von Verrechnungspreisvorschriften an den Vorgaben der OECD[81] orientieren, gibt es immer noch Unterschiede hinsichtlich der akzeptierten Methoden,[82] auch wenn international eher von einem Konsens gesprochen werden kann. Anders verhält es sich hingegen mit den Anforderungen an die Verrechnungspreisanalyse. Länderspezifische Vorschriften

---

74 Verändern sich die ökonomischen Rahmenbedingungen können Anpassungen der geschlossen Verträge erforderlich werden. Vgl. Ledure, D./Bertrand, P./Breggen, M.v.d./Hardy, M., Intertax 2010, Vol. 38, No. 6-7, S. 354.

75 Vgl. Baumhoff, H., IStR 2003, S. 1.

76 Vgl. Crest, S., International Tax Review 2005, Vol. 16, No. 8, S. 13; Ernst & Young, Steady course, uncharted waters. Findings from the third Ernst & Young global tax risk survey, London 2008, S. 18; Wunder, H.F., Journal of International Accounting, Auditing and Taxation 2009, Vol. 18, No. 1, S. 23 ff.

77 Vgl. Endert, V., Analyse ausgewählter Einflussfaktoren auf die Höhe von Steuernachzahlungen – eine empirische Untersuchung anhand von Bilanzdaten deutscher Unternehmen, Hamburg 2010, S. 16 ff.

78 Vgl. Jost, S.P./Pfaffermayr, M./Winner, H., Transfer Pricing as a Tax Compliance Risk, Working Paper No. 2010-06, Salzburg 2010.

79 Vgl. beispielsweise für einen Überblick die seit 1995 in regelmäßigen Abständen erscheinenden Global Transfer Pricing Surveys von Ernst & Young.

80 Vgl. hierzu kritisch Mank, K./Nientimp, A., DB 2007, S. 2163 ff.

81 Die OECD-Verrechnungspreisgrundsätze 2010 sind bei der Beurteilung von Vergleichswerten noch restriktiver geworden. Vgl. OECD, Review of Comparability and of Profit Methods: Revision of Chapters I-III of the Transfer Pricing Guidelines, Paris 2010.

82 Vgl. Anderson, P./Miall, R., International Tax Review, 2003, Vol. 15, No. 1, S. 36 f.

erschweren die Vorhaltung konsistenter Verrechnungspreisdaten und machen daher die Verteidigung des Verrechnungspreissystems in Betriebsprüfungen zu einer anspruchsvollen Aufgabe.[83]

Insbesondere bei Transaktionen mit Schwellenländern sind oftmals keine vergleichbaren Marktpreise verfügbar, was zu Komplikationen im Umgang mit den Finanzbehörden führen kann.[84] Aber auch in industrialisierten Ländern ist aufgrund der eingeschränkten Datenverfügbarkeit die Führung eines Fremdvergleichs schwierig. Dadurch entsteht das Risiko einer Doppelbesteuerung. Denn während sich bei nationalen Konzernen eine Korrektur des Verrechnungspreises auch auf die Gewinnermittlung der anderen Konzernunternehmen auswirkt, funktioniert dieser Automatismus bei Transaktionen mit ausländischen Konzerngesellschaften nicht.

Verständigungsverfahren (Artikel 25 OECD-MA), die dieses Problem lösen könnten, sind in der Regel sehr langwierig. Das Schiedsübereinkommen[85] der Europäischen Mitgliedstaaten schreibt im Gegensatz zum Verständigungsverfahren des OECD-Musterabkommens eine Einigung vor, wenn nötig unter Einbezug eines unabhängigen Beratungsgremiums. Die durchschnittliche Verfahrensdauer innerhalb der Europäischen Union belief sich jedoch nach einer Erhebung der Europäischen Kommission auf 20 Monate.[86]

Eine exakte Dokumentation der Verrechnungspreise ist international (wie in Deutschland in § 90 Abs. 3 AO)[87] entweder gesetzlich vorgeschrieben oder eine praktische Notwendigkeit, da sie den Steuerpflichtigen vor Strafzuschlägen schützt oder eine Beweislastumkehr zuungunsten des Unternehmens verhindern kann.[88] Aus der jüngeren Vergangenheit lassen sich etwa Frankreich, Italien und Österreich, aber auch Schwellenländer wie China und sogar Entwicklungsländer wie Ägypten, Kolumbien und Vietnam als Beispiele anführen, die eine Dokumentation explizit gesetzlich festgeschrieben haben.[89]

83 Vgl. dazu Lohse, T./Riedel, N./Spengel, C., The Increasing Importance of Transfer Pricing Regulations – a Worldwide Overview, Oxford University Centre for Business Taxation, Saïd Business School, WP 12/27, Oxford 2012.

84 Vgl. Falcao, T., Intertax 2010, Vol. 38, No. 10, S. 503 ff.

85 Vgl. Übereinkommen 90/463/EWG vom 23.7.1990 über die Beseitigung der Doppelbesteuerung im Falle von Gewinnberichtigungen zwischen verbundenen Unternehmen (Schiedsverfahrenskonvention), Abl. 1990 Nr. L 225, S. 10.

86 Vgl. Kommission der Europäischen Gemeinschaften, Unternehmensbesteuerung im Binnenmarkt, Arbeitsdokument der Dienststellen der Kommission, KOM (2001) 582 endg., Luxemburg 2002, S. 299 f.

87 Vgl. Verordnung zu Art, Inhalt und Umfang von Aufzeichungen i. S. d. § 90 Abs. 3 der Abgabenordnung vom 13.11.2003, BStBl I 2003, S. 789.

88 Vgl. Scheibe, H./Schwerdt, D., IWB 2010, S. 861.

89 Vgl. dazu Lohse, T./Riedel, N./Spengel, C., The Increasing Importance of Transfer Pricing Regulations – a Worldwide Overview, Oxford University Centre for Business Taxation, Saïd Business School, WP 12/27, Oxford 2012.

Dabei werden gehobene Qualitätsstandards für die Dokumentation der Verrechnungspreise vorausgesetzt.[90] Trotzdem fehlt es meist an eindeutigen Handlungsanweisungen für den Steuerpflichtigen, sodass aus den Dokumentationsanforderungen ein risikobehafteter Interpretationsspielraum resultiert.

2.3.2 Mergers & Acquistions

Steuerliche Risiken im Zusammenhang mit Unternehmensübernahmen und Umstrukturierungen lassen sich in einen geschäftsbedingten und einen steuerbedingten Teil unterteilen. Geschäftsbedingte Umstrukturierungen sind etwa die Wahl einer neuen Rechtsform (z. B. Societas Europaea) oder strategische Akquisitionen.[91] Steuerbedingte Strukturveränderungen sind in erster Linie durch Steuerreformen oder veränderte Vorschriften motiviert.[92] Wird die Steuerabteilung zu spät über Transaktionsvorhaben informiert, kann dies zur Aufdeckung von stillen Reserven und zur Nichtberücksichtigung von Steuerrisiken bei der Kaufpreisverhandlung führen und damit großen finanziellen Schaden verursachen.

Der Verkäufer eines Unternehmens hat zunächst ein Interesse daran, einen möglichst hohen Kaufpreis zu erzielen und für möglichst wenige Risiken zu haften, während der Käufer ein exakt gegenläufiges Ziel verfolgt.[93] Wird im Transaktionsprozess keine (adäquate) Tax Due Diligence zur Ermittlung von steuerlichen Risiken des Zielunternehmens durchgeführt, drohen unerwartete Steuernachzahlungen, weil die Steuerrisiken bei einem Share Deal auf den Unternehmenserwerber übergehen.[94] Liegt bei einem Asset Deal aus Sicht des Umsatzsteuerrechts eine Geschäftsveräußerung im Ganzen vor, tritt der Unternehmenskäufer ebenfalls für Zwecke der Umsatzbesteuerung in die Rechtsposition des Veräußerers nach § 1 Abs. 1 a S. 3 UStG. Daher muss der Erwerber für den in Anspruch genommenen Vorsteuerabzug und die hierfür maßgeblichen Verhältnisse sowie jede relevante Verwendungsänderung einstehen.[95] Sollte eine Gesellschaft übernommen werden, für die zuvor eine Organschaft bestand, ist zu beachten, dass nach § 73 AO [96] die übertragene Gesellschaft für Steuerarten haftet, für welche die Organschaft bestand.

---

90 Vgl. Gimmler, F./Greil, S., StB 2009, S. 238.

91 Die zivilrechtlichen Grundlagen werden bei geschäftsbedingten Umstrukturierungen häufig nicht in ausreichendem Umfang auf ihre steuerlichen Wirkungen untersucht. Vgl. Wollweber, M., AG 2011, S. 78 f.

92 Vgl. Mayer, M./Loitz, R./Quella, J.-O./Zerwas, P., Latente Steuern: Bewertung, Bilanzierung, Beratung, Wiesbaden 2009, S. 230.

93 Vgl. Dietrich, H., Ubg 2010, S. 712.

94 Vgl. für einen kurzen Überblick Gerber, J./König, J., ZfCM 2009, S. 59 ff.

95 Vgl. Löffler, C., WPg 2004, S. 632.

96 Daneben kommt eine Haftung nach § 25 HGB und § 133 UmwG in Betracht. Vgl. hierzu Löffler, C., Tax Due Diligence beim Unternehmenskauf, Düsseldorf 2002, S. 176 ff.

Darüber hinaus sind die Folgewirkungen von Unternehmensübernahmen risikoreich. Verlustvorträge können, wie in Deutschland nach § 8 c KStG, in der Folge von Unternehmensübernahmen entfallen. Soll das Zielunternehmen in eine steuerliche Gruppenbesteuerung eingebunden werden, können Risiken durch für den Zeitraum der Gruppenzugehörigkeit nicht mehr nutzbare Verlustvorträge entstehen.[97] Bleibt dies bei der Kaufpreisfindung unberücksichtigt, wird der Unternehmenswert der Zielgesellschaft zu hoch bemessen.

Bei Umstrukturierungen sind Unternehmen durch eine steuerneutrale Einbringung oder einen Anteilstausch nach § 22 Abs. 3 UmwStG verpflichtet, über einen Zeitraum von sieben Jahren jährlich das Finanzamt darüber zu informieren, wer der wirtschaftliche Eigentümer der Anteile ist.

Aus Sicht des veräußernden Unternehmens sind hingegen finanzielle Einbußen zu erwarten, wenn steuerliche Risiken mehrfach berücksichtigt werden. Dieser Fall tritt ein, wenn für erwartete Steuernachzahlungen oder Steuerrisiken bereits eine Rückstellung passiviert worden ist und die Bilanz maßgeblich für die Kaufpreisfindung ist. Finanzielle Nachteile erleidet das veräußernde Unternehmen schließlich auch, wenn für nicht realisierte Risiken keine Nachzahlungsverpflichtung des Käufers vorgesehen wird.[98]

2.3.3 Verlagerung der Geschäftstätigkeit

Im multinationalen Konzern entspricht die Konzernsteuerquote einem gewichteten Ertragssteuersatz. Dieser ergibt sich aus der geographischen Verteilung der Steuererträge auf die unterschiedlichen Jurisdiktionen. Sollen Einkünfte zur Senkung der Steuerquote in größerem Umfang in Niedrigsteuerländer transferiert werden, bedarf es organisatorischer Änderungen im Konzern und somit der Verlagerung von betrieblichen Funktionen und Risiken.

Bis zum Veranlagungszeitraum 2007 wurde bei einer Verlagerung von betrieblichen Funktionen jedes übertragene Wirtschaftsgut separat bewertet.[99] Nach neuer Gesetzeslage handelt es sich hierbei um einen Sonderfall der Verrechnungspreiskorrektur. Eine Funktion ist eine Geschäftstätigkeit, die aus einer Zusammenfassung gleichartiger betrieblicher Aufgaben besteht, die von bestimmten Stellen oder Abteilungen des Unternehmens erledigt werden (§ 1 Funktionsverlagerungsverordnung).[100] Deutschland hat, als bislang einziges Land, mit § 1 Abs. 3

[97] Vgl. Baumann, A./Gatterer, M., European Taxation 2010, S. 516.
[98] Vgl. Dietrich, H., Ubg 2010, S. 712 ff.
[99] Vgl. Tappen, F., SteuK 2010, S. 465.
[100] Das zugehörige BMF-Schreiben hat den Anwendungsbereich der Funktionsverlagerungsvorschriften noch erweitert. Vgl. BMF-Schreiben vom 13.10.2010, BStBl 2010, S. 774.

AStG das Konzept der Bewertung eines Transferpakets gesetzlich verankert.[101] Das Transferpaket besteht dabei aus den materiellen und immateriellen Wirtschaftsgütern sowie den mit der Funktion verbundenen Chancen und Risiken. Zur Bewertung des Transferpakets wird auf einen hypothetischen Fremdvergleich zurückgegriffen, bei dem der Barwert des abgebenden Unternehmens, wenn die Funktion nicht verlagert worden wäre, und der Barwert nach Verlagerung der Geschäftstätigkeit berechnet werden. Zudem sind der Barwert des aufnehmenden Unternehmens, wenn die Geschäftstätigkeit nicht verlagert worden wäre und der Barwert des Unternehmens nach der Funktionsübernahme zu vergleichen.

Die neu eingeführte Escape-Klausel in § 1 Abs. 3 S. 10 AStG sollte nach der Intention des Gesetzgebers für viele Sachverhalte weiterhin eine Einzelbewertung ermöglichen.[102] Letztlich bringt diese Ausnahmevorschrift in der Praxis jedoch kaum eine Erleichterung, da sie weiterhin eine Bewertung des Transferpakets erforderlich macht, um die Voraussetzung eines wesentlichen immateriellen Wirtschaftsgutes zu belegen. Leider hat in diesem Punkt auch nicht das hierzu ergangene BMF-Schreiben zu einer endgültigen Klärung der praktischen Anwendungsprobleme beitragen können.[103] Damit sind die Steuerpflichtigen mit erheblichen Rechtsunsicherheiten konfrontiert und die praktische Anwendbarkeit der Escape-Klausel muss aus Risikogesichtspunkten stark in Frage gestellt werden.[104]

§ 1 Abs. 3 AStG impliziert, dass sämtliche Veränderungen in den Geschäftsbeziehungen zu verbundenen Unternehmen im Ausland sorgfältig dokumentiert werden müssen. Der Gesetzgeber hat von der Ermächtigung des § 90 Abs. 3 S. 5 AO mit der Gewinnabgrenzungsverordnung Gebrauch gemacht und den Inhalt der zu erstellenden Aufzeichnungen bestimmt. Das BMF legt darüber hinaus in den Verwaltungsgrundsätzen Funktionsverlagerung die Dokumentationsvoraussetzungen im Einzelnen fest. Bei Betriebsprüfungen drohen angesichts der teilweise schwierigen Auslegung der anzuwendenden Vorschriften Steuernachzahlungen. Hinzu kommt das Risiko einer Doppelbesteuerung, wenn die ausländische Finanzbehörde das Berechnungskonzept des AStG nicht anerkennt und es damit zu keiner korrespondierenden Buchwertaufstockung kommt.

---

[101] Neben Deutschland hat bislang nur Australien spezifische Regelungen für Funktionsverlagerungen erarbeitet. Vgl. Rasch, S./Schmidtke, R., IWB 2010, S. 720 ff.

[102] Vgl. Kroppen, K.-H./Rasch, S., IWB 2010, S. 322; Tappen, F., SteuK 2010, S. 465 ff.

[103] Vgl. Kroppen, K.-H./Rasch, S., IWB 2010, S. 835.

[104] Vgl. Peter, M./Wehnert, O./Koch, M./Peter, S., IStR 2011, S. 184; Risse, R., Ubg 2012, S. 174.

2.3.4 Konzernfinanzierung

Da Zinszahlungen die Steuerbemessungsgrundlage mindern, reduzieren sie das Steueraufkommen des Ansässigkeitsstaates des Schuldners. Mit Finanzierungsgesellschaften lassen sich Gewinne in Niedrigsteuerländer umleiten, indem die Abzugsfähigkeit der Zinszahlungen bei der Finanzierung der Konzerngesellschaften gezielt genutzt wird. Gegen diese Gestaltungen richten sich im Quellenstaat sog. Thin-Capitalization Vorschriften und im Wohnsitzstaat sog. Controlled-Foreign-Company (CFC) Regelungen.[105]

Eine Überschreitung des vorgegebenen Verschuldungsgrades oder des maximalen Umfangs der Zinsaufwendungen führt zur Einschränkung des steuerlichen Abzugs von Zinszahlungen und daher zu steigenden Kapitalkosten.[106]

Bei komplexen Regelungen, wie der Zinsschranke in Deutschland nach § 4 h EStG i. V. m. § 8 a KStG, bestehen erhebliche Planungsprobleme, etwa wegen der Abhängigkeit des Zinsabzugs von nur bedingt beeinflussbaren Größen, wie der Ergebnisentwicklung und dem allgemeinem Marktzinsniveau.[107]

Durch die Wirtschafts- und Finanzkrise sind die Referenzzinssätze (z. B. EURIBOR), welche Finanzverwaltungen als Vergleichsmaßstab zur Beurteilung der Fremdüblichkeit der Zinszahlungen heranziehen,[108] stark gesunken.[109] Gleichzeitig haben sich die von den Kapitalmarkteilnehmern geforderten Risikoprämien durch die wachsende Verunsicherung der Märkte und durch die steigenden Insolvenzraten erhöht.[110] Diese wirtschaftlichen Entwicklungen haben das Risiko, dass konzerninterne Finanzierungsverträge von der Finanzverwaltung nicht anerkannt werden, erhöht.

Die Finanzverwaltungen gehen weltweit zudem vermehrt dazu über, auf Basis eines neuen OECD Diskussionspapiers,[111] auch bisher weitgehend akzeptierte Vereinbarungen und Bedingungen konzerninterner Finanzierungsverträge kritisch zu hinterfragen.

---

105 Auch wenn CFC-Regelungen seit dem EuGH-Urteil in der Rs. Cadbury-Schweppes in Europa nur noch sehr eingeschränkt angewendet werden können. Vgl. EuGH, Urteil vom 12.9.2006, EuGHE 2006, S. I-7995.

106 CFC-Regelungen müssen nicht gesetzlich festgeschrieben sein. In einigen Ländern wird in einer umfassenden Fremdfinanzierung von der Finanzverwaltung ein steuerlich nicht anzuerkennender Gestaltungsmissbrauch erblickt. Vgl. Eilers, S./Maier, A., Ubg 2010, S. 689.

107 Vgl. Hierstetter, F., DStR 2010, S. 882.

108 Vgl. KStR H 36.II.

109 Vgl. Europäische Zentralbank, Jahresbericht 2011, Frankfurt 2012, S. 28; Carstensen, K. et al., ifo Schnelldienst 24/2012, S. 28.

110 Vgl. Berg, T., The Term Structure of Risk Premia New Evidence from the Financial Crisis, EZB Working Paper Series No. 1165, Frankfurt 2010, S. 19.

111 Vgl. OECD, Transfer Pricing Aspects of Business Restructurings. Discussion Draft, Paris 2008.

Neben den Fremdkapitalzinsen mindern Verlustvorträge die steuerliche Bemessungsgrundlage und konkurrieren daher um Steuersubstrat.[112] Eine Veränderung des Verschuldungsgrades kann daher Einfluss auf die Beurteilung der verrechenbaren Verlustvorträge nehmen und dadurch das Risiko einer Wertberichtigung der aktiven latenten Steuern erhöhen. Die Finanzierungspolitik des Unternehmens hat damit einen oft übersehenen Bezug zum Tax Accounting. Je höher der Verschuldungsgrad des Unternehmens ist, desto niedriger ist der Wert der Verlustvorträge ceteris paribus.

Auch die Ausstattung von Konzerngesellschaften mit Eigenkapital ist grundsätzlich risikobehaftet. Liegen unangemessene Leistungsbeziehungen zwischen der Gesellschaft und ihren Anteilseignern vor, kann der Tatbestand einer verdeckten Gewinnausschüttung im Sinne von § 8 Abs. 3 S. 2 KStG erfüllt sein. Gemäß § 285 Nr. 21 HGB muss darüber hinaus im Anhang des Jahresabschlusses über Geschäfte mit nahe stehenden Unternehmen und Personen berichtet werden. Erfasst werden wesentliche, nicht zu marktüblichen Bedingungen abgeschlossene Verträge.[113] Die Finanzverwaltung könnte diese Angaben zur Identifikation verdeckter Gewinnausschüttungen nutzen, indem sie die offengelegten Informationen mit den vom Steuerpflichtigen gemachten Erklärungen vergleicht und möglicherweise darin eine Steuerhinterziehung erblickt.[114] Auch dieses Beispiel zeigt, wie steuerliche Risiken in einigen Fällen erst durch das subtile Zusammenspiel von Rechnungslegungsvorschriften und steuerrechtlichen Vorgaben entstehen. Die Finanzverwaltung kann auf Änderungen in den Publizitätsvorschriften hinwirken, die auf den ersten Blick wenig steuerliche Relevanz haben, um restriktivere Offenlegungspflichten des Steuerrechts zu unterwandern.

2.4 Strategische Steuerrisiken

2.4.1 Steuerrechtsänderungen

Strategische Steuerrisiken beeinflussen die Unternehmensentwicklung mittel- und langfristig. Zunächst stellt die sich ständig im Fluss befindliche Rechtslage ein steuerliches Risiko mit langfristigen Implikationen dar. Neu gefasste Rechtsvorschriften sind häufig aufgrund ihrer Komplexität interpretationsbedürftig und führen zu Unsicherheit für die Rechtsanwender. Die Komplexität des Steuerrechts ist unter anderem auf Mängel in der Paragraphengliederung und im Aufbau, an dem unangemessenen Abstraktionsniveau, an der Technik der mehrfachen

---

[112] Vgl. DeAngelo, H./Masulis, R.W., Journal of Financial Economics 1980, Vol. 8, No. 1, S. 10.

[113] Allerdings müssen kleine Unternehmen diese Angaben nicht machen und mittelgroße Gesellschaften können auf einen Ausweis verzichten, soweit sie keine Aktiengesellschaft sind. Vgl. § 274a Nr. 5 HGB und § 288 Abs. 2 HGB.

[114] Vgl. Ortmann-Babel, M./Bolik, A./Gageur, P., DStR 2009, S. 937; Grottke, M./Haendel, F., DStR 2010, S. 1152.

Verneinung, des Weiteren auf den uneinheitlichen Gebrauch von Begriffen, auf die Verwendung unpräziser Tatbestandsmerkmale und unbestimmter Rechtsbegriffe sowie auf die Anwendung von Generalklauseln zurückzuführen.[115]

Die Rechtslage kann durch Gesetzesänderungen nicht nur im Detail angepasst werden, sondern sich grundlegend wandeln. Investitionsentscheidungen, die in der Vergangenheit getroffen worden sind, können ohne nachträgliche Eingriffsmöglichkeit von der neuen Rechtslage betroffen sein, ohne dass der Steuerpflichtige die Möglichkeit hat umzudisponieren. Das tatsächliche Ausmaß der Steuerunsicherheit ist davon abhängig, wie die Gesetzesänderung umgesetzt wird, entscheidend ist dabei, ob ein Vergangenheitsbezug vorgesehen wird. Insbesondere langfristig ausgelegte, komplexe Steuergestaltungen können durch mögliche Gesetzesänderungen ein unternehmerisches Wagnis darstellen.[116] Schließlich können diese nur unter einem hohen Ressourceneinsatz wieder rückgängig gemacht werden.[117]

Steuerrechtsänderungen machen eine Abgrenzung des zeitlichen Anwendungsbereiches erforderlich. Hieraus können komplizierte Anwendungsvorschriften resultieren. Ein gutes Beispiel hierfür ist die gesetzliche Umsetzung des § 8 b KStG. Durch verschiedene Gesetzesänderungen und –revisionen in den Jahren 2001 bis 2004 ist zwischen Veräußerungsgewinnen und laufenden Erträgen sowie zwischen In- und Auslandssachverhalten zu unterscheiden. Die damit verbundene Komplexität der Gesetzesanwendung beinhaltet die Gefahr, dass Beteiligungserträge fälschlicherweise als steuerfrei behandelt werden. Steuerreformen können auch von Folgevorschriften begleitet sein, die durch die Rechtsänderung begründet sind. So gilt die Steuerbefreiung für Veräußerungsgewinne nach § 8 b Abs. 2 S. 1 KStG nicht, wenn der betreffende Anteil in früheren Veranlagungsperioden steuerwirksam auf den niedrigeren Teilwert abgeschrieben wurde. Befinden sich die Unternehmensanteile über einen längeren Zeitraum im Vermögen des Anteilseigners, können bei einer Veräußerung der Beteiligung erhebliche Aufklärungs- und Nachweisprobleme auftreten.[118]

Bei der grenzüberschreitenden Geschäftstätigkeit können neue Doppelbesteuerungsabkommen abgeschlossen werden. Diese orientieren sich überwiegend am OECD-Musterabkommen von 2008, das sich von älteren Konzeptionen deutlich abhebt. Doppelbesteuerungsabkommen

---

115 Vgl. Hey, J., Steuerplanungssicherheit als Rechtsproblem, Köln 2002, S. 67.

116 Vgl. Freedman, J./Loomer, G./Vella, J., Moving Beyond Avoidance? Tax Risk and the Relationship between Large Business and HMRC, Oxford 2007, S. 30.

117 Vgl. Kormann, H., Die Steuerpolitik der internationalen Unternehmung, Düsseldorf 1970, S. 52; Baumgärtel, M., Taxation, Accounting and Transparency: The Interaction of Financial and Tax Accounting, Berlin 2008, S. 99.

118 Vgl. Rosenbach, G., Steuerfreiheit von Beteiligungserträgen, in: Kneip, C./Jänisch, C. (Hrsg.), Tax Due Diligence, München 2005, S. 144 ff.

können darüber hinaus gekündigt werden, wie die gescheiterten Verhandlungen über neue Doppelbesteuerungsabkommen mit Brasilien und der Türkei zeigen.[119] Unternehmen müssen daher fortlaufend die internationale Steuergesetzgebung beobachten und zeitnah auf Änderungen der Doppelbesteuerungsabkommen reagieren.[120]

2.4.2 Finanzgerichtsbarkeit

Wesentliche Teile des Steuerrechts sind aufgrund ihrer Komplexität und der verzögerten Reaktion der Steuergesetzgebung der Beurteilung von Finanzgerichten überlassen. Die Finanzgerichtsrechtsprechung trägt damit zum Entstehen von Steuerrisiken bei. Obwohl die ergangenen Urteile grundsätzlich nur für die Verfahrensparteien gelten, kommt ihnen doch für ähnlich gelagerte Sachverhalte eine Bedeutung als Indikator zu.[121] Für Urteile der Finanzgerichte ist eine sprachlich bedingte Ungenauigkeit kennzeichnend.[122] Sie können sich gegen die bisher herrschende Literatur- oder Verwaltungsmeinung stellen. Eine verfestigt erscheinende Rechtsprechungslinie kann jederzeit zu Gunsten einer neuen richterlichen Beurteilung aufgegeben werden. Anders als bei Gesetzesänderungen ist ein Abrücken von der bisherigen Rechtssprechungspraxis häufig nicht abzusehen.

Dabei wirken Gerichtsurteile bis zur Zeit des Inkrafttretens des Gesetzes zurück und beeinflussen auf diese Weise alle Fälle, die noch nicht bestandskräftig veranlagt sind. Eine aufgegebene Rechtssprechungspraxis kann bei bereits realisierten Sachverhalten Ergebnisse zur Folge haben, die bei deren vorheriger Kenntnis zu einer anderen Investitionsentscheidung geführt hätten. Für Sachverhalte, die noch nicht umgesetzt wurden, wird außerdem der Planungs- und Reaktionszeitraum des Steuerpflichtigen verkürzt.[123]

Unabhängig von den Implikationen von Gerichtsurteilen für den Steuerpflichtigen verbleibt ein Restrisiko, dass der Gesetzgeber mit einer Korrekturvorschrift der gerichtlichen Sachverhaltsbeurteilung entgegentritt.

Auch der Verfahrensgang vor den Finanzgerichten birgt Risiken. Fehlende Vertrautheit mit dem Verfahrensrecht können gerichtliche Auseinandersetzungen schon aus formalen Gründen scheitern lassen.[124] Zudem entstehen Kosten für Gericht, Rechtsberatung[125] und bei negativem

---

119 Mit der Türkei wurde inzwischen ein neues Doppelbesteuerungsabkommen paraphiert, das am 1.8.2012 rückwirkend zum 1.1.2011 in Kraft getreten ist. Weitere aktuelle Informationen zu den Doppelbesteuerungsabkommen findet man unter http://www.bundesfinanzministerium.de.

120 Vgl. Eilers, S./Maier, A., Ubg 2010, S. 684 f.

121 Zusätzlich übernehmen Verwaltungsvorschriften in der Regel die Rechtsprechung des BFHs.

122 Vgl. Hohmann-Dennhardt, C., ZRP 2003, S. 372 ff.

123 Vgl. Daumann, R., Die Prognoseproblematik in den Modellen der Steuerplanung, Wien 1991, S. 275.

124 Vgl. beispielsweise Mack, A., AG 2010, S. 326 ff.

Prozessausgang Anpassungen der Bemessungsgrundlage. Schließlich verstärkt der oft überlange Verfahrenszeitraum die steuerliche Unsicherheit.[126]

In den Mitgliedstaaten der EU wird das nationale Steuerrecht und das Abkommensrecht zudem von den primärrechtlichen Vorgaben des EU-Vertragwerks überlagert. Das EU-Recht folgt weitgehend einem Case Law. Daher sind die Urteile des EuGH nur schwer zu prognostizieren.[127]

2.4.3 Änderungen der Betriebsprüfungs- und Verwaltungspraxis

Um Steuervorteile zu beseitigen, bedarf es nicht unbedingt einer Änderung von Steuergesetzen oder Gerichtsurteilen mit negativem Ausgang für den Steuerpflichtigen. Eine Verschärfung der Verwaltungsvorschriften kann die gleichen Wirkungen haben. Daher setzen sich die Risiken bei der Steuergesetzgebung auf Ebene der Verwaltungsvorschriften für den Steuerpflichtigen fort.[128] Gesetzesänderungen und Steuergestaltungen der Unternehmen rufen Änderungen der Verwaltungsvorschriften hervor. Verwaltungsvorschriften unterliegen deshalb, genauso wie Steuergesetze und die Rechtsprechung der Finanzgerichtsbarkeit, permanenten Veränderungen. Vor allem die volatilen ökonomischen Rahmenbedingungen führen zu einer zunehmenden Dynamik der Entwicklung des steuerlichen Rechtsrahmens. Dabei wirken Änderungen der Verwaltungsmeinung als bloße Norminterpretation grundsätzlich unbegrenzt in vergangene Veranlagungszeiträume zurück.

Zwischen der Verkündung eines Gesetzes oder einer richterlichen Entscheidung und der Publizierung der dazugehörigen Verwaltungsmeinung vergeht oftmals ein längerer Zeitraum, der die Risikoproblematik für den Steuerpflichtigen verstärkt.[129] Wenn der Finanzverwaltung eine Urteilsbegründung missfällt, ergeht häufig ein Nichtanwendungserlass. Dieser ist aller-

125 Vgl. für eine tabellarische Zusammenstellung der Kosten in einem Finanzgerichtsverfahren Balmes, F./Felten, C., DStZ 2010, S. 461.

126 Zukünftig sollen die Finanzrichter den Parteien ein Mediationsverfahren oder ein anderes Verfahren der außergerichtlichen Konfliktbeilegung vorschlagen können. Die Mediation im Steuerrecht könnte zu einer Verkürzung der Zeitdauer bis zur Streitbeilegung führen. Vgl. hierzu Hölzer, C./Schnüttgen, H./Bornheim, W., DStR 2010, S. 2538 ff.

127 Vgl. Freedman, J., Tax Risk Management and Corporate Taxpayers – International Tax Administration Developments, Amsterdam 2010, S. 130 f. Grundlegende Unterschiede im Hinblick auf die Erzeugung von Rechtssicherheit im Vergleich zur Rechtsprechung der Finanzgerichte bestehen aber nicht.

128 Verwaltungsvorschriften sind faktisch nur für Angehörige der Finanzverwaltung bindend, praktisch aber auch für den Steuerpflichtigen und seinen Berater, da sie die Würdigung verwirklichter Tatbestände durch die Finanzverwaltung wiedergeben. Vgl. Henselmann, K./Rose, A., Management steuerlicher Risiken, Heidelberg 2001, S. 191.

129 Vgl. Rose, G., StbJb 1975/1976, S. 56.

dings nicht von großer Dauer, da er entweder zu einer Änderung der Rechtsprechungspraxis führt oder bei deren Beibehaltung aufgehoben werden muss.[130]

Steuerbescheide ergehen regelmäßig unter dem Vorbehalt der Nachprüfung nach § 164 Abs. 1 S. 1 AO. Im Rahmen einer Außenprüfung (§ 193 ff. AO)[131] werden die Besteuerungsgrundlagen daher einer erneuten Kontrolle unterzogen. Ob Steuergestaltungen sich tatsächlich steuermindernd auswirken, entscheidet sich erst hier. Die behördliche Überprüfung der Steuererklärungen erfolgt dabei zeitversetzt[132] und betrifft meist mehrere Veranlagungszeiträume, wodurch Betriebsprüfungen große Auswirkungen auf das Unternehmensergebnis haben können. Das Risiko ob, wann und in welcher Höhe es zu einer nachträglichen Änderung der Steuerbescheide kommt, ist für die Unternehmen nicht abschätzbar.[133]

Eine zeitlich verzögerte Überprüfung der Besteuerungsgrundlagen kann darüber hinaus zu hohen Nachzahlungszinsen führen, die häufig nicht gegen das steuerliche Ergebnis gerechnet werden können.[134] Unternehmen, die sich nicht auf Anfragen von Betriebsprüfern vorbereiten und Ansprechpartner sowie Auskunftspersonen vorher festlegen, setzen sich hohen Betriebsprüfungsrisiken aus.[135]

Die Leistungen von Betriebsprüfern werden teilweise nach dem erzielten Mehraufkommen aus den von ihnen durchgeführten Betriebsprüfungen beurteilt.[136] Infolgedessen sollte das Unternehmen durchaus kalkulierbare Risiken eingehen, um eine gewisse Verhandlungsmasse für einen Kompromissvorschlag in die Schlussbesprechung einzubringen.[137] Eine sehr konservative Steuerpolitik kann aus verhandlungstaktischer Sicht somit ein Risikopotential darstellen.

Steuernachforderungen und Strafzuschläge schlagen sich in der Bilanz und Erfolgsrechnung des Unternehmens nieder. In den Bilanzpostenvergleich zur Ermittlung latenter Steuern sind Anpassungen der Bemessungsgrundlage aufgrund von Betriebsprüfungen einzubeziehen.

---

130 Vgl. Voß, J., Ungewißheit im Steuerrecht, Wiesbaden 1992, S. 43.

131 Vgl. vertiefend Keller, C., SteuerStud 2009, S. 300 ff.

132 Blouin/Gleason/Mills/Sikes konstatieren in ihrer empirischen Untersuchung großer Unternehmen, dass durchschnittlich 6 Veranlagungszeiträume pro Unternehmen noch nicht überprüft worden sind. Vgl. Blouin, J./Gleason, C./Mills, L./Sikes, S., Pre-empting disclosure? Firm's decisions prior to FIN 48, SSRN Working Paper No. 1106713, S. 21. In Deutschland dauern Betriebsprüfungen meist drei bis fünf Jahre, in Extremfällen sogar zehn Jahre. Vgl. Wünnemann, M., Ubg 2011, S. 197.

133 Vgl. Hey, J., Steuerplanungssicherheit als Rechtsproblem, Köln 2002, S. 83.

134 Vgl. Wünnemann, M., Ubg 2011, S. 198.

135 Inzwischen versuchen Betriebsprüfer auch an Stellungnahmen des Steuerberaters zu gelangen. Vgl. Stacey, J.A, Managing Tax Risk: Weighing Risk, Opportunity, and Transparency in a More Restrictive Regulatory and Governance Environment, Toronto 2005, S. 6.

136 Vgl. Daumann, R., Die Prognoseproblematik in den Modellen der Steuerplanung, Wien 1991, S. 277 f.

137 Vgl. PricewaterhouseCoopers, Tax Risk Management, London 2004, S. 6.

Auch die Steuerquote wird entscheidend durch Betriebsprüfungsergebnisse determiniert. Diese Kennzahl reagiert relativ stark auf Steuernachzahlungen aus Betriebsprüfungen, da den Mehraufwendungen keine entsprechende Änderung des Vorsteuerergebnisses gegenübersteht.

Die amerikanischen Finanzbehörden verlangen zudem Einsicht in Unterlagen des Rechnungswesens.[138] Dies gilt beispielsweise für die Dokumentation zur Berechnung der Steuerrückstellungen in den Jahresabschlüssen.[139] Zusätzlich müssen Steuerberater den Finanzbehörden Transaktionen mit einer Gebühr von mindestens 250.000 Dollar bekannt geben.[140] Die IRS hat inzwischen zahlreiche Prozesse gegen Steuerberatungsgesellschaften geführt, um die Offenlegungspflichten gerichtlich durchzusetzen,[141] sodass von der Nachfrager- und Anbieterseite der Informationsfluss zu kritischen Steuergestaltungen sichergestellt ist.[142]

Offenlegungspflichten für unternehmensinterne Unterlagen und Arbeitspapiere reduzieren den Anreiz zur unternehmensinternen Kommunikation und Dokumentation. Hierdurch könnte sich die Qualität der externen Berichterstattung vermindern. Die Tax Accounting-Risiken würden in qualitativer und quantitativer Hinsicht zunehmen.

Abgerundet wird die Compliance Strategie der angelsächsischen Steuerbehörden durch die öffentliche Bloßstellung von Unternehmen, die durch missbräuchliche Steuerplanungsmodelle aufgefallen sind.[143] Anbieter und Nutzer von Steuerplanungsmodellen wurden beispielsweise in den USA öffentlich bekannt gemacht.[144] In Kanada werden sogar Namen und Inhalte aus Gerichtsprozessen herausgegeben.[145]

Neben den beschriebenen Entwicklungen in den nationalen Steuerrechtsordnungen, arbeiten die Steuerverwaltungen zunehmend auf globaler Ebene zusammen.[146] Deswegen müssen die Steuererklärungen, die in den jeweiligen Ansässigkeitsstaaten abgegeben werden, konsistent

---

138 Vgl. Korb, D.L., Shelters, Schemes, and Abusive Transactions: Why Today's Thoughtful U.S. Tax Advisors Should Tell Their Clients to "Just Say No", Berlin 2008, S. 316 f.

139 Hierzu erging kürzlich ein Urteil, das die Verwaltungsauffassung bestätigte. Vgl. Whitehead, R./Oxner, T., CPA Journal 2010, Vol. 80, No. 10, S. 44 ff.

140 Vgl. Korb, D.L., Shelters, Schemes, and Abusive Transactions: Why Today's Thoughtful U.S. Tax Advisors Should Tell Their Clients to "Just Say No", Berlin 2008, S. 321 ff.

141 Vgl. Korb, D.L., Shelters, Schemes, and Abusive Transactions: Why Today's Thoughtful U.S. Tax Advisors Should Tell Their Clients to "Just Say No", Berlin 2008, S. 321 ff.

142 Vgl. Shaviro, D., Disclosure and Civil Penalty Rules in the U.S. Legal Response to Corporate Tax Shelters, Berlin 2008, S. 245 ff.

143 Die Veröffentlichung von zuvor geheim gehaltenen Steuerdaten kann den Wettbewerb zwischen den Unternehmen aber auch verschärfen und damit fiskalisch wenig ergiebig sein. Vgl. Slemrod, J., National Tax Journal 2004, Vol. 57, No. 4, S. 895.

144 Vgl. Stacey, J.A, Managing Tax Risk: Weighing Risk, Opportunity, and Transparency in a More Restrictive Regulatory and Governance Environment, Toronto 2005, S. 5 f.

145 Vgl. Kaiser, A., IWB 2010, S. 778.

146 Vgl. OECD, Third Meeting of the OECD Forum on Tax Administration, 14-15 September 2006, Final Seoul Declaration, Paris 2006.

sein. Die Zusammenarbeit schließt den Austausch von Informationen und die Eintreibung von Steuerschulden ein. Zu unterscheiden sind hierbei sog. kleine und große Auskunftsklauseln. Die große Auskunftsklausel umfasst nicht nur den Austausch von Informationen zur Durchführung des Abkommens, sondern auch die Durchsetzung des innerstaatlichen Rechtes eines Vertragsstaates. Die rechtliche Grundlage hierfür bilden Doppelbesteuerungsabkommen (Art. 26 und Art. 27 OECD-MA) oder aber Rechtshilfeabkommen, wie die Amtshilferichtlinie[147] und die Betreibungsrichtlinie im Verhältnis der EU-Mitgliedstaaten zueinander.[148]

Die Neufassungen der Betreibungsrichtlinie[149] und der Amtshilferichtlinie[150] zielen auf einen weiteren Ausbau des Informationsaustausches ab. Zukünftig wird der Anwendungsbereich der Betreibungsrichtlinie auf alle Steuerarten ausgedehnt sowie eine Anwesenheit in den Amtsräumen anderer Steuerbehörden und die Teilnahme an behördlichen Ermittlungen im europäischen Ausland ermöglicht.[151]

Im Hinblick auf den Informationsaustausch auf abkommensrechtlicher Ebene wurden unter dem Druck der internationalen Staatengemeinschaft sogar Informationsabkommen mit vielen Steueroasen ausgehandelt.[152] Wegbereitend hierfür waren vor allem Publikationen und Diskussionen auf Ebene der OECD. Flankierend hat der deutsche Gesetzgeber mit dem Steuerhinterziehungsbekämpfungsgesetz im § 90 Abs. 2 S. 3 AO geregelt, dass Steuerpflichtige mit Geschäftsbeziehungen zu Finanzinstituten in Staaten, mit denen kein dem OECD-Musterabkommen nachgebildetes Vertragswerk zum Informationsaustausch besteht, erhöhten Mitwirkungs- und Auskunftspflichten unterliegen.[153]

Ein weiterer Trend[154] in der internationalen Steuerpraxis mit Relevanz für die steuerliche Risikoposition ist die Etablierung von verwaltungsseitigen Risikomanagementansätzen.[155] Der grundlegende Gedanke des Risikomanagements von Finanzbehörden ist, zunächst anhand von ausgewählten Indikatoren, Steuerpflichtige mit hohen Risiken für das Steueraufkommen zu

---

147 Vgl. Richtlinie 77/799/EWG des Rates vom 19.12.1977, Abl. 1977 Nr. L 336, S. 15.

148 Vgl. Richtlinie 2008/55/EG des Rates vom 26.5.2008, Abl. 2008 Nr. L 150, S. 28.

149 Vgl. Richtlinie 2010/24/EU vom 16.3.2010, Abl. 2010 Nr. L 84, S. 1.

150 Vgl. Richtlinie 2011/16/EU vom 15.2.2011, Abl. 2011 Nr. L 64, S. 1.

151 Vgl. hierzu Seer, R., IWB 2011, S. 144 ff.

152 Vgl. Lowell, C.Y./Martin, M.R./Donohue, M.J., Journal of International Taxation 2006, Vol. 17, No. 7, S. 51.

153 Vgl. für einen Literaturüberblick Rolletschke, S./Burkhard, S., DStZ 2010, S. 753 ff.

154 Vgl. dazu grundlegend OECD, Compliance Risk Management: Managing and Improving Tax Compliance, Paris 2004, S. 7 ff.; sowie ausführlich Abschnitt 6.

155 Vgl. Lee, A./Rabenort, M., International Tax Review 2009, Vol. 20, No. 8, S. 33 f.

identifizieren[156] und dann die verfügbaren Personalressourcen auf diese Steuerpflichtigen zu konzentrieren.[157] Die Finanzverwaltungen setzen hierzu ihre Betriebsprüfer inzwischen gezielt in vorher festgelegten Industriezweigen ein, um die Unternehmen mit branchentypischen Kennzahlen besser vergleichen zu können. Die gewonnenen Erkenntnisse und Daten werden anschließend im EDV-System gesammelt und aufbereitet. Diese können dann zum Abgleich von Angaben in Steuererklärungen und zur Risikoanalyse eingesetzt werden. Eine volatile Konzernsteuerquote kann beispielsweise das Risiko von Steuernachzahlungen nach Betriebsprüfungen erhöhen.[158]

Dabei sind neben dem Steuerrisikoumfang die Risikosteuerungsmaßnahmen ausschlaggebend zur Identifikation prüfungsrelevanter Unternehmen.[159] Wenn ein Unternehmen seine Steuerprozesse gut organisiert hat, wird die Finanzverwaltung das Unternehmen weniger gründlich überprüfen,[160] weil bereits das interne Kontrollsystem mögliche Risiken aufdecken kann und eine zielgerichtete Risikosteuerung einleitet.[161]

Aus Unternehmenssicht ist es riskant, von den Finanzbehörden in eine hohe Risikokategorie eingestuft zu werden. Gleichzeitig könnte eine geringe Risikoeinstufung durch die Finanzbehörden den Anteilseignern aber auch eine relativ hohe Steuerbelastung signalisieren.[162]

Die Entwicklungen im Bereich des Risikomanagements werden im Rahmen der Digitalisierung des Besteuerungsverfahrens durch gesetzlich verankerte elektronische Prüfungsmöglichkeiten unterstützt, wie zum Beispiel in Deutschland durch die § 146, § 147 AO.[163] Durch die verbesserten technischen Möglichkeiten erweitert sich der Umfang von Betriebsprüfungen erheblich.

---

156 Die englische Steuerverwaltung hat ein Handbuch für die Risikoeinschätzung von großen Unternehmen veröffentlicht. Vgl. HM Revenue & Customs, Tax Compliance Risk Management, Review of Links with Large Business, London 2007.

157 Auch in Deutschland ist ein Übergang zu Risikomanagementansätzen innerhalb des bestehenden gesetzlichen Rahmens möglich. Vgl. Risse, R., DB 2011, S. 672.

158 Vgl. für die australischen Steuerbehörden Australian Taxation Office, Large business and tax compliance, Melbourne 2003, S. 9, 10-17.

159 Unternehmensvertreter sehen die tatsächliche Umsetzung des Risikomanagementansatzes eher kritisch. Vgl. Freedman, J./Loomer, G./Vella, J., Moving Beyond Avoidance? Tax Risk and the Relationship between Large Business and HMRC, Oxford 2007, S. 10 f., 13 f.

160 Vgl. Netherlands Tax and Customs Administration Co-ordination group on the treatment of very large businesses, Tax Control Framework, Heerlen 2008, S. 10, 12; Chan, B., Singapore, Amsterdam 2010, S. 364 f.

161 Unternehmensprozesse können im Zusammenspiel zwischen Steuerverwaltung so angepasst werden, dass die etablierten Prozesse in Folgeprüfungen durch die Vorprüfungserfahrungen und Vorkontrollen grundsätzlich akzeptiert werden. Vgl. Risse, R., FR 2011, S. 119.

162 Vgl. Freedman, J./Loomer, G./Vella, J., Moving Beyond Avoidance? Tax Risk and the Relationship between Large Business and HMRC, Oxford 2007, S. 16.

163 Vgl. dazu Hagenkötter, A., NJW 2002, S. 1977 ff.

Mit Hilfe von Prüfungsmakros können Massensachverhalte schnell und vollständig geprüft werden. Fehler, die auf eine fehlerhafte Programmierung, beispielsweise der Buchhaltungssoftware zurückzuführen sind, können so rasch aufgedeckt werden.[164] Bestehen im Unternehmen eine Vielzahl von EDV-Insellösungen, ist das Risiko der Aufdeckung unerwarteter Fehler vergleichsweise hoch.[165] Betriebsprüfer verwenden neben den Prüfmakros weitere statistische Verfahren, um Bilanz- und Steuermanipulationen aufzudecken. Das ist aus risikopolitscher Sicht problematisch, weil aus Auffälligkeiten häufig direkt auf das Vorliegen von Manipulationen geschlossen wird.[166]

In die gleiche Richtung zielt die Verpflichtung zur elektronischen Übermittlung der Bilanz und der Gewinn- und Verlustrechnung an das Finanzamt nach § 5 b EStG.[167] Die elektronische Übermittlung an ein Erfassungsportal führt dazu, dass den Behörden zukünftig umfassende Unternehmensdaten über die Untersuchung der einzelnen Sachverhalte bei Betriebsprüfungen hinaus für Analysen vorliegen. Die Bilanzdaten können infolge der elektronischen Übertragung maschinell auf rechnerische Korrektheit überprüft werden.[168] Auswertungs- und Risikomanagementprogramme erlauben anschließend eine noch tiefergehende Analyse der Steuerbilanzdaten.[169] Kennziffernbasiert kann eine automatische Auswahl prüfungswürdiger Fälle erfolgen. Das Computerprogramm kann etwa das Fallrisiko aus der Überschreitung von Höchstgrenzen oder aus bedeutsamen Größenänderungen im Vergleich zu den Vorjahren identifizieren.[170] Durch Branchen- und Zeitreihenvergleiche können Auffälligkeiten identifiziert werden.

Das BMF-Schreiben[171] zur Taxonomie nach § 5 b EStG bestätigt die Vermutung, dass die Finanzverwaltung die Einführung des § 5 b EStG nutzen möchte, um über die gesetzlichen Vorschriften hinaus Informationen für die Etablierung eines Risikomanagements abzufragen. Die Finanzverwaltung verlangt demnach Detailangaben und speziell steuerlich relevante In-

164 Dies kann dazu führen, dass die Buchführung nicht anerkannt wird. Vgl. Künstler, T./Seidel, F., Tax Compliance, Wiesbaden 2008, S. 252.

165 Vgl. Schneider, T., DStR 2004, S. 1272.

166 Vgl. Watrin, C., Statistische Methoden in der steuerlichen Betriebsprüfung, Düsseldorf 2007, S. 1198 f.

167 Die vorzunehmenden Änderungen im Rechnungswesen durch § 5 b EStG können erheblich sein. Der vom Gesetz vorgegebene Rahmen für den Mindestumfang von Bilanz und GuV wird deutlich überschritten. Die Steuertaxonomien übersteigen in Umfang und Detaillierungsgrad alle zurzeit in der Praxis verwendeten Kontenpläne. Vgl. Herrfurth, J., NWB 2010, Sonderdruck E-Bilanz, S. 10.

168 Erstellt das Unternehmen keine eigenständige Steuerbilanz kann die Finanzverwaltung durch die Analyse der Überleitungsrechnung die Steuerbilanzpolitik des Unternehmens beurteilen. Vgl. Herzig, N./Briesemeister, S./Schnäperclaus, J., DB 2011, S. 7.

169 Vgl. dazu Bergan, M./Martin, S., DStR 2010, S. 1755 ff.

170 Vgl. Haunhorst, S., DStR 2010, S. 2108.

171 Vgl. BMF-Schreiben vom 28.9.2009, BStBl I 2011, S. 855. Vgl. schon zum Entwurf des BMF-Schreibens Fischer, C./Kalina-Kerschbaum, C., DStR 2010, S. 2114 ff.

formationen, die bisher nicht separat ausgewiesen wurden.[172] Durch § 5 b EStG erhält die Finanzverwaltung eine einheitliche digitale Datenstruktur, über die sie bisher nicht verfügen konnte. Die Erfahrungen bei der elektronischen Übermittlung der Anlage EÜR im Rahmen der Einnahme- Überschussermittlung bestätigen, dass die Finanzverwaltung Prüfungsroutinen zur Identifikation kritischer Steuerfälle sinnvoll einzusetzen vermag.[173]

Auch von anderen Informationsgebern erhält die Finanzverwaltung zunehmend Angaben auf elektronischem Weg. Das betrifft beispielsweise Kontrollmitteilungen[174] oder auch Rentenbezugsmitteilungen nach § 22 a EStG. Durch diese Entwicklungen sinkt daher die Abhängigkeit der Finanzbehörden von der Erklärungsbereitschaft des Steuerpflichtigen.

Abschließend sei angemerkt, dass die Risikowirkung durch die Einführung der elektronischen Bilanz für anschlussgeprüfte Großunternehmen eher von geringer Bedeutung ist. Die Betriebsprüfer greifen durch die vorgesehenen elektronischen Prüfungsmethoden ohnehin routinemäßig auf die EDV des Unternehmens zu und können daher detailliertere Prüfungshandlungen vornehmen als dies für die zuständige Veranlagungsstelle möglich ist.[175]

2.4.4 Unternehmensreputation

Steuerlich relevante Transaktionen mit großen Auswirkungen auf die Steuerbelastung des Unternehmens und Negativschlagzeilen können das öffentliche Ansehen des Unternehmens bei wichtigen Anspruchsgruppen wie Shareholdern, Geschäftspartnern und Kunden gefährden. Das gleiche gilt für öffentliche Verlautbarungen des Managements mit vorher nicht bedachten steuerlichen Implikationen, die von der Öffentlichkeit ablehnend aufgenommen werden.[176] Wie entscheidend die öffentliche Wahrnehmung des Unternehmens für dessen Erfolg ist, zeigte eindrucksvoll die Zerschlagung von Arthur Andersen im Jahr 2002. Seit dem Enron Skandal hatte das Unternehmen seine Kunden größtenteils an Mitbewerber verloren.[177]

Die steuerlichen Folgen einer Transaktion bei den Kunden des Unternehmens sollten insbesondere bei Unternehmen, die steuerlich optimierte Produkte verkaufen, wie etwa Banken,

---

172 Unter anderem ist eine Detaillierung der sonstigen betrieblichen Erträge auf 25 verschiedene Positionen, der sonstigen betrieblichen Aufwendungen auf 32 verschiedene Positionen und eine Aufteilung der Umsatzserlöse nach 11 unterschiedlichen Umsatzsteuertatbeständen vorgesehen. Vgl. Jonas, B., Ubg 2011, S. 133.

173 Vgl. Schiffers, J., Stbg 2011, S. 13.

174 Vgl. hierzu Bilsdorfer, P./Weyand, R., Die Informationsquellen und –wege der Finanzverwaltung, 6. Auflage, Berlin 2004, S. 45 ff.

175 Vgl. Jonas, B., Ubg 2011, S. 134.

176 Vgl. Stacey, J.A, Managing Tax Risk: Weighing Risk, Opportunity, and Transparency in a More Restrictive Regulatory and Governance Environment, Toronto 2005, S. 13.

177 Vgl. Barton, J., Contemporary Accounting Research 2005, Vol. 22, No. 3, S. 549 ff.

antizipiert werden.[178] Das hohe Reputationsrisiko im Hinblick auf steuerliche Fragestellungen besteht aufgrund der Tatsache, dass Gegenargumente infolge der Komplexität des Steuerrechts und der technischen Details meist nicht ohne Weiteres kommunizierbar sind.[179]

Auch Unzulänglichkeiten bei der Weitergabe von steuerlichen Informationen an Investoren können zu einem Ansehensverlust des Unternehmens führen. Aktuelle empirische Ergebnisse zeigen, dass gute Investor-Relations-Arbeit mit positiven Kapitalmarktreaktionen in Form steigender Kursentwicklung und Analystenempfehlungen einhergeht.[180]

Den denkbar größten Imageverlust erleidet ein Unternehmen, wenn es in der Öffentlichkeit der Steuerhinterziehung beschuldigt wird. Prominentes Beispiel der jüngeren Vergangenheit sind die Durchsuchungen der Staatsanwaltschaft bei der Deutschen Bank mit hoher Polizeipräsenz. Der verfassungsrechtliche Grundsatz der Unschuldsvermutung spielt dabei in der öffentlichen Meinung nur eine sehr untergeordnete Rolle.[181]

Das Unternehmen kann sich von dem Vorwurf der Steuerhinterziehung nicht befreien, wenn es sich an die geltenden Steuergesetze gehalten hat, dies aber von den Stakeholdern anders wahrgenommen wird. Beispielsweise können niedrige Steuerzahlungen unmittelbar nach einer Krise als bewusste Steuervermeidungsstrategie wahrgenommen werden, weil das Verständnis für die rechtlichen Mechanismen des Verlustvortrags in der Gruppe der Stakeholder schlichtweg fehlt.

Neben der Reputation bei wichtigen Anspruchsgruppen, nimmt die Wahrnehmung des Unternehmens durch die Finanzverwaltung einen hohen Stellenwert ein. Schon geringe Strafzahlungen können die Beziehung zu den Finanzbehörden negativ beeinflussen.[182] Das Unternehmen kann als unkooperativer Steuerzahler wahrgenommen werden, dessen Anfragen nur zögerlich beantwortet werden, dessen Fehler sofort Sanktionen nach sich ziehen und dessen Steuererklärungen besonders kritisch geprüft werden.

Auch wenn Reputationsschäden nur äußerst schwer monetär zu bewerten sind, bedeuten sie häufig für die betroffenen Unternehmen problematische finanzielle Belastungen und werden daher in dieser Arbeit als bedeutsame Risiken eingestuft.[183] In vielen Fällen sind Reputations-

---

178 Vgl. KPMG, Tax risk management in the financial sector. An international KPMG survey, Zug 2004, S. 7.

179 Vgl. Williams, D.F., Developing the Concept of Tax Governance, Discussion Paper, London 2007, S. 10.

180 Vgl. Schachel, I./Vögtle, M., FB 2006, S. 580 ff.; Schiereck, D./Tunder, R./Gohlke, F., DB 2010, S. 401 ff.

181 Vgl. Christiansen, P., Die Medien sollen es richten: Der rechtliche Rahmen für Litigation-PR, Wiesbaden 2012, S. 132.

182 Vgl. Pöllath, R., Unternehmensführung (Corporate Governance) und Besteuerung, München 2008, S. 19 f.

183 Vgl. Power, M., Balance Sheet 2004, Vol. 12, No. 5, S. 23; HM Revenue & Customs, Tax on the Boardroom Agenda. The Views of Business, London 2006, S. 4.

schäden deutlich kostspieliger als die finanziellen Vorteile durch eine aggressive Steuerplanung.[184] Neben dem Verlust von Marktanteilen kann das Unternehmen in Schwierigkeiten geraten, neue Mitarbeiter zu rekrutieren oder Kapital aufzunehmen. Hardeck/Heuke finden empirische Belege, dass eine aggressive Steuerplanung die Unternehmensreputation schädigt, die Kaufentscheidung negativ beeinflusst und den Marktanteil des Unternehmens verringert.[185] Ihre Ergebnisse deuten darauf hin, dass die indirekten Kosten einer aggressiven Steuerpolitik in den strategischen Entscheidungsprozessen nicht übersehen werden dürfen.

2.4.5 Personalrisiken

Fehlendes Verständnis für Steuerrisiken auf Vorstandsebene erhöht die Gefahr, dass es an einer eindeutigen Verantwortlichkeit für die Bewältigung von steuerlichen Risiken im Unternehmen fehlt. Dadurch wird die systematische Erfassung und Handhabung von steuerlichen Risiken erschwert und das unternehmerische Risiko erhöht, da nur die frühzeitige Identifikation von kritischen Sachverhalten eine Optimierung der Verteidigungsposition gegenüber den Steuerbehörden ermöglicht. Darüber hinaus kann nur durch eine schriftliche Geschäftsverteilung mit einer eindeutigen Zuständigkeit für die Tax Compliance eine Haftungsbegrenzung einzelner Mitglieder der Geschäftsführung erreicht werden.[186]

Hoch komplexe Steuersysteme und Tax Accounting-Probleme erfordern die Rekrutierung hoch qualifizierter Steuerexperten. Verfügen Unternehmen nicht über entsprechende Personalressourcen und investieren nicht in die Aus- und Weiterbildung ihrer Mitarbeiter, sind Personalrisiken im Hinblick auf die Steuerabteilung die unvermeidliche Folge.[187] Fehlende Qualifikationen und Fachkompetenz der Mitarbeiter der Steuerabteilung können zu Fehlinterpretationen führen. Diese lösen ihrerseits falsche Managemententscheidungen aus, welche den Unternehmenserfolg negativ beeinflussen können. Vor allem im Tax Accounting müssen mindestens drei Disziplinen beherrscht werden: nationales Steuerrecht, internationales Steuerrecht und Rechnungslegungsvorschriften.[188] Vielfach werden zusätzlich IT-Kenntnisse von Reporting- und ERP-Systemen erforderlich sein. Viele Schwächen in den internen Kontrollen

---

[184] Vgl. zum Begriff der aggressiven Steuerplanung Hardeck, I./Heuke, R., Does Fairness pay off? The Effects of Corporate Tax Strategies on Consumer Behaviour – An Empirical Study, Hamburg 2010, S. 8.

[185] Vgl. Hardeck, I./Heuke, R., Does Fairness pay off? The Effects of Corporate Tax Strategies on Consumer Behaviour – An Empirical Study, Hamburg 2010.

[186] Vgl. Ehlers, H., NWB 2012, S. 1541.

[187] Vgl. Ernst & Young, Steady course, uncharted waters. Findings from the third Ernst & Young global tax risk survey, London 2008, S. 11.

[188] Der Bedarf an steuerlich qualifiziertem Personal wird auch durch die Einführung der E-Bilanz ansteigen. Vgl. Koch, S./Nagel, C./Themanns, E:, NWB 2010, S. 3794.

nach Sarbanes-Oxley waren letztlich in Einklang mit dieser Argumentation auf fehlendes qualifiziertes Personal zurückzuführen.[189]

Stehen die erforderlichen Personalressourcen im Unternehmen nicht zur Verfügung, werden Steuerberater eingeschaltet. Die Netzwerke der Steuerberatungsgesellschaften sind dabei aus eigenständigen Organisationseinheiten zusammengesetzt, sodass unterschiedliche Haftungsvorschriften und Gebührenstrukturen in den einzelnen Ländergesellschaften gelten.[190] Dies birgt das Risiko hoher Kosten und einem eingeschränkten Haftungsumfang.

2.5 Tax Accounting-Risiken

2.5.1 Abgrenzung und Konkretisierung der Risikokategorie

Als Tax Accounting-Risiken im engeren Sinne werden Schwierigkeiten im Zusammenhang mit der ordnungsgemäßen Ermittlung und Berücksichtigung von steuerlichen Positionen im Jahresabschluss des Unternehmens bezeichnet.[191]

Im weiteren Sinne gehören aber auch Risiken bei der Ermittlung von steuerlich beeinflussten Positionen in Bilanz und Gewinn- und Verlustrechnung zu den Tax Accounting-Risiken: An den Verkaufserlösen setzt die Umsatzsteuer an, die Anschaffungs- und Herstellungskosten sind durch Verrechnungspreisvorschriften beeinflusst, in den Verwaltungsgemeinkosten können Grundsteuern und Lohnsummensteuern enthalten sein.[192] Tax Accounting-Risiken im weiteren Sinne werden aufgrund ihrer geringen Bedeutung für die nachfolgenden Analysen jedoch nicht näher betrachtet. Im Unterschied zu der im vierten Kapitel vorgenommenen Analyse werden in diesem Abschnitt nur Steuerrisiken im Umgang und mit der Interpretation von Bilanzierungsvorschriften dargestellt. Der vorgelagerte Problembereich der Tax Accounting-Risiken bezieht sich auf die technische Umsetzung von Ansatz- und Bewertungsfragen und die Folgen von Ungenauigkeiten für den Bilanzausweis.

Alle rechnungslegungsrelevanten Transaktionen müssen vollständig von der Steuerabteilung erfasst werden, weil Fehler im Tax Accounting erhebliche Auswirkungen auf die Ertragssteuerposition des Unternehmens haben können. Zu den für das Rechnungswesen bedeutenden Ereignissen gehören Anpassungen der Steuerbilanzwerte aus vorangegangenen Veranlagungszeiträumen in der Folge von Betriebsprüfungen.

---

189 Vgl. Ge, W./McVay, S., Accounting Horizons 2005, Vol. 19, No. 3, S. 142 f.

190 Vgl. Endres, D./Rödl, C./Spengel, C./Scheffler, W., DStR 2009, S. 2502.

191 Vgl. zu steuerlichen Risiken im Konzernabschluss aufgrund von Konsolidierungsmaßnahmen Kröner, M./Beckenhaub, C., Konzernsteuerquote, München 2008, S. 163 ff.

192 Vgl. Stacey, J.A, Managing Tax Risk: Weighing Risk, Opportunity, and Transparency in a More Restrictive Regulatory and Governance Environment, Toronto 2005, S. 9.

Die Erfassung von Steuerdaten unter sehr hohem Zeitdruck im Rahmen der Abschlusserstellung und zeitlich nachgelagerte Anpassungsbuchungen können wesentliche Bilanzierungsfehler zur Folge haben, die eine Bilanzberichtigung erforderlich werden lassen. Dies gilt insbesondere vor dem Hintergrund, dass die Bemessung der laufenden Steuern aufgrund der zeitlich nachgelagerten Erstellung der Steuererklärung auf Basis prognostizierter Daten erfolgen muss. Steuerzahlungen gehen auch in die Unternehmensplanung ein, erscheinen daher in der Kapitalflussrechnung und in Prognoserechnungen und können auch hier Korrekturen erforderlich machen.

Bei schwerwiegenden Bilanzierungsfehlern hat eine rückwirkende Berichtigung der Bilanz zu erfolgen.[193] Bilanzberichtigungen können zu negativen Reaktionen der Kapitalmärkte führen[194] und müssen daher unbedingt vermieden werden.[195] In den USA werden diese sogar relativ häufig durch Fehler im Tax Accounting verursacht.[196] Die internen Kontrollsysteme von betroffenen Unternehmen haben in diesem Zusammenhang Prüfungen gemäß Sec. 404 SOA aufgrund von Mängeln im Steuerbereich nicht standgehalten. Die Gründe hierfür waren vor allem eine nicht ausreichende Dokumentation und Überwachung der Kalkulation der latenten und tatsächlichen Steuern, Risiken bei Steuergestaltungen sowie ein mangelndes Verständnis des Managements für die Risiken im Steuerbereich.[197] Die angesprochenen Kritikpunkte werden als besonders schwerwiegender Kontrollfehler bewertet.[198]

In der Praxis wird die Steuerbilanz in vielen Unternehmen mit Hilfe von Excel-Tabellen aus der Handelsbilanz abgeleitet.[199] Zwar sind Lösungen für Überleitungsrechnungen in Excel relativ kostengünstig zu implementieren, aber auch sehr fehleranfällig. Vor allem bei kurzfristigen Änderungen in den Rechnungslegungsvorschriften sind sie ein bedeutender Risikotreiber,[200] da einzelne Nutzer nicht abgesprochene Änderungen in die Berechnungsformeln einar-

---

193 Handelsrechtlich sind sowohl die rückwirkende Berichtigung als auch eine Anpassung in laufender Rechnung erfolgswirksam. Vgl. Wiesch, N., SteuerStud 2010, S. 510 f. Die Fehlerkorrektur nach IFRS ist hingegen erfolgsneutral vorzunehmen. Vgl. Breker, N./Kuhn, S., WPg 2007, S. 776.

194 Sie sind aber auch für die Manager persönlich mit enormen Risiken verbunden. Vgl. Desai, H./Hogan, C.E./Wilkins, M.S., The Accounting Review 2006, Vol. 81, No. 1, S. 83 ff.

195 Dies gilt in geringerem Umfang bei der Bilanzierung schwer zu bemessender Bilanzpositionen wie Steuerrückstellungen, die vergleichsweise geringe Kapitalmarktreaktionen hervorrufen. Vgl. Salavei, K., Applied Financial Economics 2010, Vol. 20, No. 11, S. 879 ff.

196 Vgl. Ge, W./McVay, S., Accounting Horizons 2005, Vol. 19, No. 3, S. 138.

197 Vgl. Mayer, M./Loitz, R./Quella, J.-O./Zerwas, P., Latente Steuern: Bewertung, Bilanzierung, Beratung, Wiesbaden 2009, S. 229.

198 Vgl. Kloosterhof, S., European Taxation 2009, Vol. 49, No. 8-9, S. 401.

199 Vgl. Maute, H., BC 2002, S. 241 ff.

200 Vgl. Bergen, H.v./McCormick, J., International Tax Review 2004, Industry Guide, S. 10 ff.; Clymer, J., Coping with change, London 2008, S. 4.

beiten können,[201] die anschließend nicht mehr nachvollziehbar sind. Daher steigt der Risikoumfang, wenn keine Zugriffsberechtigungen und Versionierungen vorgesehen sind.[202]

Die Kommunikation zwischen der Steuerabteilung und dem Rechnungswesen ist aufgrund der dargestellten Zusammenhänge zwar unerlässlich, birgt aber auch Risiken. Denn der Jahresabschluss kann nur erstellt werden, wenn Informationen zu den laufenden und latenten Steuern aus dem Tax Accounting zur Verfügung gestellt werden. Zur Berechnung der latenten Steuern benötigt das Tax Accounting aber die handelsbilanziellen Wertansätze. Nach dem Abschlussstichtag werden darauf aufbauend die Steuererklärungen erstellt und es ist zu prüfen, ob steuerliche Bilanzpositionen daraufhin angepasst werden müssen.

2.5.2 Volatilität der Konzernsteuerquote

Die Konzernsteuerquote hat sich zu einer wichtigen Kennzahl zur internen Steuerung und Zielgröße der Steuerplanung entwickelt. Während bis vor einigen Jahren noch eine Reduzierung des Steuerbarwerts im Vordergrund der betrieblichen Steuerplanung stand,[203] konzentrieren sich heute die Planungsansätze auch auf die Konzernsteuerquote. Getragen wurde diese Entwicklung von der Einführung der IFRS für den Konzernabschluss und dem damit verbundenen Ausgleich temporärer Bilanzdifferenzen durch latente Steuern.[204]

Die wachsende Bedeutung der Kapitalmärkte als Finanzierungsquelle führt dazu, dass die Interessen der Kapitalmarktteilnehmer stärker berücksichtigt werden. Analysten, deren Berichte als Informationsquelle für Investoren und Aktionäre dienen,[205] ziehen zur Beurteilung der Aktienkursentwicklung die Konzernsteuerquote heran. Für die Kursentwicklung ist die Dividendenausschüttung der entscheidende Werttreiber. Das Ausschüttungsvolumen wird durch die Nachsteuerrendite des Unternehmens bestimmt, bei deren Berechnung eine erwartete Ertragssteuerquote berücksichtigt wird. Deshalb hat die Konzernsteuerquote für börsennotierte Unternehmen Einfluss auf die Marktkapitalisierung.[206]

---

201 Vgl. Schutzman, M., The role of technology, London 2008, S. 25.

202 Beispiele aus den USA zeigen, dass durch die Verwendung von Excel Kalkulationen wesentliche Bilanzierungsfehler verursacht werden können. Vgl. Loitz, R., WPg 2005, S. 827 FN 56.

203 Vgl. Hebig, M., Steuerabteilung und Steuerberatung in der Großunternehmung, Berlin 1984, S. 78.

204 Obwohl der DRS 10 die Diskussion um die Bedeutung der Konzernsteuerquote im Jahr 2002 faktisch schon vorwegnahm. Vgl. Serg, O., Optimierung der Konzernsteuerquote durch internationale Funktionsverlagerungen, Lohmar 2006, S. 90 f.

205 Vgl. Henderson Global Investors, Tax, risk and corporate governance, London 2005, S. 4.

206 Eine Optimierung der Konzernsteuerquote geht jedoch nicht zwangsläufig mit einer Optimierung der ausschüttbaren Einzahlungsüberschüsse und damit des Unternehmenswertes einher. Vgl. Müller, J./Sureth, C./Läufer, C., WPg 2010, S. 1028 ff.

Die Relevanz der Konzernsteuerquote für kapitalmarktorientierte Unternehmen[207] resultiert damit aus der Tatsache, dass die externen Bilanzadressaten aufgrund des komplexen Steuerrechts die Leistung der Steuerabteilung in aller Regel nicht adäquat beurteilen können.[208] Deswegen gleichen Analysten und Kapitalgeber die steuerlich getriebenen Bilanzkennzahlen des Unternehmens, wie beispielsweise die Konzernsteuerquote, mit den Resultaten von Unternehmen der gleichen Branche und mit den Ergebnissen in den Vorperioden ab, um hieraus den Erfolg der Steuerabteilung und die mutmaßliche Steuerpolitik des Unternehmens bestimmen zu können.[209]

Zugleich erfahren Veränderungen der Konzernsteuerquote eine asymmetrische Beurteilung. Eine im Vergleich zu den Vorperioden niedrigere Konzernsteuerquote wird überwiegend als Ergebnis einmaliger Effekte eingestuft und damit nicht in den einschlägigen Unternehmensbewertungsmodellen berücksichtigt. Dagegen werden im Vergleich zu den Vorperioden höhere Konzernsteuerquoten häufig unmittelbar in den Berechnungen verwendet.[210]

Darüber hinaus muss der Bilanzierende eine detaillierte Überleitungsrechnung (Tax Reconciliation) offenlegen, in der er den erwarteten auf den tatsächlich ausgewiesenen Steueraufwand überleitet. Einige Analysten werden in der Lage sein, die Konzernsteuerquote mit diesen Zusatzinformationen zu analysieren.[211] Insbesondere bei negativen Vorsteuerergebnissen sind die Implikationen der Konzernsteuerquote aber nicht intuitiv verständlich. Wenn Investoren und Analysten die Werttreiber der Konzernsteuerquote nicht richtig interpretieren, muss die Unternehmensleitung zwischen einer nachsteuerrenditeoptimierten Investitionspolitik und einer konzernsteuerquotenoptimierenden Bilanzpolitik abwägen.[212] Das Spannungsverhältnis zwischen der hohen Bedeutung der Konzernsteuerquote für das Benchmarking der Finanzanalysten und dem häufig fehlenden Einblick in die Determinanten der Konzernsteuerquote, führt zur Herausforderung der Steuerabteilung, die Wahrnehmung der Konzernsteuerquote aktiv in einem für das Unternehmen positiven Sinne zu beeinflussen. Daher ist die Kommunikation

207 Vgl. Müller, J./Sureth, C./Läufer, C., WPg 2010, S. 1029.

208 Vgl. MacPherson, A./Kennedy, M./Egert, J./Lucas, B., United Kingdom, Amsterdam 2010, S. 420.

209 Vgl. White, G.I./Sondhi, A.C./Fried, D., The Analysis and Use of Financial Statements, 2. Auflage, New York 1998, S. 445; Lenter, D./Slemrod, J.,/Shackelford, D., National Tax Journal 2003, Vol. 56, No. 4, S. 821; Pratter, K./Köster, O./Zeller, L., Steuer Revue 2010, No. 5, S. 354; Müller, J./Sureth, C./Läufer, C., WPg 2010, S. 1029.

210 Vgl. Kröner, M./Beckenhaub, C., Konzernsteuerquote, München 2008, S. 42.

211 Vgl. White, G.I./Sondhi, A.C./Fried, D., The Analysis and Use of Financial Statements, 2. Auflage, New York 1998, S. 450 ff.

212 In Großbritannien arbeiteten die Finanzbehörden mit Analysten zusammen, um deren Verständnis für Steuern zu verbessern. Vgl. Hartnett, D., The Link between Taxation and Corporate Governance, Berlin 2008, S. 5.

der Treiber der Konzernsteuerquote von zentraler Bedeutung und trägt zum steuerlichen Risikoprofil des Unternehmens bei.

Analysten und Anteilseigner sind an stabilen Nachsteuergewinnen interessiert.[213] Die geltenden Rechnungslegungsstandards stellen aber nur unzureichend Informationen zum Verlauf zukünftiger Steuerzahlungen zur Verfügung. Deswegen nimmt neben der Höhe die Nachhaltigkeit der Konzernsteuerquote einen hohen Stellenwert für die Aktienkursentwicklung ein.[214] Je geringer die Volatilität der Konzernsteuerquote, desto geringer ist tendenziell die Risikoprämie, welche die Kapitalmarktakteure fordern. Aufgrund dieses Zusammenhangs trägt eine stabile Konzernsteuerquote tendenziell zur Erhöhung des Aktienkurses bei.[215] Deswegen ist eine geringe Volatilität mindestens genauso wichtig wie eine konkurrenzfähig niedrige Konzernsteuerquote.[216] Die empirischen Forschungsergebnisse zur Kapitalmarktrelevanz der Konzernsteuerquote sind widersprüchlich.[217] Forschungsbeiträge, welche den Einfluss der Volatilität der Konzernsteuerquote auf den Unternehmenswert untersuchen, fehlen bislang gänzlich.

Daneben ist eine stabile Konzernsteuerquote aber auch ein Beleg dafür, dass die Unternehmensleitung bedacht plant und die angestrebten Ziele umsetzen kann.[218] Fehler im Tax Accounting können Anteilseigner an den Fähigkeiten des Managements zweifeln lassen und damit eine gefährliche Ausstrahlungswirkung entfalten.[219] Eine gute Planungsqualität macht dagegen im Jahresabschluss prognostizierte Cash Flows glaubwürdiger.

2.5.3 Latente Steuern

2.5.3.1 Bilanzierung latenter Steuern

Latente Steuern haben in den letzten Jahren im Hinblick auf die Informationsfunktion des Jahresabschlusses an Bedeutung gewonnen.[220] Diese Entwicklung wird sich im Zuge des Ausbaus der Fair-Value-Bilanzierung als mittelbare Reaktion auf die Zunahme der Bedeutung

[213] Vgl. Duhovnik, M., Journal of Economics and Business 2007, Vol. 10, No. 2, S. 73.

[214] Vgl. EFRAG, Improving the Financial Reporting of Income Tax, Discussion Paper, Brüssel 2011, S. 22 (Tz. 2.38).

[215] Vgl. Kröner, M., Organschaft und Konzernsteuerquote, Stuttgart 2003, S. 562 ff.

[216] Vgl. Anderson, J.M./Grave, K.D./Moore, J.M., Tax Accounting, Amsterdam 2010, S. 96.

[217] Vgl. Göttsche, M./Brähler, G., WPg 2009, S. 918 ff.; Watrin, C./Richter, F., Ubg 2012, S. 44 ff.

[218] Vgl. White, G.I./Sondhi, A.C./Fried, D., The Analysis and Use of Financial Statements, 2. Auflage, New York 1998, S. 455; Armstrong, C.S./Guay, W.R./Weber, J.P., The Role of Information and Financial Reporting in Corporate Governance and Debt Contracting, SSRN Working Paper No. 1571138, S. 69.

[219] So auch MacPherson, A./Kennedy, M./Egert, J./Lucas, B., United Kingdom, Amsterdam 2010, S. 421.

[220] Vgl. Küting, K./Zwirner, C., BB 2005, S. 1557.

der Eigenkapitalfinanzierung[221] und im Hinblick auf die Ausdifferenzierung von handelsrechtlicher und steuerlicher Gewinnermittlung weiter fortsetzen.[222]

Die nachfolgend diskutierten empirischen Ergebnisse in Kapitel vier zeigen, dass eine Umkehrung der bilanzierten latenten Steuern teilweise den laufenden Jahresüberschuss deutlich übersteigen würde. Aufgrund der daraus resultierenden Bedeutung der latenten Steuern für den Unternehmenswert wird der Vorstand großen Wert darauf legen, dass der Bilanzausweis der Steuerlatenzen fehlerfrei erfolgt.[223]

Latente Steuern werden auf temporäre Unterschiede zwischen den Wertansätzen in Handels- und Steuerbilanz gebildet. Die Ermittlung der latenten Steuern auf Basis des Temporary Konzepts ist dabei aufwendig und fehleranfällig.[224] Werden hohe temporäre Differenzen ausgewiesen, drohen Risiken in Form schlechter Ratings[225] und Analystenbeurteilungen, weil an der handelsrechtlichen Berichtsqualität gezweifelt werden kann.[226]

Die den latenten Steuern zu Grunde liegenden Differenzen und die Notwendigkeit detaillierter Planungsrechnungen[227] machen latente Steuern zu einem Treiber für Tax Accounting-Risiken. Der Bedarf an Schätzungen und Prognosen über zukünftige Entwicklungen steigt. Gleichzeitig nehmen die Anforderungen an die Dokumentation und Nachvollziehbarkeit von Steuerbilanzen zu. Kongruent hierzu haben die Feststellungen der Deutschen Prüfstelle für Rechnungslegung e. V. (DPR) in den letzten Jahren die Fehleranfälligkeit der bilanziellen Abbildung von aktiven latenten Steuern sehr demonstrativ belegt.[228]

Grundsätzlich lassen sich Steuerrisiken im Umgang und mit der Interpretation von Bilanzvorschriften zu latenten Steuern in drei (Unter-) Kategorien aufteilen.[229] Innerhalb der ersten Gruppe kann der Umkehrzeitpunkt und auch die Höhe der temporären Differenz sehr zuverlässig geschätzt werden. Die vergleichsweise gute Prognostizierbarkeit ergibt sich entweder

221 Vgl. Lenter, D./Slemrod, J./Shackelford, D., National Tax Journal 2003, Vol. 56, No. 4, S. 819 f.
222 Das gilt vor allen Dingen auch seit der Verabschiedung des BilMoG. Vgl. Meyer, M./Ruberg, L., DStR 2010, S. 1538.
223 Vgl. Erle, B., Tax Risk Management and Board Responsibility, Berlin 2008, S. 207 f.
224 Vgl. Baetge, J./Klönne, H./Schumacher, K., DB 2011, S. 833.
225 Vgl. Ayers, B./Laplante, S./McGuire, S., Credit ratings and taxes: The effect of book/ tax differences on rating changes, SSRN Working Paper No. 1316564; Crabtree, A./Maher, J., Journal of the American Taxation Association 2009, Vol. 31., No. 1, S. 75 ff.
226 Analysten und andere Investoren berücksichtigen gleichwohl nicht in vollem Umfang den ergebnismindernden Effekt hoher Differenzen zwischen Steuer- und Handelsbilanz bei ihren Prognosen. Vgl. Weber, D.P., Contemporary Accounting Research 2009, Vol. 26, No. 4, S. 1175 ff. Vgl. für einen Überblick zu den empirischen Ergebnissen im Hinblick auf die Marktbewertung latenter Steuern Breitkreuz, R./Müßig, A., ZfB 2011, S. 1229 f.
227 Vgl. dazu auch Abschnitt 2.5.2.
228 Vgl. DPR e. V., Tätigkeitsbericht 2009, Berlin 2010, S. 8.
229 Vgl. Seidler, L.J./Stickney, C.P., The Accounting Review 1979, Vol. 54, No. 2, S. 425 f.

aus der technischen Beschaffenheit oder aus anderen Eigenschaften, welche den Bilanzierungszeitraum des der Steuerlatenz zugrundliegenden Sachverhalts zuverlässig eingrenzen.[230] Dazu gehören Unterschiede in den steuerrechtlichen und handelsrechtlichen Abschreibungsvorschriften und Nutzungsdauern. Das Tax Accounting-Risiko ist relativ gering.

Für die latenten Steuern der zweiten Risikokategorie können Umkehrzeitpunkte und Höhe der temporären Differenzen zwar nicht mit Sicherheit, aber doch relativ genau beurteilt werden. Ein Beispiel für diese Kategorie sind Pensionsrückstellungen. Diese unterliegen für steuerrechtliche Zwecke anderen Bewertungsregelungen und ihr Bilanzansatz ist abhängig von den tatsächlichen Aufwendungen für pensionierte Arbeitnehmer. Sie können aber dennoch nach versicherungsmathematischen Berechnungsmethoden relativ genau prognostiziert werden. Man kann von einem moderaten Tax Accounting-Risiko sprechen.

Eine dritte Risikogruppe zeichnet sich zwar durch eine genaue Kenntnis der Höhe der temporären Wertdifferenz aus, gleichzeitig ist aber der Umkehrzeitpunkt nur schwer abschätzbar. Dazu zählt beispielsweise die Bilanzierung von Anteilen an Konzerngesellschaften nach der Equity-Methode.[231] Handelsrechtlich setzt die Gewinnrealisierung keinen Ausschüttungsbeschluss voraus. Steuerrechtlich unterliegen die erzielten Gewinne hingegen aufgrund des Trennungsprinzips erst bei Weiterleitung an die Konzernmutter der Ertragsbesteuerung. Daher kann der Umkehrzeitpunkt praktisch beliebig lange in die Zukunft verschoben werden und ist letztlich abhängig von der Disposition der Unternehmensleitung. Wie bei der zweiten Gruppe ist das Tax Accounting-Risiko insgesamt als moderat einzustufen.

Zur Bewertung der latenten Steuern ist jeweils der im Zeitpunkt der Umkehrung der Wertdifferenzen geltende Steuersatz zu bestimmen. Werden Steuersätze gesenkt, müssen alle aktiven latenten Steuern in Höhe der Steuersatzdifferenz unmittelbar abgeschrieben werden. Latente Steuern reagieren folglich hoch sensibel auf Steuersatzänderungen,[232] weil der gesamte Ergebniseffekt einer Steuerrechtsänderung kumuliert in einem Veranlagungszeitraum abgebildet wird. Kapitalmärkte können aufgrund der hierdurch resultierenden Beeinflussung des Erfolgsausweises sehr stark auf Steuerreformen reagieren.[233]

---

[230] Vgl. Breitkreuz, R./Müßig, A., ZfB 2011, S. 1233.
[231] Vgl. § 312 HGB.
[232] Zu den Auswirkungen des Wachstumsbeschleunigungsgesetzes vgl. Kirsch, H., DStZ 2010, S. 479 ff.
[233] Vgl. für eine empirische Überprüfung der Auswirkungen einer Senkung des Körperschaftsteuersatzes in den USA Poterba, J./Rao, N./Seidman, J., The Significance and Composition of Deferred Tax Assets and Liabilities, NBER Working Paper 12923, Cambridge 2007, S. 9 ff.

Unterschiedliche Bewertungsansätze in Handels- und Steuerbilanz deuten schließlich auf eine Steuerbilanzpolitik zur Optimierung der Steuerbelastung hin[234] und werden daher bei Betriebsprüfungen nicht nur kritisch beäugt, sondern können zu (verzinslichen) Steuernachzahlungen führen.[235]

2.5.3.2 Entwicklung des steuerlichen Gewinns

Die Aktivierung von latenten Steuern auf Verlustvorträge[236] und andere abzugsfähige Differenzen setzt voraus,[237] dass ihre steuerliche Berücksichtigung erwartet wird.[238] Die Erfüllung der Ansatzvoraussetzungen ist folglich von der Entwicklung des steuerlichen Gewinns abhängig. Wenn ein Unternehmen mit ausreichend hohen Gewinnen über einen längeren Zeitraum plant, können latente Steuern aktiviert werden.[239]

Fremdkapitalkontrakte schreiben den Schuldnern häufig vor, gewisse (Bilanz-) Kennzahlen einzuhalten. Gelingt dies dem Unternehmen nicht, steigen die Fremdkapitalkosten an und das Darlehen muss unter Umständen zurückgezahlt werden. Die Aktivierung von latenten Steuern kann dazu beitragen, die der vertraglichen Vereinbarung zu Grunde liegenden Bilanzkennzahlen zu verbessern und damit die Fremdkapitalkosten zu senken.[240]

Gerät das Unternehmen zu einem späteren Zeitpunkt in eine finanzielle Schieflage, müssen die aktivierten Beträge jedoch abgeschrieben werden und lassen die aus dem laufenden Geschäft resultierenden Verluste weiter ansteigen.[241] Klassische Steuerplanung verbunden mit einer Vorverlagerung der steuerlichen Verlustnutzung senkt den Bestand an aktiven latenten Steuern auf Verlustvorträge und reduziert damit die Auswirkungen eines Gewinnrückgangs auf den Steueraufwand und den Ergebnisausweis.[242]

Im letzten Unterkapitel wurde bereits die Bedeutung von detaillierten Planungsrechnungen festgestellt, weil eine Aktivierung latenter Steuern diese voraussetzt. Aus den Planungsrech-

---

234 Vgl. Koch, W./Wegmann, J., Praktiker-Handbuch Due Diligence, Stuttgart 1998, S. 100.

235 Vgl. für eine empirische Validierung Mills, L.F., Journal of Accounting Research 1998, Vol. 36, No. 2, S. 343 ff. Vgl. Auch Plesko, G.A., National Tax Journal 2004, Vol. 57, No. 3, S. 730.

236 Vgl. Küting, K./Zwirner, C., BB 2005, S. 1560; Baetge, J./Lienau, A., WPg 2007, S. 18.

237 Vgl. IAS 12.24, ASC 740.10.30.5 und § 274 Abs. 1 HGB.

238 Nach US-GAAP muss der Steuervorteil „more likely than not" sein.

239 Die Ermittlung der aktiven Steuerlatenz muss getrennt für körperschaft- und gewerbesteuerliche Zwecke erfolgen. Vgl. Eitzen, B.v./Helms, S., BB 2002, S. 825.

240 Vgl. Schmundt, W., Die Prognose von Ertragsteuern im Discounted Cash Flow Verfahren, Wiesbaden 2008, S. 160 ff.

241 Vgl. zur empirischen Evidenz Dhaliwal, D./Gleason, C./Mills, L., Contemporary Accounting Research 2004, Vol. 21, No. 2, S. 431 ff.; Frank, M.M./Rego, S.O., Journal of the American Taxation Association 2006, Vol. 28, No. 1, S. 43 ff.; Herbohn, K./Tutticci, I./Khor, P.S., Journal of Business Finance & Accounting 2010, Volume 37, No. 7-8, S. 763 ff.

242 Vgl. Kröner, M., Organschaft und Konzernsteuerquote, Stuttgart 2003, S. 568; Kröner, M./Beckenhaub, C., Konzernsteuerquote, München 2008, S. 21.

nungen sollte ersichtlich werden, dass in den kommenden Jahren ausreichend steuerliches Einkommen erwirtschaftet wird.[243] Stark vereinfacht wird im Rahmen der Planungsrechnung der steuerliche Gewinn der vorangegangenen Periode um Sondereinflüsse bereinigt und um Ergebniseffekte der Planperiode angepasst. Dabei müssen die komplexen Wechselwirkungen zwischen abzugsfähigen Bemessungsgrundlagenunterschieden, Zins- und Verlustvorträgen sowie der Mindestbesteuerung beachtet werden.[244] Abzugsfähige Differenzen führen bei geringen steuerpflichtigen Erträgen lediglich zu einer Erhöhung des Verlustvortrags, der in Abhängigkeit seiner erwarteten Werthaltigkeit aktiviert werden kann. Die Detailplanung wird durch diesen Rückkopplungseffekt deutlich erschwert.[245]

Wesentliche Determinanten für das mit den Planungsrechnungen verbundene Risiko sind der erforderliche Detaillierungsgrad der Planung, die Berücksichtigung wichtiger Einflussfaktoren und die Genauigkeit der Verknüpfung der Planung mit aktuellen Marktdaten.[246] Planungsrechnungen werden in der Unternehmenspraxis vom Rechnungswesen erstellt. Stimmen die betrieblichen Planungsebenen für Zwecke des Rechnungswesens nicht mit den steuerlichen Beurteilungsebenen überein,[247] sind erhebliche Zusatzarbeiten notwendig, um diese für die Steuerabteilung verwenden zu können.[248]

Die in den Planungsrechnungen abzubildende zeitliche Entwicklung des Verlustvortrags ist dabei pfadabhängig. Wenn weitere Verluste realisiert werden, bevor ein bereits bestehender Verlustvortrag vollständig verrechnet werden konnte, sinkt tendenziell der Wert des schon vorhandenen Verlustvortrags. Die Risikoeigenschaften von Verlustvorträgen unterscheiden sich daher von denjenigen der Steuerbemessungsgrundlage.[249] Wird hingegen auf ein, aus den genannten Gründen angezeigtes, graduelles Vorgehen verzichtet und eine kombinierte Analyse von bilanziellen Wertdifferenzen und Verlustvorträgen vorgenommen, erhöht sich das Risiko eines fehlerbehafteten Bilanzausweises.[250]

Nach dem bilanzorientierten Temporary-Konzept ist an jedem Bilanzstichtag zu prüfen, ob die Verrechnung der aktivierten Steueransprüche noch erwartet werden kann. Das heißt, die

---

243 Gemäß § 274 Abs. 1 S. 4 sind lediglich die innerhalb der nächsten 5 Jahre verrechenbaren Verluste zu berücksichtigen. Nach DRS 18, der allerdings nicht bindend für Einzelabschlüsse ist, können aber auch Verlustvorträge in Höhe eines Passivüberhangs aktiviert werden, deren Verrechnung erst nach Ablauf der Fünfjahresfrist zu erwarten ist. Vgl. dazu Meyer, M./Ruberg, L., DStR 2010, S. 2094 ff.; Karrenbrock, H., BB 2011, S. 685.

244 Vgl. Scholz-Görlach, U., PiR 2009, S. 198 ff.; Ruberg, L., Ubg 2011, S. 204 ff.

245 Vgl. Meyer, M./Ruberg, L., DStR 2010, S. 1541.

246 Vgl. Meyer, M./Ruberg, L., Ubg 2010, S. 437.

247 Vgl. Meyer, M./Ruberg, L., DStR 2010, S. 1543.

248 Vgl. Kröner, M./Beckenhaub, C., Konzernsteuerquote, München 2008, S. 171 f.

249 Vgl. Piehler, M./Schwetzler, B., Zfbf 2010, S. 62 ff.

250 Vgl. Petersen, K., WPg 2011, S. 257.

mit dem Ansatz und der Bewertung verbundenen Tax Accounting-Risiken leben an jedem Bilanzstichtag neu auf.

Dauerhaft niedrige Gewinne führen schließlich zu einem Anstieg der Volatilität der Konzernsteuerquote, da der Einfluss nicht abziehbarer Betriebsausgaben bei sinkendem Vorsteuerergebnis dominant wird. Dieser kausale Zusammenhang ist besonders problematisch vor dem Hintergrund, dass Investoren und auch Analysten gerade in Phasen volatiler Einnahmen verstärkt auf die Aufwendungen des Unternehmens achten, zu welchen die Steuerzahlungen wesentlich beitragen.[251]

2.6 Zwischenfazit

Tabelle 1 fasst die Systematisierung der steuerlichen Risiken zusammen und stellt die beschriebenen Risikoobjekte schematisch dar. Die zentralen Ergebnisse der konzeptionellen Betrachtung des steuerlichen Risikobegriffs werden nachfolgend zusammengefasst.

Zur Vorstrukturierung der nachfolgenden Analysen der empirischen und ökonomischen Implikationen steuerlicher Risiken sollte der steuerliche Risikobegriff systematisiert und eingrenzt werden. Hierzu werden Steuerrisiken als jedes steuerliche Ereignis, das die Ziele des Unternehmens in nicht geplanter Weise beeinflusst, definiert. Im Hinblick auf die nachfolgenden Analysen wird eine ursachenbezogene Systematisierung gewählt, die risikoobjektbezogen segmentiert wird. Die vorgenommene Risikoklassifikation führt zu vier abgrenzbaren Risikokategorien: Compliance Risiken, Operative Steuerrisiken, Strategische Steuerrisiken und Tax Accounting-Risiken.

Die Befolgung der steuerlichen Vorschriften stellt für viele Unternehmen, aufgrund der Komplexität der Vorgaben, eine große Herausforderung dar. Dazu gehören insbesondere die Deklarationspflicht, die Steuerentrichtungspflicht, Melde- und Aufbewahrungsobliegenheiten. Die originären Aufgaben der Steuerabteilung, wie die Erstellung der Steuererklärung, werden dabei zunehmend von weiteren Anforderungen überlagert.[252] Insbesondere durch die steigende Bedeutung von indirekten Steuern und Quellensteuern (Lohnsteuer, Kapitalertragsteuer, Abgeltungssteuer), bei denen der Steuerpflichtige in die Rolle des Steuerzahlers gedrängt wird, müssen eine Vielzahl von Regelungen für eine kaum überschaubare Anzahl von Transaktionen beachtet werden. Durch ergänzend zu erfüllende Dokumentationsanforderungen werden potentiell weitere steuerliche Risiken geschaffen.

---

[251] Vgl. Kröner, M./Beckenhaub, C., Konzernsteuerquote, München 2008, S. 40.
[252] Vgl. Herzig, N., DB 2010, S. 6.

Tabelle 1: Systematische Darstellung steuerlicher Risiken

Ursache	Risikoobjekt	Beschreibung
Compliance	Vorauszahlungen	Die korrekte Berechnung und pünktliche Entrichtung vermeidet steuerliche Nachteile wie Säumniszuschläge.
	Vollständige und pünktliche Deklaration	Nur durch entsprechende Kontrollmechanismen lassen sich die Melde- und Aufbewahrungspflichten verschiedener Steuerarten erfüllen.
	Dokumentationsvorschriften	Im Hinblick auf spätere Betriebsprüfungen oder gerichtliche Auseinandersetzungen bedarf es einer lückenlosen Dokumentierung aller Geschäftsvorfälle.
	Indirekte Steuern	Die Umsatzsteuer erfordert angesichts ihrer steigenden Bedeutung ein hohes Maß an Zusammenarbeit unterschiedlicher Abteilungen.
	Quellensteuern	Sowohl im Rahmen der Lohn- wie auch der Kapitalertragsteuer tritt das Unternehmen an die Stelle des Fiskus und haftet für eventuelle Fehler.
Operatives Geschäft	Verrechnungspreise	Aufgrund der hohen Ermessensspielräume entwickeln sich Verrechnungspreise zu einem Schwerpunkt von Betriebsprüfungen und erfordern entsprechende Dokumentation und Rechtfertigung.
	Mergers & Acquisitions	Haftungsregelungen und spezielle steuerliche Vorschriften wie § 8 c KStG können erheblich Risikowirkungen bei einer Unternehmenstransaktion besitzen.
	Verlagerung der Geschäftstätigkeit	Durch die Einführung des hypothetischen Fremdvergleichs nach § 1 Abs. 3 AStG müssen aufwendige Barwertberechnungen zur korrekten Bemessung durchgeführt werden.
Strategie	Steuerrechtsänderungen	Änderungen von Gesetzen können ursprünglich getroffene Entscheidungen nachteilig werden lassen und Rechtsunsicherheit durch interpretationsbedürftige, neue Begriffe schaffen.
	Finanzgerichtsbarkeit	Unvorhersehbarkeit und zeitliche Rückwirkung von Urteilen können erhebliche Risiken für den Steuerpflichtigen bedeuten.
	Änderungen der Betriebsprüfungs- und Verwaltungspraxis	Steuerplanungsmodelle fordern die Finanzverwaltung heraus, die mit Verwaltungsvorschriften und Betriebsprüfungen reagiert.
	Unternehmensreputation	Vorwürfe wie aggressive Steuerplanung oder Steuerhinterziehung können finanzielle Schäden verursachen, die weit über eventuelle Strafzahlungen hinausgehen.
	Personalrisiken	Ohne eine fachlich gut aufgestellte Steuerabteilung lassen sich die komplexen Anforderungen nicht sachgerecht erfüllen.
Tax Accounting	Volatilität der Konzernsteuerquote	Die Konzernsteuerquote wird vom Kapitalmarkt als Gradmesser der Leistungsfähigkeit der Steuerabteilung interpretiert, da ansonsten kaum steuerliche Informationen zur Verfügung stehen.
	Latente Steuern	Latente Steuern haben durch ein zunehmend eigenständiges Steuerbilanzrecht eine enorme Aufwertung erfahren und erheblichen Einfluss auf die Steuerquote.
	Entwicklung des steuerlichen Gewinns	Zur Bildung von aktiven latenten Steuern auf Verlustvorträge und abzugsfähige Differenzen sind detaillierte Planungsrechnungen erforderlich.

Ansprüche aus dem Steuerschuldverhältnis entstehen unabhängig davon, ob der Steuerpflichtige sich bewusst ist, dass er Tatbestände des Steuerrechts verwirklicht. Steuerrisiken resultieren daher, wenn die Steuerabteilung nicht rechtzeitig über geplante Transaktionen informiert wird. Steuerliche Vorschriften sind häufig interpretationsbedürftig und können zum Vorteil des Steuerpflichtigen ausgelegt werden. Steuergestaltungen auf Basis dieser Gestaltungsspielräume erhöhen die Wahrscheinlichkeit von Steuernachzahlungen und Bußgeldern. Die Art der unternehmerischen Betätigung, die Organisationsstruktur und die Standorte der Tochtergesellschaften ergeben dabei ein unternehmensspezifisches Risikoprofil. Alle betriebswirtschaftlichen Dispositionen der Entscheidungsträger des Unternehmens können steuerliche Implikationen haben. Deswegen nimmt der Umfang der steuerlichen Risikoposition mit der Größe und dem Internationalisierungsgrad des Unternehmens zu. Zu den bedeutsamsten operativen Steuerrisiken gehören Verrechnungspreise, Unternehmensumstrukturierungen, Verlagerungen der Geschäftstätigkeit und die Unternehmensfinanzierung. Nicht alltägliche Transaktionen, wie beispielsweise der Erwerb eines Unternehmens oder wesentliche Umstrukturierungen der Unternehmensgruppe, sind in der Regel mit größeren Risiken behaftet als der vielfach steuerlich begleitete Verkauf von Gütern und Dienstleistungen. Der Steuerpflichtige bewegt sich in einem Spannungsfeld unterschiedlichster Steuerrisiken mit schwer zu kontrollierenden Wechselwirkungen und Rückkopplungseffekten.

Eine zielgerichtete Beeinflussung von steuerlichen Risiken wird durch die hohe Dynamik von gesetzlichen und verwaltungsseitigen Vorschriften erschwert. Die Steuerabteilung steht hohen Anforderungen gegenüber. Sie muss unterschiedliche rechtliche Ebenen (nationales Steuerrecht, Abkommensrecht, Bilanzsteuerrecht), verschiedene Institutionen (Legislative, Finanzverwaltung, Finanzgerichtsbarkeit) und alle relevanten Steuerarten hinsichtlich möglicher Rechtsänderungen ständig im Blick behalten. Problematisch dabei ist insbesondere die Rückwirkung von Steuergesetzen und Verwaltungsanweisungen auf Veranlagungszeiträume vor ihrem Inkrafttreten und die zeitversetzte Überprüfung der Steuerbemessungsgrundlagen durch die Finanzverwaltung, die zunehmend mit anderen Steuerbehörden auf internationaler Ebene zusammenarbeitet. Zudem können auch Urteile von supranationalen Gerichten wie dem EuGH erhebliche Auswirkungen auf steuerliche Gestaltungen haben. Dabei ist darauf hinzuweisen, dass steuerliche Risiken nicht nur finanzielle Nachteile implizieren, sondern die Unternehmensreputation insgesamt schädigen können. Aufgrund der vielschichtigen Herausforderungen muss die Steuerfunktion mit ausreichend Personalressourcen versehen werden.

Unsicherheiten im Zusammenhang mit der Ermittlung von Steuerpositionen im Jahresabschluss können zu Bilanzierungsfehlern führen und Bilanzkorrekturen erforderlich machen, die negative Kapitalmarktreaktionen provozieren. Unter allen Steuerpositionen hat die Konzernsteuerquote die vergleichsweise höchste Relevanz. Die Volatilität der Konzernsteuerquote korreliert dabei mit der von den Anteilseignern geforderten Risikoprämie. Weitere einflussreiche Tax Accounting-Risiken ergeben sich aus der Bilanzierung latenter Steuern und der steuerlichen Ergebnisentwicklung.

3 Tax Risk Management – Strategische, prozessuale und organisationale Einflussfaktoren[253]

3.1 Einleitung

Die ersten Schritte zur Entwicklung von Standards für das Risikomanagementsystem und das interne Kontrollsystem gehen auf das Commitee of Sponsoring Organizations of the Treadway Commission im Jahr 1992 zurück. Aber erst[254] mit der Umsetzung des Sarbanes-Oxley Act (2002) und FIN 48[255] (2006) in den USA, der Internationalisierung der Kapitalmärkte,[256] der Übernahme der IFRS für Konzernabschlüsse in Europa (2005) und damit der Fokussierung auf die Bilanzansätze der Vermögenswerte und Schulden, rückten die (Risiko-) Managementfähigkeiten der Steuerabteilung sowie das Tax Accounting stärker in den Fokus der Öffentlichkeit und der Vorstände.[257] Das Interesse der Kapitalmarktteilnehmer an der Konzernsteuerquote und die zu deren Analyse erforderlichen Informationen der steuerlichen Überleitungsrechnung haben die Bedeutung der Steuerabteilung erhöht.[258] Zusätzliche Anforderungen ergeben sich aufgrund der wachsenden Komplexität der Steuer- und Bilanzierungsstandards und aus einem zunehmend turbulenten Marktumfeld, wie aktuell die Volatilität der Börsenkurse an den internationalen Börsenparketten eindrucksvoll belegt. Die angespannte Lage der Staatshaushalte in Europa erhöht den Druck auf die Finanzverwaltungen, die Steueransprüche durchzusetzen und international mit anderen Steuerbehörden zusammenzuarbeiten. Aufgrund dessen hat sich ein gut funktionierendes Steuerrisikomanagement zu einem kritischen Erfolgsfaktor entwickelt. Zu den klassischen Aufgaben der Steuerabteilung wie Tax Compliance und Überwachung von Betriebsprüfungen, sind neue Aufgaben wie Risikobeherrschung, Design interner Kontrollen, Tax Accounting und die Umsetzung von Corporate Governance Regelungen hinzugetreten.

---

253 Dieses Kapitel basiert auf einer gemeinsamen Veröffentlichung mit Christoph Spengel (Universität Mannheim und ZEW) in Ubg 2010, S. 798-811.

254 In einer Umfrage 1998 antworteten nur 36% der Befragten, dass ihre Steuerabteilung auf eine aggressive Steuerplanung verzichten würde, um negative mediale Aufmerksamkeit zu vermeiden. Außerdem wurden bei den Zielen der Steuerabteilung weder steuerliche Risiken noch ein steuerliches Risikomanagement erwähnt. Vgl. Arlinghaus, B.P., Tax Executive 1998, Vol. 50, No. 6, S. 434 ff.

255 Im März 2009 wurde auch vom IASB ein Entwurf ED/2009/2 „Income Tax" für einen Standard, der sich mit Steuerrisiken befasst veröffentlicht, anschließend aber wieder zurückgezogen.

256 Die nationalen Kapitalmärkte sind inzwischen stark miteinander verbunden. Damit stehen Emittenten von Risikokapital im unmittelbaren, globalen Wettbewerb. Vgl. Reichmann, T., Controlling mit Kennzahlen und Managementberichten, München 2001, S. 599.

257 Unter SOX, Section 302, müssen CEO und CFO bestätigen, dass sie für die Finanzabschlusskontrolle und die dazugehörigen Prozesse tatsächlich verantwortlich sind.

258 Vgl. Mammen, A., Die Konzernsteuerquote als Lenkungsinstrument im Rahmen des Risikomanagementsystems börsennotierter Muttergesellschaften, Wiesbaden 2011, S. 402 f.

Insbesondere in kleinen und mittelgroßen Unternehmen sind die Implikationen steuerlicher Risiken noch nicht vollständig erkannt und umgesetzt worden. Zwar wird ein gewisses Maß an steuerlichem Risikomanagement in der Praxis bereits gelebt, jedoch bedarf es zur Sicherstellung seiner Vollständigkeit, Nachvollziehbarkeit, Systemsicherheit und Dokumentation einer Institutionalisierung.

Steuerrisiken werden dabei verstanden also steuerliches Ereignis, das die Ziele des Unternehmens in nicht geplanter Weise beeinflusst. Ohne Ziele bestehen somit auch keine Risiken.[259] Diese Definition schließt Abweichungen der tatsächlichen Steuerzahlung von der geplanten Steuerzahlung ein, beinhaltet beispielsweise aber auch nur schwer monetär messbare Reputationsverluste und Abschreibungen auf aktive latente Steuern, die zumindest nicht unmittelbar zu Steuernachzahlungen führen.

Es gibt zahlreiche Literaturbeiträge aus der Beratungspraxis, die sich mit der Darstellung von steuerlichen Risiken[260] oder der Organisation des Risikomanagements[261] im steuerlichen Bereich befassen. Ein kürzlich erschienener Sammelband vergleicht die Risikomanagementansätze in verschiedenen Ländern.[262] Auf der normativen Ebene besteht also ein recht breiter Erkenntnistand, der bis zu den Arbeiten von Gerd Rose zurück reicht.[263] Oftmals wird dabei auf einen bestimmten Risikobereich fokussiert, der besonders bedeutend für die Unternehmenspraxis ist.[264] Zudem lassen sich empirische Studien der großen Steuerberatungsgesellschaften finden, die ihre Mandanten befragen, welchen steuerlichen Risiken sie ausgesetzt sind und wie sie mit diesen umgehen.[265] Eine ähnliche Umfrage hat Henderson Global Investors veröffentlicht.[266] Daneben gibt es einen breiten Literaturstrang, der sich mit der Abbil-

---

259 Vgl. Haller, M., Risiko-Management – Eckpunkte eines integrierten Konzepts, SzU, Band 33, Wiesbaden 1986, S. 19.

260 Vgl. Eilers, S./Maier, A., Ubg 2010, S. 683 ff.; Hierstetter, F., DStR 2010, S. 882 ff. Zurück gehen diese Überlegungen letztendlich auf die Erkenntnisse der Literatur zur Tax Due Diligence, vgl. etwa Kneip, C./Jänisch, C., Tax Due Diligence, München 2005.

261 Vgl. Henselmann, K./Rose, A., Management steuerlicher Risiken, Heidelberg 2001, S. 186 ff.; Blerck, M.v., Bulletin for International Fiscal Documentation 2005, Vol. 59, No. 7, S. 281 ff.; Röthlisberger, R./Zitter, G., Schweizer Treuhänder 2005, S. 295 ff.; Obermayr, A., Managing Tax Risks, Wien 2006, S. 85 ff.

262 Vgl. Bakker, A./Kloosterhof, S., Tax Risk Management, Amsterdam 2010.

263 Vgl. Rose, G., StbJb 1975/1976, S. 41 ff.

264 Vgl. etwa für den Bereich der Verrechnungspreise Lowell, C. Y./Martin, M.R./Donohue, M.J., Journal of International Taxation 2006, Vol. 17, No. 7, S. 44 ff.; Chan, Y./Tan, B., International Tax Review 2006, Asia Transfer Pricing Supple, S. 33 ff. Vgl. für den Bereich der Umsatzsteuer Schärer, C./Mayne, H., International Tax Review 2007, Vol. 18, No. 8, S. 33 ff.

265 Vgl. nur Ernst & Young, Steady Course, Uncharted Waters. Findings from the third Ernst & Young Global Tax Risk Survey, London 2008; Steiner, H.J./Belz, D., Schweizer Treuhänder 2009, S. 95 ff.

266 Vgl. Henderson Global Investors, Tax, Risk and Corporate Governance, London 2005.

dung steuerlicher Risiken in Bilanz[267] und Lagebericht[268] beschäftigt. Außerdem gibt es von Seiten der internationalen Steuerbehörden[269] und der OECD[270] Beiträge zur Systematisierung eines steuerlichen Risikomanagements auf Seiten der Finanzverwaltung. Einige Beiträge befassen sich mit der Einführung eines Risikomanagement in der deutschen Finanzverwaltung vor dem Hintergrund des Verfassungsrechtes.[271] Aber auch in der Wissenschaft ist die Thematik angekommen; inzwischen gibt es erste Arbeiten zur empirischen Messung von Steuerrisiken.[272]

Eine Beschäftigung mit den Einflussfaktoren eines steuerlichen Risikomanagements auf Strategie, Organisation und die Prozesse eines Unternehmens steht aber noch weitgehend aus. Vor diesem Hintergrund ist es Ziel dieses Kapitels, Einflussfaktoren eines Risikomanagements im Steuerbereich aufzuzeigen und erste Gestaltungsempfehlungen aus einer Gegenüberstellung der Organisation und Strategie der Steuerabteilung und des betrieblichen Risikomanagements abzuleiten. Hierzu wird auf einen relativ breiten Literaturstrang zurückgegriffen, der sich mit dem betrieblichen Risikomanagement im Allgemeinen beschäftigt.[273] Im Folgenden wird analysiert, welche strategischen und organisationalen Voraussetzungen für die institutionalisierte Etablierung eines Tax Risk Managements geschaffen werden müssen. Die Interdependenzen zwischen steuerlichen Risiken zwingen die Unternehmen zu einer prozessorientierten Vorgehensweise. Hierfür sollte die Steuerung und Kontrolle von steuerlichen Risiken ein integraler Bestandteil der betrieblichen Überwachungsprozesse werden.[274] Wesentliche Anforderungen für die Ausgestaltung der prozessualen Ebene ergeben sich aus den regulatorischen Vorgaben des KonTraG und des Sarbanes-Oxey Act, der große Ausstrahlungswirkung auf die regulatorischen Rahmenbedingungen in Deutschland hatte.[275]

---

267 Vgl. Ruberg, L., Ubg 2009, S. 863 ff.; Beyhs, O./Fuchs, M., WPg 2009, S. 636 ff.; Benzel, U./Linzbach, M., KoR 2009, S. 400 ff.; Simlacher, A./Schurbohm-Ebneth, A., KoR 2009, S. 389 ff.; Dahlke, J., BB 2009, S. 1462 ff.; Kloosterhof, S./Zoelen, D.v., European Taxation 2009, Vol. 49, No. 8-9, S. 415 ff.

268 Vgl. Freidank, C.-C./Mammen, A., ZCG 2005, S. 285 ff.

269 Vgl. Netherlands Tax and Customs Administration, Tax Control Framework, Heerlen 2008; Freedman, J./Loomer, G./Vella, J., British Tax Review 2009, Vol. 1, No. 1, S. 74 ff.

270 Vgl. OECD, Compliance Risk Management: Managing and Improving Tax Compliance, Paris 2004.

271 Vgl. Haunhorst, S., DStR 2010, S. 2105 ff.

272 Vgl. Endert, V., Analyse ausgewählter Einflussfaktoren auf die Höhe von Steuernachzahlungen – eine empirische Untersuchung anhand von Bilanzdaten deutscher Unternehmen, Hamburg 2010; Jost, S.P./Pfaffermayr, M./Winner, H., Transfer Pricing as a Tax Compliance Risk, Working Paper No. 2010-06, Salzburg 2010.

273 Für einen Überblick über den Stand der Forschung und der Entwicklung des Risikomanagements vgl. Fichtner, K., Strategisches Risiko- und Diversifikationsmanagement, Chemnitz 2008, S. 88 ff.

274 Vgl. Reichmann, T., Controlling mit Kennzahlen und Managementberichten, 6. Auflage, München 2001, S. 599 ff.

275 Vgl. Loitz, R., WPg 2005, S. 817 ff.; Mayer, M./Loitz, R./Quella, J.-O./Zerwas, P., Latente Steuern: Bewertung, Bilanzierung, Beratung, Wiesbaden 2009, S. 224 ff.

Das Kapitel ist wie folgt gegliedert. Abschnitt zwei leitet aus einer Gegenüberstellung von Steuerabteilung und Risikomanagement organisationale sowie strategische Einflussfaktoren des Tax Risk Management ab. Aus einem Vergleich von Sarbanes-Oxley Act und dem KonTraG werden prozessuale Implikationen abgeleitet. Abschnitt drei diskutiert zunächst die erforderliche strategische Ausrichtung der Steuerabteilung im Zuge der Einführung eines steuerlichen Risikomanagements. Abschnitt vier analysiert die Implikationen eines steuerlichen Risikomanagements auf die Unternehmensorganisation. Hier lassen sich im Wesentlichen fünf Stoßrichtungen unterscheiden: (1) Einbindung der Steuerabteilung in die Aufbauorganisation sowie Einflüsse auf die (2) Zusammenarbeit mit der Unternehmensleitung, auf die (3) Zuordnung von Verantwortung, auf die (4) Organisation der unternehmensinternen Kontrollen und auf das (5) Vergütungssystem. Anschließend werden in Abschnitt fünf die Implikationen für Ablauforganisation untersucht. Veränderungen der Ablauforganisation werden vor allem im Bereich der Reporting Lines und der Dokumentation erörtert. Abschnitt sechs fasst die Ergebnisse zusammen.

3.2 Ableitung der Anforderungen zur Etablierung eines Tax Risk Management

3.2.1 Konventionelle Strategie und Organisation der Steuerabteilung und des betrieblichen Risikomanagements

Tabelle 2 zeigt wesentliche Merkmale hinsichtlich der Organisation und der strategischen Ausrichtung von Steuerabteilung und betrieblichem Risikomanagement in einer Synopse. Eine kurze Analyse der wichtigsten Gemeinsamkeiten und Unterschiede wird am Ende des Abschnitts vorgenommen.

Ein wichtiges Ziel der Steuerabteilung ist die Sicherstellung einer konkurrenzfähigen Steuerbelastung mit einer relativ niedrigen Konzernsteuerquote.[276] Risikoaspekte werden zwar beachtet,[277] fließen aber häufig nur intuitiv in den Entscheidungsprozess ein.[278] Es sind insbesondere keine formalen Kommunikationsleitlinien oder Kontrollen vorhanden. Ist die Steuerabteilung für die steuerlichen Bilanzposten zuständig, wirkt sie mit den von ihr zu betreuenden Positionen am Ziel der Stabilität des Erfolgsausweises mit. In den meisten Unternehmen ist die Steuerabteilung für diese Aufgabe aber nicht verantwortlich, sie wird überwiegend vom Rechnungswesen übernommen.[279] Aufgrund der Komplexität des Steuerrechts und der ge-

[276] So auch für die Fortune 500 Arlinghaus, B.P., Tax Executive 1998, Vol. 50, No. 6, S. 434 ff.
[277] Vgl. Vera, A., Organisation von Steuerabteilungen und Einsatz externer Steuerberatung in deutschen Großunternehmen, Lohmar 2001, S. 172 ff.
[278] Vgl. PricewaterhouseCoopers, Tax Risk Management, London 2004, S. 29.
[279] Vgl. Kloosterhof, S., European Taxation 2009, Vol. 49, No. 8-9, S. 401.

setzgeberisch induzierten Schnelllebigkeit der Materie wird die Steuerabteilung meist nicht umfassend in das betriebliche Zielsystem integriert.

Tabelle 2: Organisation und Strategie einer Steuerabteilung und des betriebliches Risikomanagements

Steuerabteilung	Betriebliches Risikomanagement
Zielhierarchie	
Konkurrenzfähige Steuerbelastung mit relativ niedriger Konzernsteuerquote.	Sicherung des Unternehmensfortbestandes.
Risikoaspekte fließen intuitiv in den Entscheidungsprozess ein. Keine formalen Kommunikationsleitlinien oder Kontrollen.	Unternehmensleitung gibt Risikotragfähigkeit vor. Risikomanagement nimmt Abgleich mit der aggregierten Risikoposition vor.
Keine umfassende Integration in betriebliches Zielsystem.	Sicherheitsziele sind an Unternehmenszielvorgaben gekoppelt.
Organisationsstruktur	
Steuerfragen werden von Tochtergesellschaften mit betreut und müssen in einigen Fällen nicht der Zentrale zur Entscheidung vorgelegt werden. Indirekte Steuern und Lohnsteuer meist dezentral organisiert. Lokale Erhebung und Weiterverarbeitung der Steuerdaten. Vergleichsweise hohe Autonomie steuerlicher Fragestellungen.	Zentrale und dezentrale Einheiten werden mit dem Risikomanagement betraut. Zentrale und systematische Auswertung von Risikoinformationen. Zentrales Risikomanagement übernimmt Koordination und Überwachung sowie Bereitstellung von spezifischem Fachwissen. Die Verantwortung für die prozessspezifischen Aufgaben ist hingegen bei den Prozessverantwortlichen.
Weisungsbefugnis	
Mitwirkungsrechte bei Organisations-, Finanz- und Investitionsplanung.	Entscheidungs- u. Weisungsbefugnisse, um Gesamtrisikosituation kontrollieren zu können und Vorgaben für die Risikosteuerung zu machen.
Geringe Einbindung in zentrale Entscheidungen und operatives Tagesgeschäft.	Berücksichtigung von Risikoaspekten bei strategischen Entscheidungen.
Weisungsrechte beschränken sich häufig auf Informationsherausgabe.	Weitreichende Informationszugriffsrechte in konzeptionellen Fragen.
Einige direkte Weisungsrechte gegenüber Rechnungswesen, Finanzen, Personal und Tochtergesellschaften.	In wenigen Fällen Weisungsrechte gegenüber Linienstellen.

Häufig direkt dem Leiter Rechnungswesen oder dem CFO unterstellt. Aber keine Behandlung steuerlicher Fragen auf strategischer Ebene.	Häufig direkt der Unternehmensleitung unterstellt. In strategisch wichtige Projekte wird das Risikomanagement eingebunden.
Nicht an Konsolidierungs- und Buchführungssoftware der Rechnungslegungsabteilung angeschlossen.	Risikorelevante Informationen werden mittels spezieller Software-Lösungen automatisch an das zentrale Risikomanagement weitergeleitet.
Vergütungssystem	
Ausrichtung des variablen Teils des Gehaltes leitender Angestellter an Konzernsteuerquote.	Vergütung auf Basis risikoadjustierter Kennzahlen, dazu fixe Gehaltskomponenten.

In einer konventionellen Organisationsstruktur werden Steuerfragen häufig von den Tochtergesellschaften mit betreut und müssen in einigen Fällen nicht der Zentrale zur Entscheidung vorgelegt werden. Dies geht vor allem aus der älteren Literatur hervor.[280] Multinationale Unternehmen belassen danach den lokalen Steuerbeauftragten verhältnismäßig viel Spielraum. Diese berichten oftmals direkt an den lokalen CFO.

Außerdem sind konventionell organisierte Steuerabteilungen meist sehr stark auf körpersteuerliche Fragen fokussiert. Indirekte Steuern und die Lohnsteuer sind in der Regel dezentralisiert und unterliegen somit nicht der direkten Kontrolle der Steuerabteilung.[281]

Steuerabteilungen verfügen trotz ihres materiellen Einflusses über eine vergleichsweise hohe Autonomie in Folge des hohen Komplexitätsgrades steuerlicher Fragestellungen.[282] Da nur eine Handvoll Steuerexperten die eingenommen Rechtspositionen und bilanzierten Sachverhalte versteht und kontrolliert, bleiben der Unternehmensleitung wesentliche Risikofaktoren verborgen.

Die Einflussmöglichkeiten der Steuerabteilung determinieren ihre Handlungsmöglichkeiten im Hinblick auf Steuerplanung und Tax Risk Management. Historisch gesehen wurde das Steuerrecht vielfach nicht bewusst oder nur passiv als gegebener Datensatz in die unternehmerischen Entscheidungen einbezogen.[283] Traditionell hat die Steuerabteilung vor allem Mitwirkungsrechte bei der Organisations-, Finanz- und Investitionsplanung,[284] hält sich aber ansonsten weitgehend aus den operativen Entscheidungen heraus.[285] Bei weniger zentralen Ent-

280 Vgl. Constantin, C., Steuerplanung in einer multinationalen Unternehmung, Bern 1975, S. 114 ff.
281 Vgl. KPMG, Tax Risk and Responsibility, New York 2003, S. 7.
282 Vgl. Salzberger, W., IStR 2008, S. 555 f.
283 Vgl. Wacker, W.H., Steuerplanung im nationalen und transnationalen Unternehmen, Berlin 1979, S. 29.
284 Vgl. Wittmann, F., Der Einfluß der Steuern auf die Investitionsentscheidungen der Unternehmen, Frankfurt am Main 1986, S. 137 ff.
285 Vgl. Friese, A./Link, S./Mayer, S., Taxation and Corporate Governance – The State of the Art, Berlin 2008, S. 418.

scheidungen und im operativen Tagesgeschäft ist die Steuerabteilung nur am Rande eingebunden.[286]

Für Steuerabteilungen ist häufig eine Kombination der Stabs- und Linienprinzipien charakteristisch.[287] Man spricht in diesem Zusammenhang auch von Zentralabteilungen. Während eine Stabstelle nur unterstützende und beratende Aufgaben wahrnimmt, sind Linienstellen mit Entscheidungsbefugnissen ausgestattet. Die Steuerabteilung kann als Zentralabteilung anderen Abteilungen Anweisungen erteilen. Jedoch beschränkt sich das Weisungsrecht in vielen Fällen auf die Informationsherausgabe. So ist zumindest die Möglichkeit einer indirekten Weisung gegeben.

Eine direkte Entscheidungsbefugnis der Steuerabteilung ist insbesondere zweckmäßig, weil die Unternehmensführung oftmals nicht umfassend steuerlich qualifiziert ist. Daher werden Steuerabteilungen regelmäßig auch mit einigen direkten Weisungsrechten ausgestattet. Weisungsrechte bestehen vor allem gegenüber dem Rechnungswesen, den Bereichen Finanzen, Personal und gegenüber Tochtergesellschaften.

Die Steuerabteilung wird häufig direkt dem Leiter Rechnungswesen oder dem CFO und damit der Unternehmensleitung unterstellt. Damit nimmt sie einen hohen hierarchischen Rang im Unternehmen ein.[288] Entscheidend ist aber, dass die steuerliche Kommunikation beim CFO endet und steuerliche Fragestellungen nicht auf der strategischen Ebene behandelt werden.[289]

Die Steuerabteilung wird häufig weder umfassend in die internen Kontrollprozesse noch in technische Neuerungen einbezogen.[290] Genauso ist die Steuerabteilung nicht an die Konsolidierungs- und Buchführungssoftware der Rechnungslegungsabteilung angeschlossen und muss daher die erforderlichen Daten mühsam manuell anfordern.

In einigen Unternehmen wurde der variable Teil der Vergütung von leitenden Angestellten der Steuerabteilung an der Konzernsteuerquote ausgerichtet. Aufgrund der Kapitalmarktrelevanz der Konzernsteuerquote und dem Shareholder-Value Gedanken scheint dies auf den ersten Blick sachgerecht zu sein. Allerdings unterliegt die Konzernsteuerquote zahlreichen externen Einflüssen, die nicht von den Mitarbeitern der Steuerabteilung kontrolliert und beeinflusst werden können.[291]

---

286 Vgl. Erle, B., Tax Risk Management and Board Responsibility, Berlin 2008, S. 209.
287 Vgl. Herzig, N./Vera, A., DB 2001, S. 446.
288 Vgl. Hetfleisch, H.G., Besteuerung und Unternehmensorganisation, Frankfurt am Main 1970, S. 144 f.
289 Vgl. KPMG, Tax in the Boardroom, Discussion Paper, Zug 2004, S. 3.
290 Vgl. Clymer, J., Coping with change, London 2008, S. 3.
291 Vgl. Kröner, M./Beckenhaub, C., Konzernsteuerquote, 1. Auflage, München 2008, S. 47 ff.

Vergleicht man diese Befunde mit den grundlegenden Erkenntnissen der Literatur zum betrieblichen Risikomanagement, ist Folgendes festzustellen: Das oberste Ziel des betrieblichen Risikomanagements ist es, die Unternehmensführung bei der Sicherung des Unternehmensfortbestandes zu unterstützen. Hierbei sind insbesondere die Vermeidung der Zahlungsunfähigkeit und der Überschuldung angesprochen.

Die Ziele für das Risikomanagement werden aber häufig untergeordnete Ziele darstellen, die in erster Linie zur Erreichung vorrangiger Zielsetzungen beitragen sollen. Die Sicherheitsziele sind hierfür unmittelbar an die Zielvorgaben des Unternehmens gekoppelt, da deren Erfüllung größeren Risiken unterliegen kann.

Typischerweise wird von der Unternehmensleitung die Risikotragfähigkeit des Gesamtunternehmens vorgegeben. Hier setzt das Risikomanagement an. Die Risikomanagementstelle hat die Aufgabe, die Risikovorgaben zu überwachen. Das betriebliche Risikomanagement nimmt dabei fortlaufend einen Abgleich der aggregierten Risikoposition mit der Risikotragfähigkeit vor.

Bei großen Unternehmen[292] sind regelmäßig eine zentrale und mehrere dezentrale Einheiten zu beobachten, die mit dem Risikomanagement betraut werden.[293] Das zentrale Risikomanagement übernimmt vorwiegend die Koordination und Überwachung sowie die Bereitstellung von speziellem Fachwissen verbunden mit der Methodenhoheit und einer Coachingfunktion. Die dezentralen Einheiten verantworten regelmäßig die Risiken. Bei den DAX-Unternehmen werden die Aufgaben des Risikomanagements meist von einem Mitarbeiter in Vollzeit übernommen.[294] Die Verantwortung für die prozessspezifischen Aufgaben ist hingegen bei den Prozessverantwortlichen angesiedelt.[295] Dieser Ansatz kann für das Tax Risk Management nutzbar gemacht werden.

---

[292] Vgl. beispielsweise die Darstellung des Risikomanagements der BMW Group; hierzu Sommerfeld, H./Steurer, E., Integriertes Chancen- und Risikomanagement bei der BMW Group, Berlin 2008, S. 99 f.

[293] Vgl. Chrobok, S./Buechler, C./Roggen, E., ZRFG 2007, S. 102; Arbeitskreis Externe und Interne Überwachung der Schmalenbach-Gesellschaft für Betriebswirtschaft e. V., DB 2010, S. 1249; Diederichs, M./Fricke, W./Macke, S., DB 2011, S. 1462.

[294] Vgl. Diederichs, M./Fricke, W./Macke, S., DB 2011, S. 1462.

[295] Vgl. Kremers, M., Risikoübernahme in Industrieunternehmen, Sternenfels 2002, S. 96 f.

Die Risikomanagementfunktion muss über gewisse Entscheidungs- und Weisungsbefugnisse verfügen, um die Gesamtrisikosituation des Unternehmens kontrollieren und Vorgaben für die Risikosteuerung machen zu können.[296] Insbesondere bedarf die Risikomanagementfunktion weitreichender Informationszugriffsrechte und fachlicher Weisungsrechte in konzeptionellen Fragen.[297] Hier bestehen in der praktischen Umsetzung noch Defizite. Denn die Risikomanagementfunktion hat in den wenigsten Fällen Weisungsrechte gegenüber den Linienstellen.[298]

Das betriebliche Risikomanagement wird häufig direkt der Unternehmensleitung[299] unterstellt oder auf Ebene der Funktionsbereiche institutionalisiert. Auf Ebene der Funktionsbereiche wird das zentrale Risikomanagement häufig in das Controlling eingegliedert oder in die Interne Revision eingebunden.[300] Die direkte Unterordnung unter das Topmanagement stellt eine unabhängige und objektive Risikoberichterstattung sicher.[301] Durch die konzernweite Risikoberichterstattung ergeben sich Schnittstellen zu allen Abteilungen und Untergesellschaften. In strategisch wichtige Projekte wird das betriebliche Risikomanagement eingebunden.[302]

Risikorelevante Informationen werden meist mittels spezieller Software-Lösungen automatisch an das zentrale Risikomanagement weitergeleitet. Das betriebliche Risikomanagement ist damit in die internen Kontrollprozesse integriert, teilweise sogar direkt für diese verantwortlich.[303]

Die Gehälter setzen sich regelmäßig aus einer fixen und einer variablen Komponente zusammen: Ein großer Teil der Vergütung der Mitarbeiter des Risikomanagements ist fix. Einige Risiken, denen das Unternehmen ausgesetzt ist, wie beispielsweise die Konjunkturentwicklung, sind von der Risikomanagementfunktion nicht zu beeinflussen. Daher darf sich eine schlechte Ergebnisentwicklung nicht in voller Höhe auf das Gehalt der Mitarbeiter des betrieblichen Risikomanagements niederschlagen.[304]

Ein geringer Anteil der Vergütung kann auf risikoadjustierten Kennzahlen basieren. Diese ermöglichen eine risikoadjustierte Ergebnismessung. Es lassen sich absolute und relative Risikokennzahlen unterscheiden. Im Grundsatz handelt es sich bei den relativen Kennzahlen um

---

296 Vgl. Kremers, M., Risikoübernahme in Industrieunternehmen, Sternenfels 2002, S. 99.
297 Vgl. Merbecks, A., Zur Organisation des Risikomanagements in Kreditinstituten, Wiesbaden 1996, S. 60.
298 Vgl. Hölscher, R./Giebel, S./Karrenbauer, U., ZRFG 2007, S. 9.
299 Vgl. Bogendörfer, M., Dimensionen des Risikomanagements von kapitalmarktorientierten Lebensversicherungsunternehmen, Lohmar 2010, S. 156 ff.
300 Vgl. Diederichs, M./Fricke, W./Macke, S., DB 2011, S. 1462.
301 Vgl. Diederichs, M., Risikomanagement und Risikocontrolling, 2. Auflage, München 2010, S. 210.
302 Vgl. Diederichs, M./Fricke, W./Macke, S., DB 2011, S. 1463.
303 Vgl. Diederichs, M./Fricke, W./Macke, S., DB 2011, S. 1464 f.
304 Vgl. Gray, S.R./Cannella, A.A., Journal of Management 1997, Vol. 23, No. 4, S. 519 f.

die Relation zwischen einer Ergebnis- und einer Kapitalgröße. Absolute Risikokennzahlen fokussieren auf die Risikotragfähigkeit.

Fasst man zusammen, kann Folgendes festgehalten werden: Die steuerliche Risikopolitik ist nicht so eng mit den Unternehmenszielen verzahnt, wie dies beim betrieblichen Risikomanagement regelmäßig der Fall ist. Risikoaspekte fließen nicht systematisch in die Entscheidungsprozesse der Steuerverantwortlichen ein. Eine Mischung von zentralen und dezentralen Elementen ist charakteristisch für die Organisationsstruktur beider betrachteter Organisationseinheiten. Die Steuerabteilung verfügt aber über eine vergleichsweise hohe Autonomie. Im Gegensatz zu steuerlichen Fragestellungen werden Risikoaspekte bei den strategischen Entscheidungen grundsätzlich berücksichtigt. Die hierarchische Stellung der Steuerabteilung unterscheidet sich hingegen nicht grundlegend von der des betrieblichen Risikomanagements. In vielen Unternehmen wird die Steuerabteilung jedoch nur bei Entscheidungen hinzugezogen, die von einiger Wichtigkeit sind oder aber wenn steuerliche Problembereiche erkannt werden. Die Vergütung der Steuerabteilung fokussiert schließlich bei kapitalmarktorientierten Unternehmen auf die Konzernsteuerquote, während Mitarbeiter des betrieblichen Risikomanagements teilweise auf der Basis risikoadjustierter Kennzahlen vergütet werden.

3.2.2 Sarbanes-Oxley Act, KonTraG und BilMoG

Section 302 des Sarbanes-Oxley Acts verlangt, dass der CEO und der CFO vierteljährlich mit ihrer Unterschrift bestätigen, dass der Jahresabschluss korrekt ist, interne Kontrollen vorhanden sind und dass Anpassungen der internen Kontrollprozesse veröffentlicht wurden. Nach Section 404 ist die Einrichtung eines Prozesses unter der Aufsicht des CEO und CFO vorzunehmen, um die Rechnungslegung zu überwachen, deren Ordnungsmäßigkeit zu gewährleisten sowie wesentliche Falschaussagen zu verhindern. Section 404 gilt auch für die Steuerabteilung,[305] welche die Steuerbelastung und Steuerrisiken für den Jahresabschluss ermitteln muss,[306] da Steuerpositionen von erheblichem Gewicht für die Integrität des Jahresabschlusses sind.[307]

Die Prozesse bei der Erstellung der Steuererklärungen und der Bildung von Steuerrückstellungen müssen dokumentiert werden, um die Transparenz von Unternehmensprozessen zu verbessern. Aufgrund der Bedeutung steuerlicher Bilanzpositionen übernimmt der Leiter der Steuerabteilung häufig innerhalb des Unternehmens die Verantwortung für das interne steuer-

---

[305] Vgl. das Beispiel der Xerox Corporation bei Jessenberger, J./Zimmermann, G., Rechtliche Grundlagen des Risikomanagements im internationalen Industriekonzern, Berlin 2008, S. 217.

[306] Vgl. Henderson Global Investors, Tax, Risk and Corporate Governance, London 2005, S. 6.

[307] Vgl. KPMG, Tax Risk and Responsibility, New York 2003, S. 8.

liche Kontrollsystem, wenngleich CEO und CFO die Gesamtverantwortung übernehmen müssen.[308]

Das interne Kontrollsystem kann als effektiv angesehen werden, falls keine materiellen Schwächen, das heißt wesentliche Kontrollschwächen, die wahrscheinlich dazu führen, dass materiell bedeutsame Angaben in der Finanzberichterstattung falsch berichtet werden, ausfindig gemacht werden können.

Getragen ist der Sarbanes-Oxley Act letztlich von dem Gedanken, dass es ohne ein gut ausgebautes Risikomanagementsystem keine fundierte Risikoberichterstattung geben kann. Section 404 verlangt eine systematische Analyse von Risiken im Steuerbereich in Form einer prozessualen Betrachtung und nicht, wie bislang oft gängige Praxis, die Analyse einzelner steuerlicher Risiken.

Zur Etablierung des internen Kontrollsystems müssen zunächst Bilanzkonten identifiziert werden, die wesentliche Fehler in der Rechnungslegung verursachen können. Für die identifizierten Konten sind so dann die unterliegenden Geschäftsprozesse zu bestimmen. Anschließend gilt es wesentliche Risiken, die den Rechnungslegungsprozessen inhärent sind, ausfindig zu machen. Die selektierten risikobehafteten Prozesse sind dann auf Kontrollaktivitäten zu untersuchen. Auf Prozesse, die keine Überprüfung beinhalten, ist mit der Einrichtung entsprechender Kontrollen zu reagieren. Diese sind zu dokumentieren.

Die Prozessbetrachtung unterstützt beim Aufbau des internen Kontrollsystems die Analyse der Entstehung von steuerlichen Risiken und trägt damit zur Etablierung eines fundierten steuerlichen Risikomanagementsystems bei. Zudem ergeben sich bei der sehr intensiven Auseinandersetzung mit den unternehmensinternen Prozessen und Kontrollen fast zwangsläufig Denkanstöße zur Optimierung und Anpassung der steuerlichen Prozesse.

Der Sarbanes-Oxley Act war Vorreiter der 8. EU-Richtlinie über die Abschlussprüfung von Jahresabschlüssen und konsolidierten Abschlüssen, die Unternehmen dazu verpflichtet, einen Prüfungsausschuss einzurichten. Dieser soll die Wirksamkeit des internen Kontroll- und Risikomanagementsystems überwachen.[309] Deutsche Unternehmen sind schon seit dem KonTraG (1998) rechtlich nach § 91 Abs. 2 AktG ausdrücklich zur Einrichtung und Führung eines Risi-

[308] Vgl. Loitz, R., WPg 2005, S. 819.

[309] Vgl. Richtlinie 2006/43/EG des Europäischen Parlaments und des Rates vom 17.5.2006 über die Abschlussprüfungen von Jahresabschlüssen und konsolidierten Abschlüssen (8. EU-Richtlinie), Abl. 2006 Nr. L 157, S. 87 ff.

komanagementsystems verpflichtet.[310] Durch die Formulierung des § 91 AktG, der zudem überschrieben ist mit „Organisation und Buchführung“, wird markant darauf aufmerksam gemacht, dass die Einrichtung des Risikomanagements in der Organisationspflicht des Vorstands als Teil der allgemeinen Leitungsaufgabe nach § 76 AktG liegt.[311]

Nach § 315 Abs. 2 Nr. 5 HGB sind für kapitalmarktorientierte Unternehmen die wesentlichen Merkmale des internen Kontrollsystems und des Risikomanagements im Hinblick auf den Rechnungslegungsprozess zu erläutern. Durch das BilMoG gilt diese Pflicht nunmehr auch nach § 289 Abs. 5 HGB für den Einzelabschluss. Die Abschlussadressaten sollen sich ein Bild von den wesentlichen Merkmalen des Risikomanagementsystems machen können. Hierfür ist der Prozess zu beschreiben, der die Abbildung der korrekten und vollständigen Zahlen und Angaben in der Rechnungslegung gewährleistet.[312] Die in § 289 Abs. 5 HGB formulierten Anforderungen an die Prozesse des internen Kontrollsystems gelten auch für Steuern als wichtiger Teil des gesamten Rechnungslegungsprozesses.[313] Wie die Beschreibung der wesentlichen Merkmale des internen Kontroll- und Risikomanagementsystems im Hinblick auf die Rechnungslegung zu erfolgen hat, bleibt allerdings weitgehend offen. Trotzdem verdeutlicht die Einführung des § 289 Abs. 5 HGB die Bedeutung von Risikomanagementsystemen und zwingt die Unternehmen zu einem effizienten und effektiven Umgang mit Risiken in der Rechnungslegung, da Schwächen des Risikomanagementsystems nun von den Abschlussadressaten identifiziert werden können.[314] Steuerliche Risiken müssen nachvollziehbar sein und vollständig abgebildet werden. Dies setzt voraus, dass im Unternehmen Prozesse aufgesetzt werden, die eine zuverlässige Berichterstattung gewährleisten können.

Auch nach dem KonTraG bedarf es folglich geregelter Prozesse, damit Risiken für das gesamte Unternehmen systematisch erkannt, analysiert und gesteuert werden können. Folglich müssen geeignete fehlervermeidende Maßnahmen und funktionsfähige Kontrollen in die Aufbau- und Ablauforganisation der Gesellschaft einbezogen werden.[315] Da das Risikomanagementsystem im Sinne des KonTraG ein internes Überwachungssystem, wie im Sarbanes-Oxley Act vorgesehen, beinhaltet und sogar auf dieses zurückgeht, sind die prozessualen Im-

---

310 Die teilweise differierenden Auffassungen im Schrifttum, ob § 91 Abs. 2 AktG zum Risikomanagement verpflichtet, sind im Ergebnis in der praktischen Umsetzung nicht von Bedeutung. Vgl. hierzu Lorenz, M., Einführung in die rechtlichen Grundlagen des Risikomanagements, Berlin 2008, S. 8 ff.

311 Vgl. Franz, K.-P., Corporate Governance, Stuttgart 2000, S. 53 f.

312 Vgl. Ellrott, H., in: Beck'scher Bilanz-Kommentar, 7. Auflage, München 2010, § 289 Rn. 151.

313 Vgl. Risse, R., DB 2011, S. 671.

314 Die wesentliche Neuerung des Sarbanes-Oxley Acts bestand, genau genommen, nur in den vorgeschriebenen Veröffentlichungen zu den internen Kontrollsystemen. Bereits der Foreign Corrupt Practice Act von 1977 hatte die Etablierung interner Kontrollen vorgeschrieben. Vgl. Ge, W./McVay, S., Accounting Horizons 2005, Vol. 19, No. 3, S. 139 f.

315 Vgl. Lück, W., DB 1998, S. 1925 ff.

plikationen der beiden Vorschriften vergleichbar. Die Prozessperspektive soll daher als Anforderungsmaßstab für ein steuerliches Risikomanagement dienen.

3.3 Strategische Ausrichtung der Steuerabteilung

Die Unternehmensleitung legt fest, welche steuerliche Risikoneigung sich das Unternehmen vorgeben möchte.[316] Zur Bestimmung der steuerlichen Risikopolitik sind hierbei keine steuerlichen Detailkenntnisse erforderlich. Die Unternehmensleitung beziffert in absoluten Zahlen, in relativen Größen oder im Zeitablauf das Risiko, welches im Steuerbereich eingegangen werden darf und bestimmt somit ein bestimmtes Sicherheitsniveau, mit dem die Unternehmensziele erreicht werden sollen. Damit wird gleichzeitig festgelegt, welche (Opportunitäts-) Kosten getragen werden sollen, um Risiken zu reduzieren.

Unternehmen werden in Abhängigkeit ihrer wirtschaftlichen Substanz in unterschiedlichem Maße steuer- und risikobewusst sein. Die steuerliche Risikopolitik sollte aus der Unternehmenspolitik für das Gesamtunternehmen abgeleitet werden und sich in diese möglichst nahtlos einfügen, sodass die steuerlichen und die übrigen unternehmerischen Ziele verzahnt werden. Daher sollte die Steuerabteilung frühzeitig in die Unternehmensplanung eingebunden werden.

Die im Anschluss an die Festlegung der Risikopolitik durchzuführende steuerliche Risikoanalyse liefert neue Erkenntnisse für die Risikopolitik. Die strategischen Überlegungen sind langfristig derart zu systematisieren, dass bei vorab definierten auslösenden Ereignissen automatisch der vorgesehene Prozess durchlaufen wird.

Die Unternehmensleitung gibt in Zusammenarbeit mit dem Leiter der Steuerabteilung eine verbindliche Risikopolitik für alle Abteilungen des Unternehmens vor. Hierbei sollten die risikopolitischen Grundsätze in Form von dokumentierten Unternehmensleitlinien beschrieben werden. Darüber hinaus ist es empfehlenswert, dass die Unternehmensleitung die Bedeutung von Integrität und ethischen Werten im Unternehmen klärt und damit die Frage beantwortet, ob Steuern lediglich als Kostenfaktor oder als gesellschaftliche Verpflichtung aufgefasst werden sollen.

Jedes Risikomanagement benötigt eine Zieldimension, welche die grundsätzlichen strategischen und operativen Ziele des Risikomanagementsystems herausstellt.[317] Auf diese Weise sollte für alle Entscheidungsträger klargestellt werden, welche steuerlichen Risiken sie einge-

[316] Vgl. für ein einführendes Beispiel PricewaterhouseCoopers, Tax Risk Management, London 2004, S. 5; Erle, B., Tax Risk Management and Board Responsibility, Berlin 2008, S. 216 f.

[317] Vgl. Nimwegen, S./Koelen, P., DB 2010, S. 2012.

hen können und welche Höhe das steuerliche Gesamtrisiko maximal annehmen darf. Gleichzeitig umgrenzt die Risikopolitik das Aktionsfeld der Steuerabteilung.[318] Es ist daher sinnvoll, Wertschwellen und konkrete Kennzahlen (Key Performance Indicators) vorzugeben. Dabei ist die Wertgrenzensystematik aus den unternehmerischen Zielvorstellungen, Entwicklungsplanungen und aus den Eckgrößen von Bilanz und Plan-GuV zu entwickeln.[319]

Die Stakeholder und insbesondere die Steuerberater werden am besten wie alle anderen wichtigen Entscheidungsträger von der etablierten Risikopolitik in Kenntnis gesetzt, damit die Risikostrategie einen dynamischen Rahmen für die Umsetzung des Tax Risk Management bildet. So kann eine in die Steuerstrategie integrierte und verwertbare Beratungsleistung sichergestellt werden. Die Information der Stakeholder kann beispielsweise im Lagebericht erfolgen. Im Zuge dessen lässt sich auch die Qualität der risikobezogenen Informationen erhöhen, womit die Berichterstattung im Lagebericht deutlich aufgewertet werden kann.

Um ein Problembewusstsein zu schaffen, sollte im Unternehmen eine Risikokultur entwickelt werden. Diese bildet den Rahmen des Risikomanagements und ist durch die Grundeinstellungen sowie das Verhalten der Unternehmensführung gekennzeichnet.[320] Sie sollte als grundlegendes Normen- und Wertegerüst verstanden werden. Ferner ermöglicht die Risikokultur eine offene Kommunikation über Risiken und honoriert diese entsprechend.[321] Solange Risiken von den Führungskräften als schlechte Nachrichten aufgenommen werden, mit denen sich soweit wie möglich niemand beschäftigen will, wird das steuerliche Risikomanagement seine Zielsetzungen nicht erreichen.[322]

Da Risiken zuerst von den Mitarbeitern wahrgenommen werden, in deren Wirkungsbereich diese auftreten, kann die Steuerabteilung die Identifikation sämtlicher steuerlicher Risiken im Unternehmen nicht alleine wahrnehmen. Folgerichtig erfordert die dezentrale Risikoidentifikation eine Sensibilität aller Organisationseinheiten für das Erkennen von steuerlichen Risiken. Dieses Kontrollbewusstsein sollte auch bei ausländischen Tochterunternehmen vorhanden sein. Die lokalen Steuerabteilungen übermitteln vor Ort identifizierte Steuerrisiken direkt an die Konzernsteuerabteilung, wo sie im Risikomanagementsystem erfasst und ausgewertet werden.

---

[318] Vgl. Kloosterhof, S., European Taxation 2009, Vol. 49, No. 8-9, S. 400.
[319] Vgl. Elfgen, R., Implementierung von Risikocontrolling-Systemen, Wiesbaden 2002, S. 319 f.
[320] Vgl. Graumann, M., Risikomanagement und Frühaufklärung, Wiesbaden 2005, S. 13.
[321] Vgl. Simons, R., Harvard Business Review 1999, Vol. 77, No. 3, S. 89.
[322] Vgl. Vogler, M./Gundert, M., DB 1998, S. 2379.

3.4 Organisatorische Aspekte

Die organisatorischen Aspekte beziehen sich in erster Linie auf die Schaffung der Rahmenbedingungen für eine möglichst effiziente Gestaltung der Prozesse des Tax Risk Managements. Je vollständiger Informationen zu steuerlichen Risiken in die Entscheidungsprozesse eingehen, desto größer ist der Einfluss steuerlicher Risiken auf die Entscheidungsprozesse im Unternehmen. Vor allem durch die institutionellen und regulatorischen Rahmenbedingungen[323] ist es nicht mehr ausreichend, lediglich auf ein intuitives Risikomanagement zu vertrauen.

Ein robustes und leistungsfähiges Tax Risk Management verlangt ein strukturiertes Risikomanagementsystem, das in der Organisation und in den Prozessen des Unternehmens fest verankert ist. Eine ausschließlich isolierte, dezentrale Beschäftigung mit steuerlichen Einzelrisiken kann dazu führen, dass die Gesamtrisikoposition aufgrund gegenseitiger Abhängigkeiten falsch eingeschätzt wird. Deswegen entscheidet die Eingliederung des Tax Risk Management in die Organisationsstruktur des Unternehmens maßgeblich über Erfolg und Misserfolg der steuerlichen Risikobewältigung.

3.4.1 Organisationsstruktur – Aufbauorganisation

Zu Zwecken der Risikoaggregation,[324] der eindeutigen Zuordnung von Verantwortung und des möglichst zeitnahen Einbezugs der Unternehmensleitung und des Steuerabteilungsleiters in Fragen zu steuerlichen Risiken in den Tochtergesellschaften, empfiehlt es sich, die Steuerabteilung weitgehend zentral aufzustellen. Soweit aber für steuerliche Aufgaben Spezialkenntnisse des ausländischen Steuerrechts unerlässlich sind, werden diese Tätigkeiten weiterhin dezentralisiert.[325] Die Zentralsteuerabteilung verfügt hierbei über Grundkenntnisse des ausländischen Steuerrechts, überlässt aber branchen- und unternehmensspezifische Einzelfragen lokalen Ansprechpartnern vor Ort, die auch die Steuerdeklaration erledigen.

Auch wenn Steuerabteilungen seit jeher dem Steuerbevollmächtigen der Tochtergesellschaften wenig Autonomie beließen,[326] so ist doch in letzter Zeit eine weiter zunehmende Zentralisation der Konzernsteuerabteilung zu beobachten.[327] Die Steuerabteilung übernimmt zunehmend die zentrale Führung und Kontrolle der globalen Steuerposition (Global Tax Responsi-

---

[323] Vgl. Abschnitte 2.2 und 2.4.

[324] Vgl. Elgood, T./Paroissien, I./Quimby, L., Journal of International Taxation 2005, Vol. 16, No. 5, S. 24.

[325] Vgl. Schneider, H., DStR 2001, S. 1227.

[326] Vgl. Gilbert, J.J., The Role of Finance in the Overseas Corporation, New York 1964, S. 391; Hetfleisch, H.G., Besteuerung und Unternehmensorganisation, Frankfurt am Main 1970, S. 157 f.; Hebig, M., Steuerabteilung und Steuerberatung in der Großunternehmung, Berlin 1984, S. 148.

[327] Vgl. PricewaterhouseCoopers, Tax Risk Management, London 2004, S. 49; Wunder, H.F., Journal of International Accounting, Auditing and Taxation 2009, Vol. 18, No. 1, S. 18 f.

bility).[328] Hierbei ist problematisch, dass die Risikoentstehung und -steuerung auseinanderfallen. Deswegen müssen auch Mitarbeiter von weitgehend selbstständigen Tochtergesellschaften zumindest fachlich direkt dem Leiter der Konzernsteuerabteilung unterstellt werden. Disziplinarisch hingegen können sie weiter der Geschäftsführung der Tochtergesellschaft zugewiesen werden. Durch eine Verpflichtung, Genehmigungen bei der zentralen Steuerabteilung einzuholen, werden zum einen wichtige Informationen an diese kommuniziert und zum anderen eine effiziente Risikosteuerung ermöglicht.[329]

Bedeutsame risikorelevante Unternehmensbereiche, die bisher weitgehend dem Einfluss der Steuerabteilung entzogen waren, werden im Rahmen einer Dotted Line Struktur, d. h. eine Trennung der disziplinarischen und fachlichen Unterordnung, direkt den Weisungen des Leiters der Steuerabteilung unterstellt. Ansonsten besteht die Gefahr, dass ein großer Teil der Steuerrisiken nicht unter der Kontrolle der Steuerabteilung steht und somit ein umfassendes Tax Risk Management verhindert wird.

Indirekte Steuern sollten grundsätzlich mehr Aufmerksamkeit als bisher erfahren. Die Institutionalisierung eines Risikomanagements sollte nicht bei den Ertragsteuern halt machen, sondern indirekte Steuern aufgrund ihrer Bedeutung für das Unternehmen mit einbeziehen. Da große Unternehmen tausende Transaktionen jeden Tag abwickeln, sind sie einem beachtlichen Risikovolumen ausgesetzt. Hinzu kommt, dass die Einhaltung der gesetzlichen Vorschriften im Bereich der indirekten Steuern meist die Zusammenarbeit mehrerer Abteilungen erfordert, was komplizierte Prozesse und Kontrollen voraussetzt.[330]

Klassische Ziele der Steuerabteilung wie die Kontrolle der Konzernsteuerquote und das Management der Beziehung zur Finanzverwaltung behalten ihre Berechtigung,[331] müssen sich aber in den im Rahmen des steuerlichen Risikomanagements vorgegebenen Grenzen bewegen. Steuerliches Risikomanagement erfordert einen Einblick in sämtliche funktionalen Bereiche des Unternehmens. Die Budgetierung sollte die zusätzlichen Aufgaben der Steuerabteilung ausreichend berücksichtigen. Die Steuerabteilung kann weiterhin dem CFO unterstellt werden, da dieser für die Ordnungsmäßigkeit der internen Kontrollen nach Sarbanes-Oxley Act und der Rechnungslegung verantwortlich ist.[332]

---

[328] Vgl. Endres, D./Rödl, C./Spengel, C./Scheffler, W., DStR 2009, S. 2501.
[329] Vgl. Thijs, B./Feyerabend, H.-J., BB 2004, S. 1996.
[330] Vgl. Schärer, C./Mayne, H., International Tax Review 2007, Vol. 18, No. 8, S. 33 ff.
[331] Vgl. Hebig, M., Steuerabteilung und Steuerberatung in der Großunternehmung, Berlin 1984, S. 82 ff.
[332] Vgl. Wunder, H.F., Journal of International Accounting, Auditing and Taxation 2009, Vol. 18, No. 1, S. 19.

Da das Tax Risk Management eine Querschnittsfunktion darstellt, sollte die Stelle eine Kombination von Stabs- und Linienkompetenzen aufweisen. Die Einbindung in die Linienstellen vergrößert neben der Nähe zum operativen Geschäft auch die Verantwortung und die wahrgenommene Kompetenz des Tax Risk Management. Die Einordnung als Stabstelle erhöht die Neutralität, die eine zentrale Voraussetzung für eine Koordination ohne Ressortdenken ist.

3.4.2 Vernetzung mit der Unternehmensleitung und anderen Funktionen

Je höher die Steuerabteilung in der Unternehmensorganisation positioniert wird, desto eher erfolgt eine Integration steuerlicher Erwägungen in die Unternehmenspolitik. Eine Steuerabteilung, die keinen Rückhalt in der Geschäftsführung hat, wird es grundsätzlich schwer haben, an notwendige Informationen für das Tax Risk Management zu gelangen. Nur die Integration der Steuerpolitik in das Führungssystem und in die Steuerung des Unternehmens ermöglicht es, Managemententscheidungen schnell und zuverlässig hinsichtlich ihrer steuerlichen Auswirkungen zu analysieren.

Eine hohe hierarchische Stellung der Steuerabteilung erlaubt die frühzeitige Ausübung von Informations- und Einspruchsrechten. Es besteht daher eine Verbindung zwischen der hierarchischen Stellung der Steuerabteilung und der Implementierung geeigneter Reporting Strukturen. Die Einordnung der Steuerabteilung kann als sichtbares Zeichen für die Haltung der Unternehmensführung gegenüber Besteuerungsproblemen gesehen werden. Zusätzlich wird durch eine hohe hierarchische Einordung der Steuerabteilung die Verhandlungsposition gegenüber der Finanzverwaltung gestärkt.[333]

Die Bildung eines Tax Risikomanagement-Komitees kann eine ausgewogene Berichterstattung und die Risikobeherrschung unterstützen. Mitglieder eines solchen Komitees können den Bereichen Controlling, Finanzen/Treasury, Rechnungswesen, Interne Revision, der Rechtsabteilung oder dem Bereich Compliance entstammen. Um den vielfältigen Risiken gerecht werden zu können, muss eine Kompetenzvielfalt in diesem Gremium gewährleistet sein. Deswegen sind in Abhängigkeit von der Tagesordnung weitere Personen zur Darstellung und Beurteilung spezieller Sachverhalte einzuladen.[334] Besonders wichtig ist, dass der Leiter der Steuerabteilung im Risikomanagement-Komitee auf der Gesamtunternehmensebene vertreten ist. Um die herausragende Bedeutung des steuerlichen Risikomanagements organisatorisch zu untermauern, ist die Unternehmensleitung einzubinden. Durch die fehlende hierarchische Struktur innerhalb des Gremiums wird eine gleichberechtigte Zusammenarbeit ermöglicht.

---

[333] Vgl. Rieger, H., Prinzipien des internationalen Steuerrechts als Problem der Steuerplanung in der multinationalen Unternehmung, Berlin 1978, S. 76.

[334] Vgl. Diederichs, M., Risikomanagement und Risikocontrolling, 2. Auflage, München 2010, S. 218.

Der Aufgabenbereich des Komitees besteht in der Anpassung und Fortentwicklung sowie der operativen Überwachung des Tax Risk Managementsystems. Das Gremium berät die Unternehmensführung und spricht Handlungsempfehlungen aus. Die Umsetzung der Handlungsempfehlungen kann durch die Mitglieder des Komitees und der aus ihrer Linienfunktion resultierenden Weisungsbefugnis erfolgen. Nach jeder Sitzung sollten über ein Sitzungsprotokoll Informationen an die Unternehmensleitung weitergeleitet werden.[335]

Aufgrund der steigenden Relevanz latenter Steuern[336] bedarf es einer intensiven Zusammenarbeit zwischen Steuerabteilung und Rechnungswesen, die durch formalisierte Kooperationsmaßnahmen angestoßen werden sollte. Zielsetzung dieser Zusammenarbeit sollte es sein, die Steuerdeklaration und die Abbildung von steuerlichen Bilanzpositionen zeitgleich verlaufen zu lassen, sodass keine Differenzen zwischen deklarierter und im Jahresabschluss ausgewiesener Steuerbelastung entstehen können.

Die steuerlichen Bilanzpositionen werden dann fortlaufend pro aktiv kontrolliert und unterjährig angepasst. Darüber hinaus ermöglicht eine enge Zusammenarbeit von Steuer- und Rechnungslegungsabteilung, dass steuerlich getriebene Transaktionen früher erkannt bzw. erfasst werden und tendenziell weniger Probleme aus bilanzieller Sicht verursachen. Zur Verbesserung des gegenseitigen Verständnisses können Mitarbeiter zwischen Rechnungswesen und Steuerabteilung rotieren. Ferner können gemeinsame Fortbildungsveranstaltungen eingesetzt werden, um die Kooperation beider Abteilungen zu verbessern. Neben der Vermittlung der erforderlichen Informationen, kann die informelle Zusammenarbeit gestärkt werden, indem die Mitarbeiter beider Abteilungen ihre jeweiligen Ansprechpartner kennenlernen können. Ein gutes Verhältnis der beiden Leiter der Abteilungen ist für die Zusammenarbeit ebenfalls von enormer Wichtigkeit.[337]

3.4.3 Risk Owner

Eine Prozessoptimierung beantwortet vorzugsweise zunächst die Frage, wer sich für den einzelnen Prozess verantwortlich zeigt. Denn selbst wenn Mitarbeitern einzelne Fakten bekannt sind, werden sie ihr Wissen kaum weitergeben, solange es nicht zu ihrem Aufgaben- und Verantwortungsbereich gehört, Risikofaktoren zu identifizieren und an den Leiter der Steuerabteilung zu berichten. In einem zweiten Schritt müssen dann die konkreten Zuständigkeiten einzelner Mitarbeiter für die Prozesse festgelegt und dokumentiert werden.

---

335 Vgl. Hornung, K./Reichmann, T./Diederichs, M., Controlling 1999, S. 322.

336 Vgl. Abschnitt 2.5.3 und nachfolgend Abschnitt 4 sowie Erle, B., Tax Risk Management and Board Responsibility, Berlin 2008, S. 207 f.

337 Vgl. Weide, G./Hoffjan, A./Nevries, P./Trapp, R., Zfbf 2011, S. 80 f.

Bei der Etablierung eines Tax Risk Management sind in der Regel zwei organisatorische Einheiten betroffen: Das betriebliche Risikomanagement und die Steuerabteilung. Es ist daher zu prüfen, ob die Komplexität der Aufgabe des Tax Risk Management Kenntnisse verlangt, die sich von dem Fachwissen der in beiden Abteilungen Beschäftigten unterscheidet und ob Kapazitäten in den Abteilungen vorhanden sind, um die zusätzliche Aufgabe zu übernehmen.[338]

Der Tax Risk Manager oder die Tax Risk Management Beauftragten vereinen idealerweise sowohl Kenntnisse des Steuerrechts als auch des Risk Managements in sich. Mitarbeiter der Steuerabteilungen weisen heutzutage eine steuerrechtliche geprägte, ökonomisch fundierte Ausbildung auf. Deswegen dürften die Ausbildung bzw. die Fähigkeiten vieler Mitarbeiter der Steuerabteilungen bereits eine gute Grundlage für die Aufgabe des Tax Risk Management Beauftragten darstellen. Das gilt grundsätzlich auch für Mitarbeiter mit einer juristischen Ausbildung, die zunehmend in den Steuerabteilungen eingesetzt werden.

Wenn eine eigene Stelle für das Tax Risk Management aufgrund der Unternehmensgröße nicht in Frage kommt, können die Aufgaben des Tax Risk Management Beauftragten durch ein Mitglied der Steuerabteilung wahrgenommen werden.[339] Die hierarchische Einordnung des Tax Risk Management Beauftragten orientiert sich damit an der Steuerabteilung.

Zur Etablierung einer ausgefeilten Risikobewertungsmethode insbesondere bei großen Kapitalgesellschaften kann ein Beratungsunternehmen beauftragt werden oder ein in den Methoden der Risikobewertung geschulter und entsprechend quantitativ ausgebildeter Mitarbeiter für das steuerliche Risikomanagement engagiert werden. Die großen Steuerberatungsgesellschaften haben sich inzwischen auf diesem Gebiet spezialisiert und bieten umfangreiche Dienstleistungen an. Dies ist deshalb notwendig, da das steuerliche Risikomanagement die Fähigkeit zum Umgang mit Wahrscheinlichkeitsverteilungen erfordert. Diese Fähigkeit ist von Mitarbeitern der Steuerabteilung bisher nicht verlangt worden.

Zur Zuordnung von den betroffenen Mitarbeitern zu den zu überwachenden Prozessen, bietet sich im zweiten Schritt eine sog. Verantwortlichkeitsmatrix[340] an. In diese werden alle verantwortlichen Mitarbeiter und die zu überwachenden und ausführenden Prozesse aufgenommen und damit für alle Untereinheiten festgehalten, wie die Verantwortungsbereiche geregelt sind. Der Fortschritt durch die Etablierung einer Verantwortlichkeitsmatrix wird vor allem bei

338 Die Steuerabteilung dem betrieblichen Risikomanagement zu unterstellen wird nicht in Betracht gezogen, wäre aber grundsätzlich denkbar.

339 Vgl. Zimmermann, M., Steuercontrolling, Wiesbaden 1997, S. 277.

340 Vgl. für ein einfaches Beispiel Hoyng, R./Kloosterhof, S./Macpherson, A., Tax Control Framework, Amsterdam 2010, S. 27.

solchen Unternehmen groß ausfallen, die bisher keine formale Koordination vornahmen, weil sie darauf bauten, dass die Aufgabenträger im Sinne einer Selbstorganisation informelle Regeln entwerfen.

3.4.4 Kontrollen

Steuerprozesse weichen zeitlich gesehen stark von den Prozessen im Rechnungswesen ab. Daher müssen gerade im Steuerbereich besondere Kontrollen vorgesehen werden, mit denen gewährleistet werden kann, dass Änderungen außerhalb des Abschlusserstellungszeitraums zutreffend bilanziert werden. Zu diesem Zweck dokumentiert man die Zuständigkeiten für das steuerliche Risikomanagement und die Kontrollstandards sowie Toleranzgrenzen, die ausgehend von den vorgegebenen Wertschwellen der Unternehmensleitung festgelegt werden. Zusätzlich empfiehlt sich die Festlegung von Kontrollzeitpunkten, zu denen eine regelmäßige Überprüfung steuerlicher Einzelrisiken stattfinden soll. Hierdurch wird eine kontinuierliche Kontrolle der steuerlichen Risikoposition sichergestellt.[341]

Arbeitsanweisungen regeln in diesem Zusammenhang Arbeitsabläufe von Routinevorgängen und beschreiben die Arbeitsdurchführung. Für Steuerplanungsaktivitäten und die Steuerdeklaration sollten Genehmigungsverfahren und Zugriffsbeschränkungen eingeführt werden. Eine Evaluation der Steuerprozesse anhand der Kriterien der Nutzung und Komplexität ist empfehlenswert. Komplexe Prozesse, die analytische Ergebnisse produzieren, sollten dementsprechend von mehrstufigen Kontrollschritten begleitet werden.[342]

Kontrollen sind auch in Form von Risikoabgleichen und veränderten Zuständigkeiten bzw. Funktionstrennungen einzurichten, sodass stets mehrere Personen an zentralen Entscheidungen beteiligt sind. Die Überwachungsmechanismen im Steuerbereich werden aufgrund der Komplexität der Materie einen hohen Anteil an manuellen Kontrollen beinhalten. Daher sollten Prüfvorgänge, die einer Automatisierung zugänglich sind, automatisiert ablaufen, um ausreichend Kapazitäten für die manuellen Kontrollen bereitstellen zu können.[343]

Zu viele Kontrollen und ein zu starker Fokus auf das interne Kontrollsystem können Flexibilität und Kreativität lähmen.[344] Kreativität und Flexibilität sind in einem dynamischen Unternehmensumfeld wichtige Erfolgsfaktoren. Dies sollte bei der Ausgestaltung der internen Kontrollen beachtet werden.

---

341 Vgl. Schorcht, H., Risikomanagement und Risikocontrolling junger Unternehmen in Wachstumsbranchen, Berlin 2004, S. 225 f.

342 Vgl. Loitz, R., WPg 2005, S. 828.

343 Vgl. Mayer, M./Loitz, R./Quella, J.-O./Zerwas, P., Latente Steuern: Bewertung, Bilanzierung, Beratung, Wiesbaden 2009, S. 238.

344 Vgl. Hoyng, R./Kloosterhof, S./Macpherson, A., Tax Control Framework, Amsterdam 2010, S. 64.

3.4.5 Vergütungssystem

Ein ideales Vergütungssystem ist leistungsorientiert, wird von den Mitarbeitern als gerecht empfunden und kann flexibel an eine sich ändernde Unternehmensumwelt angepasst werden. Um zielgerichtete Leistungsanreize zu schaffen, sollte die Vergütung der Mitarbeiter an Größen orientiert werden, die von ihnen in hohem Umfang beeinflusst werden können.[345] Größen, die zwar Einfluss auf das Unternehmensergebnis haben, die aber von den Mitarbeitern nicht beeinflusst werden können, bewirken keine Leistungsanreize. Die Mitarbeiter der Steuerabteilung sollten dabei Anreize erhalten, zu den Unternehmenszielen beizutragen, indem sie die Steuerbelastung des Unternehmens reduzieren, die Steuern pünktlich deklarieren und dabei die vorgegebene Risikopolitik einhalten. Ein ideales Vergütungssystem, das alle oben angeführte Anforderungen vollständig gerecht wird, dürfte nur schwer umzusetzen sein. Im Sinne einer Best Practice sollten Mitarbeiter der Steuerabteilung anhand umfassender Bewertungssysteme beurteilt werden, welche an die Steuerstrategien angepasst sind. Insofern ist der Faktor Risiko neben anderen Steuerungsgrößen ergänzend und gleichberechtigt als Leistungsmaßstab in das Steuerungssystem zu integrieren. Denn betriebswirtschaftlich geprägte und an filigrane Vergütungssysteme anderer Abteilungen gewöhnte Vorstände könnten mit zunehmender Verantwortung für steuerliche Risiken, Wert auf eine verbesserte Messbarkeit der Leistung der Steuerabteilung legen.

Fokussiert die Vergütung der Mitarbeiter der Steuerabteilung zu sehr auf die Konzernsteuerquote, besteht die Gefahr von Fehlanreizen zu wirtschaftlich fraglichen Maßnahmen, die nur im Hinblick auf ein optimales Management dieser Kennzahl getroffen werden. Ferner sollten die Risiken, die mit der Senkung der Konzernsteuerquote einhergehen, in die Beurteilung der Steuerabteilung einfließen, da sich Steuerrisiken oftmals erst Jahre später herauskristallisieren. Ertragsunabhängige Steuern drohen bei einer Fokussierung auf die Konzernsteuerquote hintenangestellt zu werden. Trotzdem sollte die Konzernsteuerquote bei der Bemessung der Vergütung berücksichtigt werden, da sie eine Kopplung von Kapitalmarktinformationen und interner Steuerung des Unternehmens ermöglicht und damit die externe finanzielle Darstellung des Unternehmens verbessert.[346]

Geeignet für ein fortschrittliches Vergütungssystem sind etwa erfolgsabhängige Vergütungen im Sinne eines Managements by Objective, die sich an Meilensteinen für beschlossene Projekte orientieren, welche eine durchdachte und nachhaltige Reduzierung der Volatilität der

---

345 Vgl. Lambert, R.A., Journal of Accounting and Economics 2001, Vol. 32, No. 1-3, S. 22 f.
346 Vgl. Kröner, M./Beckenhaub, C., Konzernsteuerquote, 1. Auflage, München 2008, S. 2.

Konzernsteuerquote und der Rechnungslegungsfehler bei den steuerliche Bilanzpositionen, eine Optimierung der Steuerzahllast und ein an den Unternehmenszielen orientiertes Management der Steuerrisiken anstreben.[347] Die Steuerabteilung kann auch aufgrund der von ihr erbrachten Dienstleitungen mit Hilfe von Balanced Scorecards bewertet werden.[348]

Gerade die zunehmende Transparenz der Leistung der Steuerabteilung durch die neuen Bilanzierungs- und Corporate Governance Vorschriften ermöglicht eine durchdachte und anreizkompatible Vergütungsstruktur.

Steuerrechtliche Implikationen von Managemententscheidungen werden umso wahrscheinlicher berücksichtigt, wenn die Vergütung der Führungskräfte auch auf Nachsteuergrößen basiert. Dieselbe Aussage gilt für die Lenkung von ausländischen Tochtergesellschaften. Eine teilweise Vergütung auf der Basis von Nachsteuergrößen kann als ein Signal gesehen werden, dass steuerliche Wirkungen in den Entscheidungen aller Führungskräfte berücksichtigt werden sollen.[349]

Die Vergütung von Führungskräften sollte nicht zu stark auf kurzfristig ausgerichtete Erfolgsgrößen ausgerichtet werden.[350] Kurzfristig kann eine aggressive Steuerpolitik den Gewinn des Unternehmens steigern. Langfristig entstehen jedoch Kosten in Form von administrativen Hürden, Gerichtsprozessen, Reputationsverlusten und Personalkosten.[351] Darüber hinaus berücksichtigt eine langfristig orientierte Vergütung auf der Basis von Nachsteuergrößen den Trade-off zwischen kurzfristigen Einsparungen durch Steuerplanung und den langfristigen Auswirkungen.

3.5 Prozessuale Implikationen – Ablauforganisation

3.5.1 Vorbemerkungen

Aus einem Vergleich des Sarbanes-Oxley Act und des KonTraG wurden in Abschnitt zwei die prozessualen Anforderungen an ein steuerliches Risikomanagement abgeleitet. Im Unternehmen sind danach Prozesse zu etablieren, die eine zuverlässige Berichterstattung gewährleisten können. Diese wird sichergestellt, indem Risiken für das Unternehmen systematisiert,

---

347 Vgl. Arlinghaus, B.P., Tax Executive 1998, Vol. 50, No. 6, S. 434 ff.; Serg, O., Optimierung der Konzernsteuerquote durch internationale Funktionsverlagerungen, Lohmar 2006, S. 103.

348 Vgl. Dell'Anna, F./Staubli, A., Role of the head of tax, 2. Auflage, London 2008, S. 32. Vgl. zur Anwendung der Balance Score Card auf Risken und Chancen Reichmann, T./Form, S., Controlling 2000, S. 189 ff.

349 Vgl. dazu Atwood, T.J./Omer, T.C./Shelley, M.K., Managerial Finance 1998, Vol. 24, No. 11, S. 29 ff.; Phillips, J.D., Accounting Review 2003, Vol. 78, No. 3, S. 847 ff.

350 Auch strategisch orientierte Kennzahlen können zu einer kurzfristigen Erfolgsorientierung beitragen. Vgl. Marginson, D./McAulay, L./Roush, M./Zijl, T.v., Accounting and Business Research 2010, Vol. 40, No. 4, S. 353 ff.

351 Vgl. Henderson Global Investors, Tax, Risk and Corporate Governance, London 2005, S. 4.

analysiert und gesteuert werden. Hierfür bedarf es geeigneter Prozesskontrollen und einer Dokumentation. Aus diesen prozessualen Anforderungen werden nachfolgend detailliert Verfahrensabläufe im Berichtssystem des Unternehmens und der Dokumentation der Prozesse entwickelt. Abschließend wird analysiert, wie Controlling und Interne Revision beim Aufbau und bei der Weiterentwicklung der Steuerprozesse unterstützend eingreifen können.

Ein kleines Unternehmen benötigt kein institutionalisiertes Risikomanagementsystem. Seine Prozesse sind kontrollierbar, da sie geringe Wechselwirkungen haben. Anders stellt sich die Situation von multinationalen Unternehmen dar. Handlungen der Entscheidungsträger sind interdependent und können aufgrund ihrer Wechselwirkungen die Unternehmensziele beinträchtigen.[352] Daher benötigt jedes Risikomanagementsystem ab einer bestimmten Unternehmensgröße klar definierte und festgelegte Prozesse.

Das Prozessmanagement muss als Grundlage des Tax Risk Management fungieren. Während der Tax Risk Management Beauftragte formal die Risikoaggregation übernimmt, ist das steuerliche Risikomanagement sehr viel umfassender und prozessorientiert in die Unternehmensorganisation integriert.

Die Einführung von § 289 Abs. 5 HGB sowie Entwicklungen der Betriebsprüfungspraxis, vor allem in den angelsächsischen Staaten, verdeutlichen die Bedeutung effizienter Steuerprozesse, die eine transparente und akkurate Tax Compliance ermöglichen.[353] Nach § 289 Abs. 5 HGB haben Kapitalgesellschaften im Lagebericht die wesentlichen Merkmale des internen Kontroll- und des Risikomanagementsystems im Hinblick auf den Rechnungslegungsprozess zu beschreiben.[354] Die Steuerbehörden in den angelsächsischen Staaten führen bei Unternehmen, die über effiziente Steuerprozesse verfügen, seltener Kontrollen durch,[355] da ein etabliertes Risikosystem nicht nur Steuerrisiken für das Unternehmen, sondern auch Aufkommensrisiken für den Fiskus reduziert.

3.5.2 Reporting Lines

Steuerliche Risiken können auf der Grundlage einer intensiven Kommunikation identifiziert und bewältigt werden. Dies ist darin begründet, dass die Berücksichtigung steuerlicher Risiken in erster Linie ein Informationsproblem darstellt, von dessen Bewältigung der potentielle Einfluss steuerlicher Risiken auf unternehmerische Entscheidungen abhängt. Das Ziel interner

352 Vgl. Ertl, P./Steindl, M., Risikomanagement und Corporate Governance – Entwicklung und Inhalt, Stellenwert und faktische Durchsetzbarkeit, Wien 2006, S. 30.

353 Vgl. Risse, R./Große-Allermann, F., Ubg 2010, S. 634.

354 Vgl. Abschnitt 3.2.2.

355 Vgl. Netherlands Tax and Customs Administration, Tax Control Framework, Heerlen 2008, S. 10, 12; Chan, B., Singapore, Amsterdam 2010, S. 364 f.

Reporting Strukturen besteht in der Bereitstellung der richtigen Informationen, zum richtigen Zeitpunkt, am richtigen Ort und in der benötigten Art und Weise. Wenn steuerliche Risiken frühzeitig identifiziert werden, können kleine Anpassungen den Risikoumfang schon entscheidend reduzieren. Die Qualität der Informationsaufbereitung determiniert auch die Wahrscheinlichkeit, einen qualitativ hochwertigen Jahresabschluss und Lagebericht zu erstellen.

Die Steuerabteilung sollte ein Informations- und, wo nötig, Weisungsrecht für alle steuerlich relevanten Entscheidungsprozesse haben.[356] Für eine effektive Kommunikation muss in einem Unternehmen festgelegt werden, wie steuerliche Risiken sowie Hinweise auf mögliche steuerliche Risikobereiche an die zuständigen Stellen im Unternehmen berichtet werden.[357] Die Verantwortung für das Erkennen steuerrelevanter Geschäftsvorfälle bedarf einer eindeutigen Definition.[358] Ferner sollte das steuerliche Risikoreporting in das vorhandene Berichtsystem des Unternehmens eingebunden werden.

Ein zentrales Problem ist, dass die benötigten Daten aus dem Rechnungswesen für das steuerliche Risikomanagement in den meisten Unternehmen vorliegen, aber die betreffenden Systeme nach wie vor nicht kompatibel zueinander sind. Der Informationsfluss sollte die Steuerabteilung automatisch erreichen, um die Bereitstellung steuerrelevanter Daten zu optimieren. Dies wird am besten durch eine integrierte Buchhaltungssoftware gewährleistet, welche das Tax Accounting automatisch mit den notwendigen Daten versorgt. Eine manuelle Dateneingabe sollte soweit wie möglich vermieden werden.[359]

Im Zuge der Automatisierung werden die Kommunikationskosten durch eine Reduzierung von E-Mails und Telefonanrufen gesenkt, Übertragungsfehler weitgehend vermieden und zeitgleich die Grundlage für einen konsistenten Datenbestand geschaffen. Die Steuerprozesse lassen sich darüber hinaus beispielsweise über eine Statusverfolgung von der Unternehmensleitung überwachen. Da sich über IT-Systeme nur strukturierte Informationen übermitteln lassen, sollte die persönliche Kommunikation nicht gänzlich eingestellt oder unterbunden werden.

Entscheidend ist es zu gewährleisten, dass die risikorelevanten Informationen an die zuständigen Entscheidungsträger weitergeleitet werden, damit die Entscheidungsbasis für die Anord-

---

356 Für einige Unternehmen lassen sich hier bereits Verbesserungen feststellen. Vgl. Arlinghaus, B.P., Tax Executive 2007, Vol. 59, No. 1, S. 149 f.

357 Ein Beispiel für ein Risiko-Reporting Formular findet sich bei Graumann, M., Risikomanagement und Frühaufklärung, Wiesbaden 2005, S. 25.

358 Vgl. Mayer, M./Loitz, R./Quella, J.-O./Zerwas, P., Latente Steuern: Bewertung, Bilanzierung, Beratung, Wiesbaden 2009, S. 228.

359 Vgl. Booth, P./Cowan, S., European Taxation 2009, Vol. 49, No. 8-9, S. 436.

nung weiterer risikosteuernder Maßnahmen zur Verfügung steht. Dazu gehören Informationen zu den gebildeten Rückstellungen, zu den Risiken, deren Bewertung und den eingeleiteten Maßnahmen.[360] Der Risikomanagementverantwortliche stellt die benötigen Informationen zur Verfügung und bereitet sie empfängerorientiert auf. Um eine möglichst hohe Akzeptanz der vorgeschlagenen Vorgehensweise zu erreichen, ist es außerdem wichtig, den beteiligten Mitarbeitern zu erläutern, warum die Informationen benötigt werden.[361]

Ein wechselseitiger, möglichst automatisch ablaufender Austausch von Informationen ist sicherzustellen. Löst der Entscheidungsträger die Informationsübermittlung aus, dann ist nicht sichergestellt, dass für jede Entscheidung Informationen zu den steuerlichen Risiken eingeholt werden. Die Steuerabteilung wird unter Umständen nicht über Entscheidungen informiert, die steuerliche Risiken bergen. Wird die Informationsübermittlung nur der Steuerabteilung übertragen, muss diese jeweils Kenntnis von allen wichtigen unternehmerischen Entscheidungen haben. Hierzu sind standardisierte Arbeitsprozesse zu etablieren. Die Arbeitsabläufe sind anschließend zu beobachten und weiterzuentwickeln. Steuerliche Risiken sollten nicht nur weiterkommuniziert, sondern auch aktiv diskutiert werden, sodass organisationales Lernen ermöglicht werden kann. Die Unternehmensleitung muss abschließend über die Art und den Umfang der Berichterstattung an die Überwachungsorgane und an die Öffentlichkeit entscheiden.

Dabei ist zwischen einem zunehmendem Detailierungsgrad und abnehmender Übersichtlichkeit abzuwägen.[362] Eine Regionalisierung der steuerlichen Risiken kann mit einem relativ geringen Aufwand deutlich tiefere Einblicke in die Ursache steuerlicher Risiken vermitteln. Hierfür sollten für Finanz- und Steuerdaten einheitliche regionale Strukturen definiert werden. Steuerliche Risiken lassen sich dann eindeutig regionalen Unternehmensteilen zuordnen und auch für zukünftige Investitionsentscheidungen nutzen.

Grundsätzlich ist die Einrichtung einer zentralen Zuständigkeit im Unternehmen für die Umsetzung von Offenlegungsanforderungen unterschiedlicher Regelungsbereiche mit gleichem oder vergleichbarem Inhalt anzuraten. Eine effiziente Berichterstattung sollte sich an bereits vorhandenen internen Risikomanagementinformationen orientieren. Dies gilt vor allem für die Risikoberichterstattung im Lagebericht, bei der ein relativ breiter Ermessensspielraum hinsichtlich der Kommunikation unternehmerischer Risiken besteht.

---

360 Vgl. Preston, J. R./Adamek, A. M., Management Accounting 1983, Vol. 64, No. 11, S. 25.

361 Vgl. Elgood, T./Paroissien, I./Quimby, L., Journal of International Taxation 2005, Vol. 16, No. 5, S. 27.

362 Vgl. Burger, A./Buchhart, A., Risiko-Controlling, München 2002, S. 184.

Bei großen Steuerabteilungen, die über lokale Ansprechpartner verfügen, sollten darüber hinaus die internen Kommunikationsprozesse der Steuerfunktion geregelt und standardisiert werden. Die Informationsbeschaffung lässt sich angesichts der stetig wachsenden Menge an relevanten steuerlichen Informationen nicht vollständig zentralisieren. Daten von ausländischen Tochtergesellschaften können über webbasierte Berichtsportale mit digitalisierten Erhebungsbögen oder aber manuell über Risikoerfassungsbögen[363] eingesammelt werden.[364] Eine möglichst hohe Standardisierung sowie Checklisten reduzieren Rückfragen und damit die Arbeitszeit der Konzernsteuerabteilung. Spezifische Begriffe des steuerlichen Risikomanagements können abgelegt werden, um Störungen bei der Berichterstattung zu vermeiden. Einheitliche Berichtsbögen erleichtern auch die Aggregation von Risikoinformationen.

Durch das Berichtsportal sollte der Compliance-Status im Konzern transparent gemacht werden können. Webbasierte Lösungen bieten zudem den Vorteil des orts- und zeitungebundenen Datenzugriffs. Die umfangreichen Datenmengen sollten anschließend auf Großrechnern gesichert werden.[365] Sie können dann dem Aufbau einer steuerlichen Datenbank mit Informationen zu abgelaufenen Betriebsprüfungen, Anfragen der Finanzbehörden und Steuererklärungen dienen, die statistische Auswertungen zulässt, um zukünftige Risiken besser prognostizieren zu können. Durch eine Reduzierung der Zugriffszeiten wird eine hohe Aktualität der Informationen erreicht.

Werden externe Berater konsultiert, dürfen für die Kommunikationsprozesse keine geringeren Standards gelten. Unvollständige oder fehlerhafte Informationen können die Beratungsleistung für das Unternehmen wertlos werden lassen und zu wesentliche Rechnungslegungsfehlern führen. Gutachten und Stellungnahmen externer Berater sind zunächst von Mitarbeitern der Steuerabteilung zu prüfen. Abschließend sind die Informationen in komprimierter und verständlicher Form entlang der Hierarchie weiterzutragen.

3.5.3 Dokumentation

Die Dokumentation und Beschreibung der Prozesse und Kontrollen dient der konsistenten Anwendung als auch der dauerhaften Beachtung[366] sowie der personenunabhängigen Funktion des Systems im Zeitablauf.

---

363 Vgl. dazu ausführlich Diederichs, M., Risikomanagement und Risikocontrolling, 2. Auflage, München 2010, S. 246 ff.

364 Vgl. Schutzman, M., The role of technology, London 2008, S. 23 ff.

365 Vgl. Weitekamp, K., Versicherungswirtschaft 1997, S. 1756 ff.

366 Vgl. Spannagl, T./Häßler, A., DStR 1999, S. 1832.

Dabei sollte zunächst für jeden Prozess festgehalten werden, welcher Mitarbeiter sich für die Aktivität verantwortlich zeigt, welcher Mitarbeiter den Prozess ausführt und welche Mitarbeiter nur beratend oder informierend tätig werden. Flowcharts oder Ablaufdiagramme können unterstützend bei den Prozessbeschreibungen eingesetzt werden.

Die Dokumentation macht aber auch nachvollziehbar, dass die risikopolitischen Maßnahmen sichergestellt und überwacht wurden. Die Unternehmensführung kann vor dem Hintergrund der §§ 91 und 76 AktG ihr pflichtgemäßes Verhalten über eine geeignete Risikodokumentation nachweisen. Außerdem kann eine fundierte Dokumentation des steuerlichen Risikomanagements eine Grundlage für das interne Reporting bilden und damit die Prozesse wesentlich vereinfachen und beschleunigen.

Auch die Angemessenheit und die Wirkung eingeleiteter risikosteuerender Maßnahmen und vorgenommener Anpassungen sollten dokumentiert werden. Hierdurch kann nachgewiesen werden, dass die steuerlichen Risiken einer laufenden Kontrolle unterlagen.

Aus der Dokumentation bildet sich auch der Abschlussprüfer, beispielsweise im Rahmen von § 91 Abs. 2 AktG, aber auch zur Prüfung der internen Kontrollen im Sinne des Sarbanes-Oxley Act, ein Urteil darüber, ob klare Verantwortlichkeiten für die Erfassung und Bewertung der Risiken bestehen und ob die Weiterleitung von Informationen eindeutig geregelt ist. Nur auf diese Weise kann die Geschäftsführung glaubwürdig untermauern, dass Geschäftsstrukturen etabliert worden sind, die eine fehlerfreie Rechnungslegung fördern. Daher kommt der Anfertigung prüfungsfähiger Unterlagen eine große Bedeutung zu. Ferner muss die Dokumentation die Angaben enthalten, anhand derer ein sachverständiger Dritter die Maßnahmen im Rahmen des steuerlichen Risikomanagements nachvollziehen kann.

3.5.4 Controlling und Interne Revision

Die Bedeutung der Internen Revision für das Risikomanagement wird auch durch die Begründung des KonTraG zu § 91 Abs. 2 AktG determiniert. Der Vorstand ist nach dem KonTraG angehalten, neben einem Risikomanagement für eine angemessene Interne Revision zu sorgen.

Die Interne Revision hat die Aufgabe, Prüfungs- und Beratungsdienstleistungen mit einem Mehrwert für das Unternehmen zu erbringen. Hierzu gehört auch die Bewertung und Prozessoptimierung des Tax Risk Managements. Die Interne Revision sollte möglichst die Prozessüberwachung übernehmen. Dabei wird die Qualität und generell die Eignung von Aufbau und Ablauf des Risikomanagementprozesses untersucht. Dafür müssen die Mitarbeiter der Internen Revision Fortbildungen im Bereich Steuerrecht durchlaufen.

Ein Mitarbeiter der Internen Revision kann beim Aufbau des Tax Risk Managementsystems unterstützen, indem er sein Wissen über die internen Prozesse und sein Systemverständnis einbringt. Zu späteren Zeitpunkten prüft die Interne Revision zusätzlich, ob die vorgeschlagenen Anpassungen effektiv durchgeführt worden sind. Die Interne Revision sollte den Vorstand und den Aufsichtsrat über die Ergebnisse ihrer Prüfungstätigkeit in Bezug auf das Risikomanagement sowie die vorgenommenen Prozessverbesserungen möglichst zeitnah und umfassend informieren.[367] Nach einer Umfrage von Ernst & Young wurden in 25% aller Prüfungen der Internen Revision wesentliche Rechnungslegungsfehler ausfindig gemacht[368] und Unternehmen daher vor negativen Kapitalmarktreaktionen bewahrt.

In diesen Prozess sollten ferner unabhängige Berater einbezogen werden, welche die Steuerprozesse untersuchen und die Leistung der Steuerabteilung beurteilen. Externe Dienstleister überprüfen dabei die durch die Steuerabteilung ermittelten Berechnungen und Angaben. Um der Prozessperspektive in der Steuerabteilung mehr Gewicht zu verleihen, könnte man auch Linienmanager zumindest zeitweise in die Steuerabteilung abrufen.[369]

Das Controlling[370] kann die Risikoplanung und die Risikobudgetzuordnung übernehmen. Es ist denkbar, dass das Controlling zudem in Zusammenarbeit mit der Steuerabteilung die Methoden der Risikobewertung evaluiert. Das Controlling ist auch in der Lage, bei der Aggregation der Einzelrisiken methodische Unterstützungsarbeit zu leisten und die Kontrolle der Qualität der von den Unternehmensteilen für das steuerliche Risikoidentifikationsmodell zur Verfügung gestellten Informationen zu übernehmen.

Die im Rahmen der Steuerplanung getroffenen Entscheidungen unterliegen idealerweise bezüglich ihrer Risikowirkung einer strategischen und operativen Kontrolle, um mit Hilfe von Soll-Ist-Vergleichen Hinweise für Steuerungsmaßnahmen und Planberichtigungen auf allen Unternehmensebenen zu erhalten. Zur zielgerichteten Risikosteuerung ist eine Aufspaltung der Gesamtabweichung in Einzelabweichungen notwendig, woraus geschlossen werden kann, welchen Umfang der Gesamtabweichung Einzelrisiken bewirken. Durch einen Vergleich der

---

[367] Vgl. Arbeitskreis Externe und Interne Überwachung der Schmalenbach-Gesellschaft für Betriebswirtschaft e. V., DB 2010, S. 1251.

[368] Vgl. Ernst & Young, Tax Risk: External Challenge, Internal Challenge. Global Tax Risk Survey 2006, New York 2006, S. 19.

[369] Vgl. Ernst & Young, Tax Risk: External Challenge, Internal Challenge. Global Tax Risk Survey 2006, New York 2006, S. 20.

[370] Hier vor allem als prozessunabhängiges Umsetzungscontrolling verstanden. Vgl. Elfgen, R., Implementierung von Risikocontrolling-Systemen, Wiesbaden 2002, S. 319.

voraussichtlichen Ist-Werte bzw. extrapolierter Werte mit den vorher bestimmten Plan-Werten kann man das Risiko einer Verfehlung der steuerlichen Zielsetzungen herausarbeiten. Damit kann die Abweichungsanalyse dazu beitragen, dass Steuerrisiken frühzeitig erkannt werden können. Hierfür sind Controlling Mitarbeiter bestens geschult.

3.6 Zwischenfazit

Ein gut funktionierendes Steuerrisikomanagement hat sich aufgrund der institutionellen und regulatorischen Rahmenbedingungen sowie aufgrund eines zunehmend turbulenten Unternehmensumfeldes zu einem kritischen Erfolgsfaktor entwickelt. Auf der normativen Ebene besteht im Hinblick auf das steuerliche Risikomanagement ein breiter Erkenntnisstand. Eine Beschäftigung mit den Einflussfaktoren eines steuerlichen Risikomanagements auf Strategie, Organisation und Prozesse steht aber noch weitgehend aus. Gestaltungsempfehlungen zur Reorganisation der Steuerabteilung im Zuge der Einführung eines institutionalisierten Steuerrisikomanagements lassen sich durch einen Vergleich mit dem betrieblichen Risikomanagement gewinnen. Die prozessualen Implikationen eines steuerlichen Risikomanagements können aus dem Sarbanes-Oxley-Act und dem KonTraG entwickelt werden. Die steuerliche Risikopolitik sollte an der Unternehmenspolitik des Gesamtunternehmens ausgerichtet werden. Die damit verbundene Risikokultur bildet den Rahmen des steuerlichen Risikomanagements. Dotted Line Strukturen, d. h. eine Trennung der fachlichen und disziplinarischen Unterordnung, ermöglichen es, risikorelevante Bereiche den Weisungen des Steuerabteilungsleiters zu unterstellen. Die Bildung eines Tax Risk Komitees kann die Risikobeherrschung nachhaltig positiv beeinflussen. Automatische Kontrollen sind soweit wie möglich in die Steuerprozesse zu integrieren, um Kapazitäten für unumgängliche manuelle Kontrollen bereitzustellen. Risikofaktoren sind ergänzend und gleichberechtigt als Leistungsmaßstab in das Vergütungssystem der Steuerabteilung zu integrieren. Eine integrierte Buchhaltungssoftware sollte dem Tax Accounting die benötigten Informationen aus der Rechnungslegung zuführen. Darüber hinaus erleichtern Berichtsportale die steuerliche Informationsbeschaffung. Der Austausch von Informationen hat unter Risikogesichtspunkten interdependent zu erfolgen. Controlling und Interne Revision können beim Aufbau des steuerlichen Risikomanagements mit ihrem Methodenwissen und Prozessdenken die Steuerabteilung systematisch unterstützen.

4 Tax Risk Reporting: Ausweis steuerlicher Risiken im Jahresabschluss nach BilMoG – eine empirische Analyse[371]

4.1 Einleitung

Während der Steuergesetzgeber die tatsächliche Steuerzahlung festlegt, determinieren Rechnungslegungsvorschriften den Umfang und die Qualität der Informationen über die zukünftige Steuerbelastung und die damit verbundenen Risiken.[372] Da Steuerbilanzen aufgrund des Steuergeheimnisses[373] nicht öffentlich zugänglich gemacht werden, sind Investoren zur Abschätzung zukünftiger Steuerzahlungen auf den handelsrechtlichen Jahresabschluss angewiesen.

Die Maßgeblichkeit der handelsrechtlichen Bilanzierung für die steuerrechtliche Gewinnermittlung führte dazu, dass die Bilanzierung latenter Steuern im handelsrechtlichen Jahresabschluss in der Forschung der Betriebswirtschaftlichen Steuerlehre lange kaum wahrgenommen wurde. Das Bilanzrechtsmodernisierungsgesetz (BilMoG)[374] hat einerseits durch die weitere Durchbrechung der Maßgeblichkeit in Folge der intendierten Stärkung der Informationsfunktion[375] und andererseits durch den Konzeptionswechsel hinsichtlich der Bilanzierung latenter Steuern deren Bedeutung deutlich aufgewertet, sodass inzwischen eine Vielzahl normativer Forschungsbeiträge hierzu erschienen ist.[376]

Das neue bilanzorientierte Abgrenzungskonzept[377] latenter Steuern und die neuen Ausweisvorschriften des BilMoG versprechen dabei neben einer Akzentuierung der Informationsfunktion des Jahresabschlusses,[378] erstmals eine empirische Annäherung an die zukünftigen Steuerzahlungen und steuerlichen Risikopositionen von deutschen Kapitalgesellschaften. Die mit dem BilMoG einhergehenden Änderungen sind mit einer Reihe von Berichtspflichten für Kapitalgesellschaften im Anhang verbunden.[379] Dazu gehören auch bisher nicht geforderte steu-

---

371 Dieses Kapitel basiert auf einem gemeinsamen Forschungsprojekt mit Christoph Spengel (Universität Mannheim und ZEW) und Benedikt Zinn (ZEW) zum handels- und steuerrechtlichen Bilanzierungsverhalten deutscher Unternehmen nach BilMoG.

372 Vgl. Weber, C., Die Behandlung latenter Steuern im Jahresabschluss und ihr Informationsgehalt im Rahmen der Unternehmensanalyse, Frankfurt 2003, S. 235.

373 Vgl. § 30 AO.

374 Zur unmittelbaren und mittelbaren Kapitalmarktrelevanz des BilMoG vgl. Zwirner, C., KoR 2011, S. 1 ff.

375 Der Gesetzgeber hat sich in diesem Zusammenhang mit dem BilMoG das Ziel gesetzt „das bewährte HGB-Bilanzrecht zu einer dauerhaften und im Verhältnis zu den internationalen Rechnungslegungsstandards vollwertigen, aber kostengünstigeren […] Alternative weiterzuentwickeln.“ Vgl. BT-Drucks. 16/10067 vom 30.7.2008, S. 1.

376 Vgl. statt vieler Wolz, C., DB 2010, S. 2625 ff.; Pöller, R., BC 2011, S. 10 ff.

377 Vgl. für einen Überblick zum Einfluss der internationalen Rechnungslegungsvorschriften im Zeitablauf Ruberg, L., Ubg 2012, S. 250.

378 Vgl. BT-Drucks. 16/10067 vom 30.7.2008, S. 2.

379 Vgl. für einen Überblick Küting, K./Stampa, D./Ellmann, D./Lauer, P., Schweizer Treuhänder 2009, S. 926.

erliche Anhangangaben nach § 285 Nr. 29 HGB.[380] In der normativen Steuerliteratur wird daher nachdrücklich auf die gestiegene Bedeutung steuerlicher Bilanzpositionen aufmerksam gemacht,[381] die sich auch in der postulierten Etablierung eines eigenständigen Tax Accounting widerspiegelt.[382] Latente Steuern erlauben dabei Rückschlüsse auf den zukünftigen Steueraufwand des Unternehmens und die damit zusammenhängenden Risiken, weil sie steuerlicher Be- und Entlastungen, die aus dem Abbau temporärer Differenzen hervorgerufen werden, abbilden.

Zwei Literaturstränge weisen den engsten Bezug zu der Untersuchung auf. Zum einen der Literaturzweig, der die Bilanzierungspraxis nach dem BilMoG empirisch untersucht. Zum anderen der Literaturstrang, welcher empirisch die Relevanz von Wertdifferenzen zwischen Handels- und Steuerbilanz für deutsche Unternehmen quantifiziert. Forschhammer/Haller (2012) werten 362 Einzelabschlüsse kapitalmarktorientierter Unternehmen im Hinblick auf die IFRS-konforme Ausübung von Wahlrechten bei der BilMoG-Erstanwendung aus. Sie kommen für die untersuchte Stichprobe zu dem Ergebnis, dass die Wahlrechte größtenteils nicht in Übereinstimmung mit den IFRS ausgeübt werden, sodass wahrscheinlich bei der Erstellung des Einzelabschlusses eigenständige bilanzpolitische Ziele verfolgt werden.[383] Dieses Resultat wird durch eine empirische Analyse von 42 Unternehmen des DaxPlusFamily-Index unterstützt. Keitz/Wenk/Jagosch (2011) untersuchen hierbei nicht nur die Einzelabschlüsse 2009 und 2010, sondern auch den IFRS Konzernabschluss und konstatieren darüber hinaus, dass der Informationsgehalt der Anhangangaben stark differiert.[384] Zu einem ähnlichen Resultat kommt Phillips (2011), der für eine Gruppe von 53 BilMoG-Frühanwendern ermittelt, dass für eine nicht unwesentliche Anzahl der Stichprobenunternehmen Anhangangaben fehlen oder unzureichend sind.[385] Theile/Nagafi/Zyczkowski (2011) untersuchen 163 Jahresabschlüsse nach BilMoG im Hinblick auf ihre Vergleichbarkeit. Insgesamt wird die Vergleichbarkeit der Abschlüsse auf der Basis ihrer deskriptiven Ergebnisse nur temporär eingeschränkt.[386] Hahn et al. (2012) untersuchen 132 HGB-Konzernabschlüsse nicht börsennotierter Unternehmen

---

[380] Vgl. dazu Prystawik, O./Schauf, T., DB 2011, S. 313 ff.

[381] Vgl. Küting, K./Seel, C., DB 2009, S. 925; Ernst, S., SteuerStud 2009, S. 590; Herzig, N., DStR 2010, S. 1900.

[382] Vgl. Loitz, R., DB 2009, S. 919; Künkele, P./Zwirner, C., DStR 2010, S. 2263.

[383] Vgl. Froschhammer, M./Haller, A., KoR 2012, S. 17 ff.

[384] Vgl. Keitz, I./Wenk, O./Jagosch, C., DB 2011, S. 2445 ff.; Keitz, I./Wenk, O./Jagosch, C., DB 2011, S. 2503 ff.

[385] Vgl. Phillips, H., StuB 2011, S. 203 ff.

[386] Vgl. Theile, C./Nagafi, H./Zyczkowski, C., BBK 2011, S. 912 ff.

auf die Umsetzung der Neuregelungen durch das BilMoG. Ihre deskriptive Auswertung ergibt, dass die Berichtsqualität tendenziell von der Unternehmensgröße abhängt.[387]

Zum zweiten relevanten Literaturstrang gehört die frühe deskriptive Analyse zur Relevanz von Bilanzierungshilfen von Veit (1995), die auf einer Auswertung von 190 Einzelabschlüssen basiert. Nur eines von 190 Unternehmen kann identifiziert werden, das einen Posten aktiver Steuerabgrenzung bilanziert.[388] Weber (2003) analysiert die Konzernabschlüsse der DAX 100-Unternehmen für die Geschäftsjahre 1998 und 1999 und differenziert dabei nach der angewandten Rechnungslegung. Die Auswertung der HGB-Abschlüsse ergibt, dass vielfach keine Angaben zu den latenten Steuern erfolgen. Die Offenlegungspflichten nach den internationalen Rechnungslegungsvorschriften machen dagegen bilanzpolitische Einflüsse latenter Steuern quantifizierbar.[389] Zwirner (2007) ermittelt für 101 Konzernabschlüsse (Jahr: 2005) deutscher Kapitalgesellschaften des Prime Standard Wertansatzdifferenzen zwischen IFRS und HGB auf Basis der latenten Steuerabgrenzung.[390] Zwirner (2010) untersucht darauf aufbauend 201 Konzernabschlüsse[391] der Jahre 2005 bis 2008 auf Unterschiede in der Bilanzierungspraxis nach IFRS und HGB, um Effekte aus der BilMoG-Erstanwendung prognostizieren zu können.[392] Kager/Schanz/Niemann (2011) nutzen die von Zwirner (2007; 2010) etablierte Methode zur Berechnung von Wertansatzdifferenzen. Die ermittelten Differenzen werden dabei verwendet, um die steuerlichen Bilanzansätze von 36 deutschen und österreichischen Unternehmen für die Jahre 2004 bis 2006 zu approximieren.[393]

Der kurze Literaturüberblick zeigt, dass es bislang an einer empirischen Untersuchung der Bilanzpositionen, auf denen die Wertdifferenzen zwischen Handels- und Steuerbilanz basieren, für den Einzelabschluss fehlt. Zum anderen wurden bisher keine Zusammenhänge der empirischen Befunde und der steuerlichen Risikoposition von Kapitalgesellschaften im Schrifttum aufgezeigt. Vor diesem Hintergrund ist es die Zielsetzung dieses Abschnitts, die empirische Forschungslücke soweit wie möglich zu schließen, um in konzeptioneller Hinsicht

---

387 Vgl. Hahn, K./Oser, P./Breitweg, J./Eisenhardt, P./Kollmann, V., DStR 2012, S. 619 ff.

388 Vgl. Veit, K.-R., DB 1995, S. 2129 ff.

389 Vgl. Weber, C., Die Behandlung latenter Steuern im Jahresabschluss und ihr Informationsgehalt im Rahmen der Unternehmensanalyse, Frankfurt 2003, S. 145 ff.

390 Vgl. Zwirner, C., IFRS-Bilanzierungspraxis, Berlin 2007, S. 393 ff.

391 Durch die Implementierung des Temporary-Konzepts sind latente Steuern in der Konzernbilanz inzwischen stärker durch Konsolidierungsmaßnahmen beeinflusst. Vgl. Hahn, K./Oser, P./Breitweg, J./Eisenhardt, P./Kollmann, V., DStR 2012, S. 575. Deswegen kann nicht mehr davon ausgegangen werden, dass diese sich unwesentlich auf die Steuerabgrenzungsbeträge auswirken. Vgl. Küting, P./Zwirner, C., BB 2005, S. 1559.

392 Vgl. Zwirner, C., DB 2010, S. 1653 ff.

393 Vgl. Kager, R./Schanz, D./Niemann, R., Accounting in Europe 2011, Vol. 8, No. 1, S. 89 ff.

bislang nicht unternommene Rückschlüsse auf die steuerliche Risikoposition des Unternehmens herauszuarbeiten.

Eine empirische Betrachtung steuerlicher Risiken gestaltet sich schwierig, da kein direkter Anknüpfungspunkt im Jahresabschluss auf Ebene der Bilanz oder der Gewinn- und Verlustrechnung zur Verfügung steht. Vielmehr können mit zukünftigen Steuerzahlungen verbundene Risiken nur mit Hilfe von Anhangangaben approximiert werden. Der Ausweis der mit dem zukünftigen Steueraufwand verbundenen Risiken wird einleitend in Abschnitt zwei dargestellt. Informationen aus dem Bilanzanhang sind in den gängigen Bilanzdatenbanken (z. B. DAFNE angeboten von Bureau van Dijk) nicht enthalten. Deswegen wurden die Anhangangaben aus Einzelabschlüssen händisch erhoben. Mit den gewonnenen Daten lassen sich die Ursachen für steuerliche Risiken, die mit temporären Unterschieden zwischen Handels- und Steuerbilanz verbunden sind, detailliert untersuchen. Hierzu werden im dritten Abschnitt die latenten Steuerpositionen in Übereinstimmung mit der US-Literatur (z. B. Poterba/Rao/Seidman (2011) und Ready/Seidman/Shackelford (2011)) nach Bilanzpositionen aufgegliedert.[394] Da hinreichend spezifizierte Vorgaben für den Ausweis in Bilanz und Anhang fehlen, können Investoren die Bedeutung und die Risiken zukünftiger Steuerzahlungen insgesamt nicht ausreichend einschätzen. Für ein Subsample von 158 Unternehmen konnten nicht nur die mit temporären Differenzen verbundenen Risiken näher analysiert, sondern auch deren Implikationen für die Ertragslage des Unternehmens ermittelt werden, weil die betreffenden Unternehmen über die gesetzlichen Berichtspflichten hinaus die Wertdifferenzen zwischen Handels- und Steuerbilanz quantifizieren.

Aufgrund der heterogenen Berichtsqualität innerhalb der untersuchten Stichprobe soll in einem zweiten Schritt analysiert werden, welche Faktoren die beobachteten Unterschiede in der Unternehmenspublizität erklären. Zur Identifikation der Determinanten der Berichtsqualität wird zunächst im dritten Unterkapitel von Abschnitt drei ein Scoring-Modell entwickelt, mit dem die Qualität der Berichterstattung gemessen werden kann. Anschließend wird ein Tobit-Modell mit der über das Scoring-Modell operationalisierten Berichtsqualität als abhängige Variable geschätzt. Die dadurch gewonnenen Ergebnisse erweitern nicht nur die bisherigen Arbeiten zur Bilanzierungspolitik nach BilMoG (z. B. Theile/Nagafi/Zyckowski (2011) und

---

394 Vgl. Poterba, J.M./Rao, N.S./Seidman, J.K., National Tax Journal 2011, Vol. 64, No. 1, S. 27 ff.; Raedy, J.S./Seidman, J./Shackelford, D.A., Is There Information in the Tax Footnote?, McCombs Research Paper Series No. ACC-01-11.

Forschhammer/Haller (2012)),[395] sondern ermöglichen darüber hinaus die Ableitung von dezidierten Reformempfehlungen für die Bilanzierung latenter Steuern.

Daher werden im vierten Abschnitt die Vorschriften für die Bilanzierung latenter Steuern nach HGB, IFRS und US-GAAP verglichen. Die Erkenntnisse der vergleichenden Analyse werden anschließend unter Berücksichtigung der Ergebnisse der Regressionsanalyse zu Empfehlungen für eine Reform der Steuerlatenzierung im HGB verdichtet. Abschnitt fünf fasst abschließend die wesentlichen Ergebnisse zusammen.

4.2 Der Einfluss des BilMoG auf die Offenlegung steuerlicher Risiken

4.2.1 Tax Due Diligence

In einem ersten Schritt soll zunächst kurz auf die Tax Due Diligence als Instrument der steuerlichen Risikoanalyse eingegangen werden, die aufgrund der hohen Ressourcenbeanspruchung ausschließlich bei Unternehmenstransaktionen eingesetzt wird. Anschließend wird die Offenlegung steuerlicher Risiken in öffentlich zugänglichen Jahresabschlüssen untersucht, die für laufende Investitionsentscheidungen relevant ist. Mit dem Begriff der Tax Due Diligence bezeichnet man die Analyse eines für eine Akquisition in Frage kommenden Zielunternehmens hinsichtlich der steuerlichen Verhältnisse und der steuerlichen Risiken. Zukünftige Steuerzahlungen gehen im Rahmen des Discounted-Cash-Flow-Verfahrens in die Unternehmensbewertung ein. Zum einen beeinflussen Steuerzahlungen und Steuerrisiken den Diskontierungsfaktor, zum anderen reduzieren sie die Zahlungsüberschüsse des Unternehmens. Informationen über das steuerliche Risikoprofil des Unternehmens sind daher für die Unternehmensbewertung von gesteigertem Interesse.[396]

Dabei können die steuerlichen Verhältnisse eines Unternehmens auf der Grundlage von unternehmensinternen Daten, wie z. B. Informationen zur Gesellschaftsstruktur, zu Betriebsprüfungsberichten, Steuererklärungen, Steuerbescheiden, Steuerbilanzen, wesentlichen Verträgen und Vereinbarungen, Investitionsförderungen und Steuervergünstigungen sowie zur Korrespondenz mit den Finanzbehörden, Steuerberatern und lokalen Steuerabteilungen analysiert werden. Betriebsprüfungsberichten kann insbesondere entnommen werden, für welche Sachverhalte sich bereits Änderungen der Steuerbemessungsgrundlage ergeben haben, die für den Käufer des Zielunternehmens bedeutend werden könnten.[397] Im Vordergrund der Analyse der

---

[395] Vgl. Theile, C./Nagafi, H./Zyczkowski, C., BBK 2011, S. 912 ff.; Forschhammer, M./Haller, A., KoR 2012, S. 17 ff.

[396] Vgl. Freidank, C.-C./Mammen, A., ZCG 2008, S. 285 f.

[397] Vgl. Hogh, M., Tax Due Diligence, in: Kneip, C./Jänisch, C. (Hrsg.), Tax Due Diligence, München 2005, S. 36 f.

Vermögens- und Finanzlage steht die Identifikation bilanzpolitischer Maßnahmen und der bilanziellen Risiken. Die untersuchten Sachverhalte sind hinsichtlich ihrer potentiellen finanziellen Auswirkungen und ihrer Eintrittswahrscheinlichkeit zu beurteilen.[398] Die Due Diligence hilft, steuerliche Risiken im Zusammenhang mit einer Unternehmenstransaktion rechtzeitig vor dem Vertragsabschluss aufzudecken, sodass erkannte Risiken bei der Kaufvertragsgestaltung berücksichtigt werden können.

Der Verkäufer kann auf der anderen Seite im Rahmen einer sog. Vendor-Due-Diligence steuerliche Risiken vor den potentiellen Käufern identifizieren und soweit wie möglich reduzieren, um den Unternehmenswert zu steigern. Um die Verlässlichkeit der zur Verfügung gestellten Informationen zu erhöhen, wird häufig vom Management die sachliche Richtigkeit und materielle Vollständigkeit der gemachten Angaben in einem Schreiben bestätigt.[399]

Im Gegensatz zu einer Jahresabschlussprüfung ist eine Tax Due Diligence damit nicht nur vergangenheitsorientiert, sondern es werden über betriebswirtschaftliche und marktbezogene Analysen plausible Daten für die Prognose der Unternehmensentwicklung gewonnen.[400]

Am Ende der Due Diligence fassen die Berater des Kaufinteressenten die Ergebnisse der steuerlichen Überprüfung der Zielgesellschaft in einem Bericht zusammen. Hierin sind die rechtlichen Grundlagen für die Überprüfung des Zielunternehmens, die Informationsquellen und die Steuerwirkungsanalyse aufzunehmen.

Eine Tax Due Diligence ist damit ein sehr gutes, wenn auch kostenintensives und nur in Einzelfällen zur Verfügung stehendes Instrument zur steuerlichen Risikoanalyse, welches unternehmensinterne Informationen des Kaufobjektes nutzt.

Wenn dem Anleger keine Informationen aus einer Tax Due Diligence zur Verfügung stehen, ist er zur Abschätzung der steuerlichen Risikosituation auf öffentlich verfügbare Unternehmensinformationen angewiesen. Dabei kommt dem Jahresabschluss eine sehr wichtige Rolle zu.[401] Die steuerliche Bilanzanalyse wird wie die Tax Due Diligence regelmäßig darauf gerichtet sein, zukünftige Steuerzahlungen zu quantifizieren. Im Folgenden soll daher weiter

---

[398] Vgl. Hogh, M., Tax Due Diligence, in: Kneip, C./Jänisch, C. (Hrsg.), Tax Due Diligence, München 2005, S. 32.

[399] Vgl. Schmidt, F., Teil D Tax Due Diligence, in: Beisel, D./Andreas, F.E. (Hrsg.), Due Diligence, München 2010, § 25 Vorbemerkungen Rn. 14.

[400] Vgl. Schabetsberger, G.A, Die Tax Due Diligence, Saarbrücken 2008, S. 4.

[401] Aktuelle empirische Evidenz lässt darauf schließen, dass gute Investor Relations mit positiven Kapitalmarktreaktionen in Form guter Aktienentwicklung und Analystenempfehlungen anerkannt werden. Vgl. Schachel, I./Vögtle, M., FB 2006, S. 580 ff.; Schiereck, D./Tunder, R./Gohlke, F., DB 2010, S. 401 ff.

untersucht werden, welche Informationen der Jahresabschluss eines Unternehmens über Steuerrisiken bereitstellt.

4.2.2 Bilanzierung von Steuerrisiken

4.2.2.1 Steuerrückstellungen

Durch die Rückstellungsbildung kann eine Kompensation der steuerlichen Risiken erreicht werden, da finanzielle Mittel zur Finanzierung von Steuernachzahlungen im Unternehmen verbleiben. Risiken aufgrund strittiger Sachverhalte müssen nach HGB als Steuerrückstellungen passiviert werden, wenn mehr Gründe für eine Inanspruchnahme sprechen als dagegen.[402] Eine Inanspruchnahme ist wahrscheinlich, wenn nach den Umständen, die am Bilanzstichtag objektiv vorlagen und bis zum Zeitpunkt der Bilanzerstellung erkennbar wurden, ernstlich damit zu rechnen ist, aus einer Verpflichtung in Anspruch genommen zu werden.[403] Nach § 253 Abs. 1 S. 2 HGB sind Rückstellungen in Höhe des nach vernünftiger kaufmännischer Beurteilung notwendigen Erfüllungsbetrages anzusetzen. Anhangangaben zu den passivierten Steuerrisiken sind im deutschen Handelsrecht nicht explizit vorgeschrieben. Die Pflichtangaben richten sich daher nach den allgemeinen Offenlegungsvorschriften für den Bilanzanhang (§ 284, § 285 HGB). Insbesondere sind Angaben zu einzelnen Posten der Bilanz und zu Sachverhalten, die sich nicht aus Bilanz und Gewinn- und Verlustrechnung ergeben, zu machen.[404] Steuerrechtlich können jedoch keine Rückstellungen für Steuerrisiken gebildet werden.[405] Eine Ausnahme hiervon besteht, wenn der Betriebsprüfer sich auf eine von der Steuererklärung abweichende Rechtsauffassung festgelegt hat.[406]

Obwohl handelsrechtlich Steuerrisiken, für die eine künftige Belastung am Bilanzstichtag erwartet wird, passiviert werden müssen,[407] fanden die Vorschriften in der Bilanzierungspraxis bisher kaum Beachtung[408] und wurden sehr uneinheitlich befolgt. Die Ermittlung der Wahrscheinlichkeit der Inanspruchnahme ist naturgemäß sehr ermessensabhängig. Aufgrund der hohen Anforderungen und Kosten zur Ermittlung exakter Rückstellungswerte, ist zu erwarten, dass viele Unternehmen detaillierte Angaben im Bilanzanhang zu Steuerunsicherheiten scheuen.

402 Vgl. Dahlke, J., KoR 2006, S. 585; Ruberg, L., Ubg 2009, S. 871.
403 Vgl. Buciek, K., in: Blümich, W. (Hrsg.), EStG, KStG, GewStG, München 2012, § 5 EStG Rn. 797a.
404 Vgl. Langseder, A., in: Müller, W./Winkeljohann, N. (Hrsg.), Beck'sches Handbuch der GmbH, 4. Auflage, München 2009, § 9 Rn. 103.
405 Vgl. BFH, Urteil vom 13.1.1966, BStBl III 1966, S. 189.
406 Vgl. BFH, Urteil vom 27.11.2001, BStBl II 2002, S. 731.
407 Vgl. statt vieler Kessler, M./Suchan, S.W., in: Münchener Kommentar zum Aktiengesetz, 2. Auflage, München 2004, § 266 HGB Rn. 111.
408 Vgl. Helbling, C., Steuerschulden und Steuerrückstellungen, 3. Auflage, Bern 1988, S. 24; Hoffmann, W.-D., PiR 2010, S. 239.

4.2.2.2 Latente Steuern

4.2.2.2.1 Änderung der Bilanzierungspraxis durch das BilMoG

Die Bilanzierung latenter Steuern hat im deutschen Handelsrecht aufgrund der Maßgeblichkeit der Handelsbilanz für die Steuerbilanz und der Abgrenzung latenter Steuern basierend auf dem Timing-Konzept im Vergleich zu den angelsächsischen Ländern keine sehr lange Tradition. Mit der Einführung des DRS 10 „Latente Steuern im Konzernabschluss“[409] im Jahre 2002 nahm der Einfluss der Bilanzierung latenter Steuern für Konzerne in Deutschland zu. De facto wurden aber in vielen HGB-Jahresabschlüssen lange Zeit keine latenten Steuern bilanziert.[410] Der Bilanzierung von latenten Steuern[411] lag vor der Verabschiedung des BilMoG das Timing Konzept zugrunde, das weder die Bildung latenter Steuern auf quasipermanente Differenzen, noch auf Verlustvorträge vorsah.[412] Es wurden nur Differenzen abgebildet, die sowohl bei ihrer Entstehung als auch bei ihrer Umkehrung erfolgswirksam werden.[413] Das Steuerbilanzergebnis lag mehrheitlich über dem handelsrechtlichen Gewinn.[414] Bei zeitlichen Ergebnisunterschieden handelte es sich daher um abzugsfähige Differenzen,[415] für die ein Ansatzwahlrecht bestand. Die meisten Unternehmen übten dieses Wahlrecht jedoch nicht aus. Das Vorsichtsprinzip und der Gläubigerschutz dominierten demnach die Informationsfunktion des Jahresabschlusses.[416]

Das Aktivierungswahlrecht für latente Steuern wurde zwar auch nicht im Zuge des Bilanzrechtsmodernisierungsgesetzes (BilMoG)[417] abgeschafft (§ 274 Abs. 1 HGB), für die Relation zwischen handelsrechtlichem und steuerlichem Ergebnis kann hingegen keine adäquate Prognose mehr getroffen werden. Dies ist zum einen darauf zurückzuführen, dass GoB-konforme und subventionelle steuerliche Wahlrechte im Steuerrecht unabhängig vom Handelsrecht ausgeübt werden können.[418] Gleichzeitig können steuerliche Wahlrechte in der Handelsbilanz

---

409 Das DRSC hat inzwischen einen neuen Standard DRS 18 zu den latenten Steuern verabschiedet. Siehe dazu Abschnitt 4.3.3.1.

410 Haller/Ferstl/Löffelmann (2011) werten 900 Einzelabschlüsse der Jahre 2006 bis 2008 aus und identifizieren nur 4 Kapitalgesellschaften, die latente Steuern ausweisen. Vgl. Haller, A./Ferstl, E.-M./Löffelmann, J., DB 2011, S. 888.

411 Seit der Einführung von IAS/IFRS für den Konzernabschluss 2005 waren deutsche Kapitalgesellschaften mit der Bilanzierung latenter Steuern vertraut. Latente Steuern des Konzernabschlusses sind allerdings in vielen Fällen durch Konsolidierungsbuchungen getrieben. Diese treten neben die Abweichungen, die zwischen dem Einzelabschluss und der Steuerbilanz entstehen.

412 IAS 12 schaffte das Timing Konzept 1998 ab.

413 Vgl. Hahn, K./Oser, P./Breitweg, J./Eisenhardt, P./Kollmann, V., DStR 2012, S. 574.

414 Vgl. Küting, K./Seel, C., Latente Steuern nach dem neuen deutschen Bilanzrecht, München 2010, S. 685 f.

415 Vgl. Baumann, K.-H./Spanheimer, J., in: Küting, K./Pfitzer, N./Weber, C.-P., Handbuch der Rechnungslegung, 5. Auflage, Stuttgart 2002, 7. Ergänzungslieferung August 2010, § 274 Rn. 69.

416 Vgl. Klein, O., DStR 2001, S. 1456.

417 Vgl. BGBl I 2009, S. 1102 ff.

418 Vgl. BMF-Schreiben vom 12.3.2010, BStBl I 2010, S. 239. Vgl. dazu Kahle, H., StuB 2011, S. 163 ff.

nicht mehr berücksichtigt werden (Abschaffung der umgekehrten Maßgeblichkeit).[419] Zum anderen werden die Änderungen der handelsrechtlichen Bilanzierungs- und Bewertungsvorschriften (z. B. Aktivierungswahlrecht für bestimmte immaterielle Vermögensgegenstände) in der Steuerbilanz nicht nachvollzogen.[420] Damit wird zum einen der Anwendungsbereich latenter Steuern erweitert, zum anderen kann nicht mehr von einem Überhang an aktiven latenten Steuern ausgegangen werden.[421]

Durch das BilMoG wurde im HGB der Übergang[422] auf das Temporary-Konzept[423] vollzogen und die Bilanzierung aktiver latenter Steuern für nicht genutzte Zins- und Verlustvorträge erweitert. § 274 Abs. 2 S. 2 HGB geht bei der Werthaltigkeitsanalyse aktiver latenter Steuern von einem einstufigen, aber durch das Vorsichtsprinzip geprägten Ansatz aus.[424] Der Einbezug von Verlustvorträgen in den Bilanzierungsumfang latenter Steuern erhöht zwar auf der einen Seite die Wahrscheinlichkeit eines nicht bilanzierungspflichtigen Aktivüberhangs, gleichzeitig erfordert deren Aktivierung eine aufwendige Werthaltigkeitsanalyse. Gerade große Kapitalgesellschaften dürften daher in Zukunft häufig eine eigenständige Steuerbilanz aufstellen.[425]

Nach wie vor ist gemäß § 274 Abs. 1 S. 1 HGB eine Saldierung zwischen (aggregierten) aktiven und passiven latenten Steuern gestattet. Ergibt sich somit ein Aktivüberhang latenter Steuern, kann das Unternehmen einen unsaldierten Ausweis, einen saldierten Ausweis wählen oder auf eine Aktivierung latenter Steuern gänzlich verzichten.[426]

Die Ausweisentscheidung unterliegt jedoch dem Stetigkeitsgebot.[427] Das Saldierungswahlrecht gilt ausdrücklich nur für die aggregierten aktiven und passiven latenten Steuern. Mit anderen Worten, kann der Bilanzersteller nicht passive latente Steuern ansetzen und auf eine

---

419 Vgl. § 5 Abs. 1 S. 2 EStG a. F. In Zugedessen wurden die zugehörigen handelsrechtlichen Öffnungsklauseln der §§ 254, 279 Abs. 2, 280 Abs. 2, 281 HGB a. F. abgeschafft. Vgl. hierzu ausführlich Theile, C., DStR 2009, Beihefter zu Heft 18, S. 21 ff.

420 Vgl. Neubert, B./Geiler, T., ZfCM 2010, Supplement 3, S. 40; Künkele, P./Zwirner, C., BC 2010, S. 31 ff.

421 Durch die Änderungen des BilMoG wird es in Zukunft häufig erforderlich sein, eine eigenständige Steuerbilanz zu erstellen, die auf einem Tax Accounting basiert, welches sich zumindest partiell vom Financial Accounting löst. Vgl. Herzig, N., DB 2010, S. 2.

422 Die Umstellung auf Rechnungslegungsvorschriften des BilMoG können das Ausschüttungsvolumen eines Unternehmens erheblich verringern oder sogar zu einem Bilanzverlust führen, der mit zukünftigen Gewinnen wieder ausgeglichen werden muss. Vgl. Zwirner, KoR 2011, S. 4.

423 Das Temporary Konzept korrespondiert mit der liability method. Diese zielt, der statischen Bilanztheorie folgend, auf einen korrekten bilanziellen Vermögens- und Schuldenausweis.

424 Aus dem Vorsichtsprinzip folgt, dass passive latente Steuern auch dann anzusetzen sind, wenn aufgrund einer Verlustphase voraussichtlich keine Ertragsteuern zu entrichten sind.

425 Vgl. Schanz, D./Schanz, S., European Accounting Review 2010, Vol. 19, No. 2, S. 313.

426 Vgl. Karrenbrock, H., BB 2011, S. 684.

427 Durch das BilMoG wurde in § 246 Abs. 3 HGB die sog. Ansatzstetigkeit neben der formellen und materiellen Stetigkeit eingeführt.

Aktivierung abzugsfähiger Differenzen verzichten oder das Wahlrecht punktuell für einzelne Sachverhalte ausüben.[428]

Es ist zu erwarten, dass viele Kapitalgesellschaften einen saldierten Ausweis bevorzugen, da hieraus eine Verkürzung der Bilanzsumme und damit eine Verbesserung der Eigenkapitalquote resultiert.[429] § 274 HGB ist allerdings nur von mittelgroßen und großen Kapitalgesellschaften im Sinne des § 267 HGB verpflichtend anzuwenden.[430]

Für Wirtschaftsgüter, die nicht mit dem handelsrechtlichen Wertansatz in der steuerlichen Gewinnermittlung ausgewiesen werden, müssen laufende Verzeichnisse geführt werden. Bei unvollständigen Verzeichnissen können steuerliche Risiken begründet werden, weil die Finanzverwaltung die Inanspruchnahme steuerlicher Wahlrechte versagen kann.[431]

4.2.2.2.2 Abbildung von steuerlichen Risiken nach BilMoG

Steuerliche Risiken sind auch mit den Wertdifferenzen zwischen Handels- und Steuerbilanz verbunden.[432] Werden aufgrund weitgehender Bilanzierungsspielräume keine Informationen zu Steuerrisikorückstellungen ausgewiesen,[433] kommt eine Analyse der latenten Steuern in Frage, die zeitbezogene steuerliche Risiken abbilden.[434]

Zielsetzung der Bilanzierung latenter Steuern ist die Antizipation steuerlicher Be- und Entlastungen, die aus dem Abbau temporärer Differenzen beider Rechnungslegungssysteme hervorgerufen werden. Latente Steuern sind somit ein Indiz für Bewertungs- und Ansatzdifferenzen im Vergleich zur Steuerbilanz. Der Übergang auf das Temporary Konzept ermöglicht bisher nicht abgegrenzte Differenzen auf steuerliche Risiken hin zu analysieren.

Darüber hinaus steigt der Umfang der Differenzen zwischen Handels- und Steuerbilanz durch die Abschaffung der umgekehrten Maßgeblichkeit tendenziell an und erhöht somit die steuerliche Gesamtrisikoposition.

---

428 Vgl. Küting, K./Seel, C., DB 2009, S. 924; Hahn, K./Oser, P./Breitweg, J./ Eisenhardt, P./Kollmann, V., DStR 2012, S. 575.

429 Vgl. Hahn, K./Oser, P./ Breitweg, J./Eisenhardt, P./Kollmann, V., DStR 2012, S. 620.

430 Vgl. § 274a HGB. Mittelgroße Kapitalgesellschaft sind solche, die mindestens zwei der in § 267 Abs. 1 HGB genannten Kriterien überschreiten: 4.840.000 Euro Bilanzsumme nach Abzug eines auf der Aktivseite ausgewiesenen Fehlbetrags (§ 268 Abs. 3), 9.680.000 Euro Umsatzerlöse in den 12 Monaten vor dem Abschlussstichtag und im Jahresdurchschnitt 50 Arbeitnehmer.

431 Vgl. Ortmann-Babel, M./Bolik, A./Gageur, P., DStR 2009, S. 934.

432 Latente Steuern spiegeln zukünftige Steuerzahlungen nicht vollumfänglich wider. Steuerzahlungen, die keinen Bezug zu vergangenen Berichtsperioden aufweisen und sich nicht in Bilanzpositionen niederschlagen, werden nicht abgebildet. In Zusammenhang mit diesen Steuerzahlungen stehende Risiken würden sich ggf. auf der Basis von Unternehmensbefragungen ermitteln lassen. Es ist allerdings fraglich, ob neben der Identifizierung bedeutsamer Risiken auch eine Quantifizierung mit diesem Forschungsansatz möglich ist.

433 Vgl. dazu Abschnitt 4.3.2.1.

434 Vgl. für einen Überblick zu den empirischen Ergebnissen der Entscheidungsnützlichkeit latenter Steuern Ballwieser, W., Latente Steuern – Konzeption und Entscheidungsnützlichkeit, Wiesbaden 2010, S. 547.

Eine passive latente Steuerposition muss gebildet werden, wenn das handelsrechtliche Ergebnis höher ist als der Steuerbilanzgewinn. Dies kann auf die gezielte Nutzung von Bewertungsunterschieden zwischen Handels- und Steuerbilanz zurückzuführen sein,[435] wenn Manager eine Erhöhung des handelsrechtlichen Gewinns ohne korrespondierenden Anstieg des steuerlichen Ergebnisses anstreben, um den Barwert der Steuerzahlungen zu reduzieren.[436] In dem Bilanzansatz passiver latenter Steuern kann somit ein Signal für bilanzpoltische Maßnahmen gesehen werden.[437] Kehren sich die Differenzen zwischen Handels- und Steuerbilanz in zukünftigen Perioden um, steigt die Steuerbelastung an.[438] Werden steuerlich vorteilhafte Abweichungen des steuerlichen Wertansatzes von dem handelsrechtlichen Bilanzausweis hingegen von der Finanzverwaltung nicht anerkannt, erhöhen sich die Steuerzahlungen früher als erwartet und es resultieren negative Zinseffekte für das Unternehmen. Daher sind Wertdifferenzen zwischen Handels- und Steuerbilanz, die zur Bildung latenter Steuern führen, mit Zins- und Liquiditätsrisiken verbunden. Passive latente Steuern spiegeln insofern die zu erwartenden Risiken in der laufenden Steuererhebung wider.

Aktive latente Steuern[439] verkörpern grundsätzlich unvorteilhafte Abweichungen zwischen Handels- und Steuerbilanz für den Steuerpflichtigen und sind daher, was Zins- und Liquiditätsrisiken durch die Aberkennung steuerlicher Wahlrechte oder die Einschränkung von Bewertungs- und Ermessungsspielräumen angeht, meist nur wenig risikobehaftet.[440] Allerdings werden Risiken in Bezug auf die Entwicklung des steuerlichen Gewinns die Verrechnung abzugsfähiger Differenzen und von Verlustvorträgen beeinflussen. Erwirtschaftet das Unternehmen im Zeitpunkt der Umkehrung der abzugsfähigen temporären Differenzen keine ausreichend hohen Erträge, dann resultieren negative Zinseffekte, weil die Steuerminderung über einen hierdurch entstehenden Verlustvortrag später als erwartet eintritt. Nicht nur der Risikoeintritt, sondern aufgrund des Vorsichtsprinzips auch eine bloße Erhöhung der Wahrscheinlichkeit eines Risikoeintritts, hat eine Abschreibung der latenten Steuern zur Folge. Steuerliche Risiken in Zusammenhang mit der steuerlichen Aufwandsverrechnung müssen dementsprechend über Abschreibungen von aktiven latenten Steuern bilanziell berücksichtigt werden.

---

[435] Vgl. Hoffmann, W.-D., PiR 2010, S. 239.

[436] Vgl. Kager, R./Knirsch, D./Niemann, R., Steuerliche Wertansätze als zusätzliche Information für unternehmerische Entscheidungen?, arqus Diskussionsbeitrag Nr. 50, Berlin 2008, S. 2.

[437] Vgl. Phillips, J.D./Pincus, M./Rego, S.O., Accounting Review 2003, Vol. 78, No. 2, S. 491 ff.

[438] Vgl. § 274 Abs. 1 S. 1 HGB.

[439] Vgl. § 274 Abs.1 S. 2 HGB.

[440] Im Ergebnis auch Herzig, N./Heimig, M./Vossel, S., DB 2009, S. 2620.

Steuerliche Risiken, die mit der unsicheren Verwertung von Verlustvorträgen zusammenhängen, können bilanziell durch aktive latente Steuern auf Verlustvorträge abgebildet werden. Im Gegensatz zur Passivierung steuerpflichtiger temporärer Differenzen ist die Aktivierung latenter Steuern, wie bereits dargestellt, dem Steuerpflichtigen nach § 274 Abs. 1 HGB freigestellt. Wenn sich die Eintrittswahrscheinlichkeit erhöht, dass Verlustvorträge in Zukunft nicht mehr genutzt werden können, hat eine Abschreibung der betreffenden latenten Steuern zu erfolgen. Umgekehrt ist eine Wertaufholung vorzunehmen, wenn die Eintrittswahrscheinlichkeit steigt, dass sich Verlustvorträge in zukünftigen Veranlagungsperioden steuerlich auswirken.[441] Im Gegensatz zu aktiven latenten Steuern, die für Wertdifferenzen zwischen Handels- und Steuerbilanz gebildet werden, können aktive latente Steuern für werthaltige Verlustvorträge eine endgültige finanzielle Belastung für den Steuerpflichtigen bedeuten, wenn die Verlustvorträge teilweise oder in voller Höhe nicht mehr verrechnet werden können.

Da ein Bilanzansatz abzugsfähiger Differenzen verrechenbare Erträge voraussetzt, signalisiert das Unternehmen neben einer erwarteten Steuerentlastung mit steigenden aktiven latenten Steuern, dass zukünftig ausreichend hohe Gewinne erwirtschaftet werden.[442] Anders gewendet, können Verlustvorträge, die nicht in die Abgrenzung einbezogen wurden, als ein Anzeichen dafür gedeutet werden, dass das Unternehmen für die Zukunft nicht mit ausreichend hohen Gewinnen rechnet. Dies berücksichtigend, werden Unternehmen die Bilanzierung aktiver latenter Steuern bilanzpolitisch einsetzen, um die Gewinnerwartungen der Shareholder in ihrem Interesse zu beeinflussen.[443] Deswegen bedeutet die Aktivierung latenter Steuern keine Gewähr dafür, dass die Wahrscheinlichkeit der Verlustnutzung gestiegen ist. Hohe Beträge aktiver latenter Steuern können ganz im Gegenteil das Resultat einer langen Verlustphase sein, wenn in der ersten Gewinnperiode latente Steuern in großem Umfang für entstandene Verlustvorträge aktiviert werden. Die Erwartungen sind in diesem Fall aus risikoanalytischer Sicht zu relativieren.[444] Eingeschränkt wird der Gestaltungsspielraum allerdings durch die Prüfung der latenten Steuern im Rahmen der Abschlussprüfung.[445]

Zudem kann durch die Aktivierung von latenten Steuern auf Verlustvorträge, neben einer Beeinflussung der mittel- bis langfristigen Gewinnerwartungen, Bilanzpolitik betrieben werden, um kurzfristig die Gewinnprognosen von Analysten zu übertreffen. Aus Sicht der Investoren

---

441 Vgl. § 274 Abs. 2 S. 2 HGB.
442 Vgl. Baetge, J./Lienau, A., Wpg 2007, S. 19.
443 Im Ansatz latenter Steuern und der tatsächlich realisierten Verwertung ist auch ein Indiz für die Planungsqualität des Unternehmens zu sehen. Vgl. Küting, K./Zwirner, C., BB 2005, S. 1556.
444 Vgl. Schilling, D./Traska, N., PiR 2011, S. 311.
445 Vgl. Herzig, N., DB 2010, S. 8.

sollte die Nachhaltigkeit der ausgewiesenen Gewinne daher kritisch hinterfragt werden. Die Ausübung des Wahlrechts unterliegt jedoch dem Stetigkeitsgebot,[446] sodass das größte bilanzpolitische Gestaltungspotential in der erstmaligen Aktivierung latenter Steuern zu sehen ist.

Zusammenfassend ist die Bilanzierung aktiver latenter Steuern aufgrund von Ermessensspielräumen und ungewissen Beweggründen der Geschäftsleitung mit erheblichen Interpretationsschwierigkeiten behaftet,[447] die bei der nachfolgenden Analyse zu beachten sind. Die Veränderung der aktiven Steuerlatenzen ist nur eingeschränkt analysierbar, weil sie entweder durch eine tatsächliche Veränderung der Risikoeinschätzung des Bilanzierenden oder durch bilanzpolitische Maßnahmen erklärt werden kann. Damit kann von Veränderungen der ausgewiesenen aktiven latenten Steuern nur bedingt auf eine Änderung der Eintrittswahrscheinlichkeiten geschlossen werden. Gleichwohl spiegeln die aktiven latenten Steuern den Umfang der steuerlichen Risikoposition zutreffend wider, da die offengelegten Beträge aus den dargelegten Gründen risikobehaftet sein können.

Die Bedeutung der latenten Steuern im deutschen Einzelabschluss wird durch Inkrafttreten des § 5 b EStG zunehmen (sog. E-Bilanz). Unternehmen müssen danach zukünftig ihre Steuerdaten dem Finanzamt elektronisch übermitteln. Der vom Gesetzgeber bisher vorgegebene Rahmen für den zu übermittelnden Umfang von Bilanz und Gewinn- und Verlustverrechnung wird von den Regelungen des § 5 b EStG deutlich überschritten. Insbesondere wird es künftig notwendig sein, innerhalb der laufenden Buchführung steuerliche Abweichungen abzubilden, damit eine Übermittlung der Bilanzdaten in der vorgeschriebenen Form erfolgen kann.

4.2.2.2.3 Abbildung von Steuerrisiken im Bilanzanhang nach BilMoG

Neben der bilanziellen Abbildung von Wertdifferenzen zwischen handels- und steuerrechtlicher Gewinnermittlung und den damit zusammenhängenden Risiken kommt auch eine außerbilanzielle Abbildung im Bilanzanhang zur Risikobeurteilung in Betracht. Angaben im Anhang waren vor Verabschiedung des BilMoG nur bei einem Bilanzansatz latenter Steuern verpflichtend.[448]

Seit Inkrafttreten des BilMoG ist jedoch nach § 285 Nr. 29 HGB im Anhang anzugeben, auf welchen Differenzen zwischen Handels- und Steuerbilanz oder Verlustvorträgen die latenten

446 Durch das BilMoG wurde in § 246 Abs. 3 HGB die sog. Ansatzstetigkeit neben der formellen und materiellen Stetigkeit eingeführt. Vgl. auch Mayer, M./Loitz, R./Quella, J.-O./Zerwas, P., Latente Steuern: Bewertung, Bilanzierung, Beratung, 2. Auflage, Wiesbaden 2010, S. 248.

447 Vgl. Schilling, D./Traska, N., PiR 2011, S. 315.

448 Vgl. IDW, WP Handbuch I 2006, 13. Auflage, Düsseldorf 2006, Buchst. F, Rn. 641.

Steuern beruhen. Die gesetzlich verpflichtenden Angaben nach § 285 Nr. 29 HGB sind unabhängig vom Ansatz latenter Steuern in der Bilanz auszuweisen. Folglich sind auch Unternehmen, die vom Ansatzwahlrecht Gebrauch machen, verpflichtet, die vorgeschriebenen Informationen offenzulegen.[449] Der Gesetzgeber möchte dadurch verhindern, dass keine Angaben über diejenige der Wahlrechtsausübung hinaus erfolgen.[450]

Die über die latenten Steuern übermittelten Informationen zu den steuerlichen Risiken werden damit im Bilanzanhang erneut aufgegriffen und müssen differenzierter aufbereitet werden. Aus § 285 Nr. 29 HGB folgt zum einen, dass im Anhang über die Wertdifferenzen, welche den latenten Steuern zu Grunde liegen, zu berichten ist. Dabei sind die wesentlichen Unterschiede bei den Bilanzansätzen anzugeben. Zum anderen sind die aktivierten Verlustvorträge und die bei der Steuerabgrenzung berücksichtigten Steuersätze auszuweisen. Um den gesetzlichen Anforderungen des § 285 Nr. 29 HGB nachzukommen, sind nur qualitative Angaben zur Art der bestehenden Differenzen oder steuerlichen Verlustvorträge erforderlich.

Ein Ausweis der Wertdifferenzen zwischen Handels- und Steuerbilanz, die den latenten Steuern zugrunde liegen, kann entweder auf der Ebene von Bilanzierungsgliederungspositionen erfolgen oder es sind die Ursachen für die temporären Differenzen zu erklären.[451] Ersteres findet eher Anklang in der deutschen Steuerliteratur[452] und ist für die Bilanzanalyse vorzuziehen, weil latente Steuern auf der Ebene der Bilanzierungsgliederungspositionen auf dieselben Ursachen zurückzuführen sein können. Dieser Zusammenhang könnte den Informationsumfang der steuerlichen Anhangangaben einschränken.

Durch die Veröffentlichung dieser Informationen im Bilanzanhang erhält der Bilanzleser Einblick in die Wahrscheinlichkeit zukünftiger Steuerzahlungen.[453] Der Aufstellung einer Überleitungsrechnung[454] bedarf es allerdings grundsätzlich nicht,[455] obwohl im Regierungsentwurf des BilMoG noch postuliert wurde, dass zu einer umfassenden Information der Abschlussadressaten eine Überleitungsrechnung erforderlich ist.[456]

---

[449] Das deutsche Institut der Wirtschaftsprüfer vertritt allerdings die Auffassung, dass in diesem Fall keine Ausweisverpflichtung besteht. Vgl. IDW, Aufhebung von IDW ERS HFA 27, FN-IDW 2010, Düsseldorf 2010, S. 452.

[450] Vgl. BT-Drucks. 16/12407 vom 24.3.2009, S. 88.

[451] Vgl. KPMG, Insights into IFRS. KPMG's practical guide to International Financial Reporting Standards, 6. Auflage, London 2009, S. 835.

[452] Vgl. Prystawik, O./Schauf, T., DB 2011, S. 315.

[453] Die Umkehrungszeitpunkte können allerdings nicht exakt bestimmt werden. Auf Basis der ausgewiesenen Wertdifferenzen sind lediglich mittelbare Rückschlüsse auf den Auflösungszeitpunkt möglich.

[454] Zwar verlangt DRS 18.67, dass der Bilanzersteller eine Überleitungsrechnung anfertigt, dessen Anwendung ist allerdings nur für den Konzernabschluss verpflichtend. Vgl. dazu Wolz, C., DB 2010, S. 2628.

[455] Vgl. Loitz, R., DB 2010, S. 2185.

[456] Vgl. BT-Drucks. 16/10067 vom 30.7.2008, S. 68.

Über § 285 Nr. 29 HGB hinausgehende Angaben sind nur verpflichtend, wenn besondere Umstände dazu führen, dass kein den tatsächlichen Verhältnissen entsprechendes Bild der Vermögens-, Ertrags- und Finanzlage vermittelt werden kann (§ 264 Abs. 2 S. 2 HGB).

Die Vorgaben zum Ausweis latenter Steuern im Bilanzanhang gelten dabei nur für große Kapitalgesellschaften.[457] Kleine und mittelgroße Unternehmen sind hingegen von den zusätzlichen Erläuterungspflichten zu den Wertdifferenzen zwischen Handels- und Steuerbilanz befreit (§ 274 a Nr. 5 HGB; § 288 Abs. 2 HGB). Diese Differenzierung des Bilanzierungsumfangs latenter Steuern nach der Unternehmensgröße hat Implikationen für die Auswahl des finalen Stichprobenumfangs, da im Hinblick auf die Jahresabschlüsse dieser Unternehmen keine ausreichend fundierte Datengrundlage zu möglichen Wertdifferenzen zwischen Handels- und Steuerbilanz zur Verfügung steht.

4.3 Empirische Untersuchung der steuerlichen Berichterstattung

4.3.1 Datensatz und Operationalisierung

Die beschränkte Datenverfügbarkeit in gängigen Unternehmensdatenbanken erhöht den Analyseaufwand im Hinblick auf die zeitlich befristeten Differenzen zwischen Handels- und Steuerbilanz. Ein wesentlicher Forschungsbeitrag dieses Abschnitts besteht darin, dass ein Datensatz aus öffentlich zugänglichen Jahresabschlüssen erstellt wird. Damit können gleich zwei Schwierigkeiten im Hinblick auf die Datenverfügbarkeit gängiger Bilanzdatenbanken überwunden werden. Erstens, ist die Verfügbarkeit von Einzelabschlüssen im Gegensatz zu Konzernabschlüssen in öffentlich zugänglichen Bilanzdatenbanken beschränkt.[458] Nur eine Analyse auf Basis von Einzelabschlüssen ermöglicht jedoch eindeutige Aussagen bezüglich der steuerlichen Risikoposition, weil das handelsrechtliche Ergebnis Ausgangspunkt für die steuerliche Gewinnermittlung ist (§ 5 Abs. 1 EStG). Der Konzernabschluss steht hingegen in keiner funktionalen Relation zu der ertragsteuerlichen Bemessungsgrundlage. Deswegen entstehen konzernspezifische Steuerlatenzen, welche Rückschlüsse auf die deklarierte Steuerzahlung einschränken. Zweitens werden von keiner der in der Rechnungslegungsforschung genutzten Datenbanken Entstehungsursachen für latente Steuern aus den offengelegten Informationen im Bilanzanhang erfasst.

Der Ausgangsdatensatz besteht aus den handelsrechtlichen Einzelabschlüssen sämtlicher börsennotierter deutscher Kapitalgesellschaften im Wirtschaftsjahr 2010. Die Einzelabschlüsse

---

457 Vgl. § 288 Abs. 2 S. 2 HGB.

458 Vgl. Pierk, J./Weil, M., Accounting Choice in Price-Regulated Industries – Unintended Consequences?, Working Paper Humboldt University Berlin, Berlin 2012, S. 13.

wurden dabei größtenteils dem *elektronischen Bundesanzeiger* entnommen.[459] Ergänzend wurden Einzelabschlüsse von den Homepages der untersuchten Unternehmen bezogen. Anschließend wurden die Jahresabschlüsse auf steuerliche Informationen durchsucht und ausgewertet. Neben den Bilanzdaten wurden vor allem die steuerlichen Anhangangaben detailliert analysiert. Typischerweise werden Steuerdaten im Abschnitt zu den Bilanzierungs- und Bewertungsgrundsätzen, in den publizierten Informationen zu den Steuern vom Einkommen und Ertrag (Abschnitt Erläuterungen zur Gewinn- und Verlustverrechnung) sowie aufgrund der neuen Berichtspflichten zu den latenten Steuern nach § 285 Nr. 29 HGB offengelegt. Insgesamt wurden für jedes Unternehmen mehr als 100 (Bilanz- und Anhang-) Angaben analysiert. Konzernabschlussinformationen wurden der DAFNE-Datenbank von Bureau van Dijk entnommen und über die Wertpapierkennnummer (WKN) und über die Crefo-ID zusammengeführt. Das Ergebnis der Zuordnung nach der Datenzusammenführung wurde anschließend über einen Vergleich der Bilanzsummen und der Firmennamen überprüft.

Der Ausgangsdatensatz aller börsennotierten deutschen Kapitalgesellschaften beinhaltet bereinigt 940 Unternehmen. Zunächst werden alle insolvente Unternehmen, Kapitalgesellschaften, die sich in einer Reorganisationsphase befinden, und alle Gesellschaften in Liquidation von der weiteren Untersuchung ausgenommen (65 Unternehmen). Die Bilanzdaten von 34 Banken und Versicherungen werden wegen der handelsrechtlichen und regulatorischen Besonderheiten von der Analyse ausgeschlossen. Zusätzlich können 39 Unternehmen mit Rumpfgeschäftsjahren oder abweichenden Wirtschaftsjahren nicht einbezogen werden. 23 Organgesellschaften müssen unberücksichtigt bleiben, weil die latenten Steuern des Organkreises vollständig auf Ebene des Organträgers abgebildet werden. Für 91 Unternehmen sind zum Zeitpunkt der Auswertung (noch) keine Jahresabschlussinformationen verfügbar. Die verbleibenden 688 Unternehmen bilden die Ausgangsstichprobe für die Auswertung der Anhangangaben zu den passivierten Steuerrückstellungen.

Abschließend werden 223 kleine und mittelgroße Unternehmen von der weiteren Untersuchung ausgeschlossen, da diese von den Erläuterungspflichten zu den Wertdifferenzen zwischen Handels- und Steuerbilanz befreit sind (§ 274 a Nr. 5 HGB; § 288 Abs. 2 HGB).[460] 248 Kapitalgesellschaften sind dem Prime Standard (DAX, MDAX, TecDAX oder SDAX) zuzurechnen, die restlichen 217 Unternehmen gehören anderen regulierten Börsensegmenten (z. B. General Standard) und unterschiedlichen börsenregulierten Märkten an (z. B. Open Market).

[459] Der elektronische Bundesanzeiger kann unter https://www.bundesanzeiger.de erreicht werden.
[460] Tabelle 12 präsentiert die deskriptiven Statistiken zu der resultierenden Untersuchungsstichprobe von 465 börsennotierten deutschen Kapitalgesellschaften.

Aufgrund der Fragestellung der vorliegenden Untersuchung gibt es Einschränkungen hinsichtlich des Umfangs des Datensatzes, die kurz problematisiert werden sollen. Zuerst können nur Jahresabschlüsse des Geschäftsjahrs der BilMoG-Erstanwendung erfasst werden. Jahresabschlüsse vor 2010 konnten aufgrund der konträren Abbildungs- und Bewertungskonzeption latenter Steuern nicht berücksichtigt werden. Einzelabschlüsse nachfolgender Berichtsperioden, die für eine Zeitreihenanalyse benötigt werden würden, waren zum Zeitpunkt der Datenerhebung noch nicht verfügbar. Insofern kann nur eine Querschnittsanalyse für das Wirtschaftsjahr 2010 unternommen werden. Daneben weisen Poterba/Rao/Seidman[461] darauf hin, dass unbeobachtete Heterogenität hinsichtlich der Berechnungsannahmen und der Interpretation der Rechnungslegungsvorschriften zwischen den untersuchten Unternehmen die Ergebnisse verzerren könnten. Darüber hinaus existieren weder hinreichend spezifizierte Vorgaben für den Ausweis von Steuerpositionen in Bilanz und Anhang, noch werden steuerliche Informationen in der Bilanzierungspraxis standardisiert publiziert. Dementsprechend erschweren vage Formulierungen, unpräzise Angaben und fehlende Informationen die Auswertung der zur Verfügung stehenden Steuerdaten in den Jahresabschlüssen der Stichprobenunternehmen. Schließlich sollte darauf hingewiesen werden, dass viele Unternehmen im Sample Organträger sind. Daher werden nicht nur die Bemessungsgrundlagen der Organgesellschaften dem Organträger zugerechnet, sondern auch die latenten Steuern des Organkreises auf Ebene des Organträgers verrechnet. Im Ergebnis werden sämtliche Steuerlatenzen vom Organträger ausgewiesen und Relationen zu anderen Bilanzpositionen lassen sich kaum herstellen, da keine Konsolidierung der Einzelabschlüsse auf Ebene des Organträgers erfolgt.[462] Insbesondere kann nicht ohne weiteres, wie in früheren Untersuchungen,[463] auf die Steuerbilanzwerte des Organkreises geschlossen werden.

4.3.2 Deskriptive Statistik

Die empirische Untersuchung analysiert zunächst detailliert die in den Einzelabschlüssen börsennotierter Kapitalgesellschaften offengelegten Steuerinformationen. Bevor mögliche Ursachen für steuerliche Risiken, die mit temporären Unterschieden zwischen Handels- und Steuerbilanz verbunden sind, identifiziert werden, sollen zunächst die Anhangangaben zu den Steuerrückstellungen und dem in der Gewinn- und Verlustrechnung ausgewiesenen Ertrag-

[461] Vgl. Poterba, J.M./Rao, N.S./Seidman, J.K., National Tax Journal 2011, Vol. 64, No. 1, S. 38.

[462] Einzelabschlüsse von Tochtergesellschaften werden, aufgrund der Befreiungsvorschriften in § 264 Abs. 3 HGB und § 264b HGB, in Deutschland häufig nicht öffentlich zugänglich gemacht. Deswegen ist eine ohnehin kaum zu bewältigende Rekonstruktion einer Bilanz aller Organgesellschaften und des Organträgers nicht möglich.

[463] Vgl. Kager, R./Schanz, D./Niemann, R., Accounting in Europe 2011, Vol. 8, No. 1, S. 89 ff.

steueraufwand näher betrachtet werden. Die offengelegten Informationen zu den Steuerrückstellungen versprechen Hinweise auf passivierte Steuerrisikobeträge. Die Anhangangaben zum Ertragsteueraufwand werden nicht nur untersucht, um abzuschätzen zu können, welche Implikationen eine Veränderung der steuerlichen Risikoposition auf den Steueraufwand haben kann, sondern auch, um einen Einblick in die bei einer Umkehrung der temporären Differenzen betroffenen Steuerarten zu erhalten.

4.3.2.1 Steuerrückstellungen

Die in Abschnitt 4.2.2.1 formulierte Erwartung, dass die Stichprobenunternehmen überwiegend keine Informationen zu Rückstellungen für Steuerrisiken offenlegen werden, bestätigt sich für die Ausgangsstichprobe. Insgesamt gliedern nur 25 von 688 (3,63%) untersuchten Unternehmen ihre Steuerrückstellungen weiter auf und weisen Steuerrisiken im Bilanzanhang aus.[464] Alle 25 Unternehmen bilden ausschließlich Rückstellungen für erwartete Nachzahlungen aus vorangegangenen Veranlagungszeiträumen aufgrund einer bereits abgeschlossenen oder weit fortgeschrittenen Betriebsprüfung, bei der Berichte des jeweiligen Betriebsprüfers bereits vorliegen. Da für diese Fallkonstellationen die Bildung einer Rückstellung auch steuerrechtlich geboten ist, weist im Sample keines der untersuchten Unternehmen, mit Ausnahme der Frosta AG, latente Steuern aufgrund temporärer Differenzen beim Bilanzansatz von Steuerrückstellungen aus. Dieses Ergebnis lässt vermuten, dass keines der 688 untersuchten Unternehmen Steuerrisiken prospektiv für den aktuellen Veranlagungszeitraum passiviert. Bei der Frosta AG lassen die Angaben zu den temporären Differenzen darauf schließen, dass der Wertansatz der Steuerrückstellungen in der Steuerbilanz sogar den handelsrechtlichen Ausweis leicht überschreitet.

Unternehmen der Stichprobe berichten demnach in ihren Einzelabschlüssen entweder überhaupt nicht über Rückstellungen für Steuerrisiken oder aber erst dann, wenn eine Passivierung aufgrund einer unmittelbar bevorstehenden Steuernachzahlung nicht mehr umgangen werden kann.[465] Die von Steuerpraktikern gemachten Erfahrungen[466] im Hinblick auf die Bilanzie-

---

[464] Die Ausgangsstichprobe beinhaltet noch die 223 kleinen und mittelgroßen Kapitalgesellschaften, die für die Analyse der latenten Steuern ausgeschlossen werden müssen, da für sie abweichende Offenlegungspflichten gelten. Vgl. Abschnitt 4.3.1.

[465] Eine Berichtspflicht besteht aber auch nur dann, wenn die Steuernachzahlungen wesentlich sind. Vgl. § 277 Abs. 4 S. 2 und S. 3 HGB.

[466] Vgl. Blouin, J./Gleason, C./Mills, L., Sikes, S., National Tax Journal 2007, Vol. 60, No. 3, S. 523 f.

rung von Ertragssteuerrisiken für nach deutschem Handelsrecht[467] und IFRS bilanzierenden Unternehmen,[468] bestätigten sich somit eindrucksvoll für unser Datensample.

Ergänzend wird noch die Passivierung von Rückstellungen für Zinsen auf Steuernachzahlungen untersucht. 17 von 688 (2,47%) Unternehmen weisen Rückstellungen für Zinsaufwendungen aufgrund von Betriebsprüfungen aus. Alle 17 Unternehmen passivieren ausschließlich Zinszahlungen in Zusammenhang mit bereits laufenden Betriebsprüfungen. Davon weisen nur 4 (0,58%) Unternehmen gleichzeitig Rückstellungen für Steuernachzahlungen aus Betriebsprüfungen aus. Die anderen 13 (1,89%) Unternehmen bilanzieren zwar Steuerrückstellungen, nehmen aber im Anhang keine weitere Aufteilung vor. Die Anhangangaben zu den Zinszahlungen lassen allerdings darauf schließen, dass diese 13 Unternehmen Rückstellungen für Steuernachzahlungen aus laufenden Betriebsprüfungen passiviert haben. Insgesamt lassen sich daher bei 38 von 688 (5,52%) Unternehmen Hinweise auf Rückstellungen für Steuernachzahlungen aus laufenden Betriebsprüfungen finden. Zugleich zeigen die Ergebnisse, dass 21 von 25 (84%) Unternehmen, die Rückstellungen für Steuerzahlungen aus Betriebsprüfungen passivieren, keine Angaben zu den damit verbundenen Zinszahlungen machen. Nach § 233 a Abs. 1 AO sind Steuernachzahlungsbeträge zu verzinsen. Der Zinslauf beginnt nach § 233 a Abs. 2 AO 15 Monate nach Ablauf des Kalenderjahrs, in dem die Steuer entstanden ist. Insofern ziehen die rückgestellten Steuernachzahlungsbeträge regelmäßig Zinszahlungen nach sich. Zudem dürften die passivierten Beträge nicht unwesentlich sein, da die Zinsen für jeden Monat mit Beginn des Zinslaufes 0,5% betragen (§ 238 Abs. 1 AO).

Insgesamt ist daher zu konstatieren, dass nicht nur äußert wenige Unternehmen über Rückstellungen für Steuernachzahlungen oder Zinszahlungen aufgrund von Steuernachforderungen der Finanzverwaltung berichten, sondern dass die Anhangangaben diesbezüglich auch unvollständig sind. Nur 4 von 688 (0,58%) Unternehmen weisen neben Rückstellungen für Steuernachzahlungen auch korrespondierend den Passivierungsbetrag für die Verzinsung der Steuerschuld aus. Alle anderen Unternehmen informieren den Bilanzleser nur fragmentarisch über mögliche Steuernachzahlungen aus laufenden Betriebsprüfungen. Risiken aufgrund zukünftiger Betriebsprüfungen werden dagegen gar nicht im Bilanzanhang offengelegt. Es scheint, als würden die Unternehmen der Stichprobe von den fehlenden expliziten Vorgaben für die Anhangberichterstattung Gebrauch machen, um den Umfang der offengelegten Risiken soweit wie möglich zu minimieren.

---

[467] Vgl. Benzel, U./Linzbach, M., KoR 2009, S. 403 f.; Hoffmann, W.-D., PiR 2010, S. 239.
[468] Vgl. Loitz, R., DB 2009, S. 2001.

Aufgrund der mangelnden Datenverfügbarkeit wird die Bilanzierung von Steuerrisiken über die Bildung von Steuerrückstellungen im Folgenden nicht weiter untersucht. Vielmehr fokussiert sich die Analyse im Folgenden auf die mit Wertdifferenzen zwischen Handels- und Steuerbilanz zusammenhängende steuerliche Risikoposition.

4.3.2.2 Steuern vom Einkommen und Ertrag

Nach § 275 Abs. 2 Nr. 18 HGB (Gesamtkostenverfahren) und § 275 Abs. 3 Nr. 17 HGB (Umsatzkostenverfahren) sind in der Gewinn- und Verlustrechnung die Steuern vom Einkommen und vom Ertrag gesondert auszuweisen. Die Steuern vom Einkommen und Ertrag umfassen neben dem laufenden auch den latenten Steueraufwand. Nach § 274 Abs. 2 HGB ist der Aufwand oder Ertrag aus der Veränderung bilanzierter latenter Steuern in der Gewinn- und Verlustrechnung gesondert unter dem Posten Steuern vom Einkommen und vom Ertrag auszuweisen. Der gesonderte Ausweis kann entweder durch einen Unterposten, eine Vorspalte oder durch einen Davon-Vermerk erfolgen. Tabelle 3 gibt einen Überblick über die beiden wesentlichen Bestandteile des Ertragsteueraufwands.

Tabelle 3: Überblick über die wesentlichen Bestandteile des Ertragsteueraufwands

	Mittelwert	Standard-abweichung	Min	Max
Ertragsteueraufwand	19.996.129	123.654.611	-463.000.000	1.590.000.000
Laufender Steueraufwand	20.090.047	123.702.931	-463.000.000	1.590.000.000
Latenter Steueraufwand	-93.918	3.314.890	-32.100.000	27.000.000

Anmerkung: Negative Beträge stellen Steuergutschriften/-erträge dar. N = 465 Unternehmen.

Durchschnittlich weisen die Unternehmen des Samples einen Ertragsteueraufwand von 19.996.129 Euro aus. Während der laufende Steueraufwand im Durchschnitt 20.090.047 Euro beträgt, berichten die Unternehmen im Mittel einen latenten Steuerertrag. Zudem übersteigt das laufende das latente Steuerergebnis beträchtlich. Allerdings weisen überhaupt nur 101 Unternehmen im Sample (26,24%) einen Aufwand oder Ertrag aus der Veränderung latenter Steuern in der Gewinn- und Verlustrechnung aus. 46 Unternehmen legen einen latenten Steueraufwand offen, während 55 Unternehmen in Folge eines Überhangs aktiver latenter Steuern insgesamt einen latenten Steuerertrag ermitteln.[469] Für einige Unternehmen hat das latente Steuerergebnis gravierende Erfolgswirkungen. Tabelle 4 zeigt den Anteil des latenten Steuer-

[469] Nur die 119 Unternehmen unseres Samples, die latente Steuern bilanzieren, müssen nach § 274 Abs. 2 HGB ein latentes Steuerergebnis in der Gewinn- und Verlustrechnung ausweisen. 57 Unternehmen kommen dieser Verpflichtung nach, 44 Unternehmen berichten nur im Anhang über einen Ertrag oder Aufwand aus der Veränderung der latenten Steuerposition. Darüber hinaus weisen 18 Unternehmen zwar latente Steuern in ihrer Bilanz aus, machen allerdings keinerlei Angaben zum latenten Steuerergebnis.

aufwands an dem Ertragsteueraufwand und an dem Ergebnis der gewöhnlichen Geschäftstätigkeit. Darüber hinaus gibt sie einen Einblick in die Verteilung dieser Kennzahlen innerhalb der verfügbaren Stichprobe von 101 Unternehmen.

Tabelle 4: Verhältnis latenter Steueraufwand zu Ertragsteueraufwand und Ergebnis der gewöhnlichen Geschäftstätigkeit

	Mittelwert	Standardabweichung	Perzentile 25%	50%	75%	90%
Verhältnis latenter Steueraufwand zu Ertragsteueraufwand	42,66%	0,3688	4,65%	33,58%	77,15%	99,92%
Verhältnis latenter Steueraufwand zu Ergebnis der gewöhnlichen Geschäftstätigkeit	27,11%	0,7646	0,78%	4,36%	22,07%	48,54%

Anmerkung: N = 101 Unternehmen.

Spalte 3 von Tabelle 4 zeigt, dass der Aufwand oder Ertrag aus der Veränderung latenter Steuern für die Hälfte aller untersuchten Unternehmen mehr als ein Drittel des gesamten Ertragsteueraufwandes beträgt. Im Durchschnitt beläuft sich der Anteil des latenten Steueraufwands auf 42,66%. Die untere Zeile von Tabelle 4 zeigt, dass eine Veränderung der bilanzierten latenten Steuern wesentlichen Einfluss auf das Ergebnis der gewöhnlichen Geschäftstätigkeit nehmen kann. Für 10% aller Unternehmen des Subsamples beträgt die Relation zwischen dem latenten Steuerergebnis und dem Ergebnis der gewöhnlichen Geschäftstätigkeit fast 50%. Insbesondere das Aktivierungswahlrecht für einen Überhang aktiver Latenzen eröffnet dem Bilanzierenden erhebliche Bilanzierungsspielräume, die zur Beeinflussung des handelsrechtlichen Ergebnisausweises genutzt werden können. Berücksichtigt man, dass 44 Unternehmen, die latente Steuern bilanzieren, ihr latentes Steuerergebnis nicht in der Gewinn- und Verlustrechnung ausweisen, sondern nur Angaben im Anhang hierzu machen, so verdichten sich die Hinweise auf mögliche bilanzpolitische Maßnahmen der betreffenden Gesellschaften.[470]

Neben der Aufspaltung des Ertragsteueraufwands in die latenten und laufenden Aufwandskomponenten sind grundsätzlich keine weiteren Angaben zu den einzelnen Ertragsteuerbestandteilen erforderlich.[471] Allerdings sind im Anhang periodenfremde Steueraufwendungen,

470 Zu ähnliche Ergebnissen kommen Hahn et al. für eine Untersuchung auf der Basis von Konzernabschlüssen für das Geschäftsjahr 2010. Oser, P./Hahn, K./Breitweg, J./Eisenhardt, P., Das Bilanzrechtsmodernisierungsgesetz in der Praxis mittelständischer Unternehmen. Eine empirische Untersuchung der Konzernabschlüsse 2010, Stuttgart 2011.

471 Nach § 285 Nr. 6 HGB ist zusätzlich anzugeben, in welchem Umfang die Steuern vom Einkommen und Ertrag das Ergebnis der gewöhnlichen Geschäftstätigkeit und das außerordentliche Ergebnis belasten. Eine Berichtspflicht besteht also nur, wenn ein positives außerordentliches Ergebnis ausgewiesen wird. Vgl. Kessler, M., in: Münchener Kommentar zum Aktiengesetz, 2. Auflage, München 2004, § 285 Rn. 94.

die nicht von untergeordneter Bedeutung sind, nach § 277 Abs. 4 S. 3 HGB anzugeben.[472] In der Untersuchungsstichprobe spalten nur 179 Kapitalgesellschaften (39,49%) den ausgewiesenen Ertragsteueraufwand im Anhang detaillierter auf. Bei genauerer Betrachtung der publizierten Informationen fällt aber auch auf, dass die Vorgaben des § 277 Abs. 4 HGB sehr uneinheitlich umgesetzt werden. Der Anteil des periodenfremden Steueraufwands am Ergebnis der gewöhnlichen Geschäftstätigkeit reicht von 0,01% bis 179,16%, die ausgewiesenen periodenfremden Steueraufwendungen belaufen sich dabei durchschnittlich auf 8,30%. Die statistischen Auswertungen zeigen nicht nur, dass einige Unternehmen der Stichprobe weitere Ertragsteuerkomponenten freiwillig offenlegen, sondern auch, dass das Wesentlichkeitskriterium des § 277 HGB insgesamt sehr unterschiedlich ausgelegt wird. Zusammengefasst sind aussagekräftige Angaben zum Ertragsteueraufwand nur in wenigen Jahresabschlüssen zu finden. Deshalb bleiben genaue Rückschlüsse auf den deklarierten Steueraufwand, der die festzusetzende Ertragsteuerschuld bestimmt, schwierig. Der deklarierte Steueraufwand wird daher häufig für den Bilanzadressaten nur nebulös erkennbar sein.

Bilanzpositionen sind für Zwecke einer Annäherung an die steuerliche Risikoposition dem lediglich Veränderungen der Steuerpositionen widerspiegelenden Ertragsteueraufwand vorzuziehen. Als Bestandsgrößen bilden erstere potenziell die Risiken mehrerer Veranlagungszeiträume ab. Statistische Auswertungen von Bilanzpositionen, die zukünftige Steuerzahlungen und die damit verbundenen Risiken widerspiegeln, sind aussagekräftiger, weil steuerlich beeinflusste Positionen der Gewinn- und Verlustrechnung aufgrund ihrer Volatilität und Zeitpunktbezogenheit häufig keine fundierten Rückschlüsse auf die steuerliche Risikoposition zulassen. Zukunftsbezogene sind dabei für bilanzanalytische Zwecke vergangenheitsbezogenen Bilanzpositionen vorzuziehen, weil sich die Entscheidungswirkungen der Besteuerung auf die zukünftige Steuerlast beziehen.[473] Deshalb wird im Folgenden die Bilanzierung steuerlicher Risiken, die mit temporären Differenzen zwischen handelsrechtlicher und steuerlicher Rechnungslegung verbunden sind, ausführlich untersucht.

4.3.2.3 Latente Steuern und Bilanzierungspolitik

Nur ein Bruchteil aller Unternehmen der Stichprobe bilanzieren latente Steuern. Ähnliche Ergebnisse im Hinblick auf die Bilanzierungspraxis latenter Steuern zeigen auch die eingangs in dem kurzen Literaturüberblick angeführten Studien von Theile/Nagafi/Zyczkowski (2011) und Froschhammer/Haller (2012). Die wichtigsten deskriptiven Analyseergebnisse stellt Ta-

[472] Vgl. Kessler, M./Freisleben, N., in: Münchener Kommentar zum Aktiengesetz, 2. Auflage, München 2004, § 277 Rn. 166.

[473] Vgl. Spengel, C./Lammersen, L., StuW 2001, S. 224.

belle 5 überblicksartig dar. 346 Unternehmen (74,41%) setzen keine latenten Steuern in ihrem Einzelabschluss an. Hiervon verweisen 270 Unternehmen auf das Aktivierungswahlrecht des § 274 Abs. 1 HGB, während 64 Kapitalgesellschaften keine Angaben zu Wertdifferenzen zwischen Handels- und Steuerbilanz machen. Darin liegt ein Verstoß gegen § 285 Nr. 29 HGB, der diese Anhangangaben explizit vorschreibt. Bemerkenswert dabei ist, dass alle Abschlüsse mit einem Bestätigungsvermerk eines Wirtschaftsprüfers versehen worden sind. Weitere zwölf Unternehmen berichten, dass keine zeitlich befristeten Differenzen zwischen Handels- und Steuerbilanz existieren, sodass davon auszugehen ist, dass eine Einheitsbilanz vorliegt.

Tabelle 5: Ausweis von aktiven und passiven latenten Steuern im Einzelabschluss nach BilMoG

	Anzahl	Mittelwert	Standard-abweichung	Min	Max
Kein Ausweis	**346**	--	--	--	--
Getrennter Ausweis	**21**	--	--	--	--
Aktive latente Steuer	--	9.146.761	17.640.787	28.000	68.908.000
Passive latente Steuer	--	12.587.156	46.678.196	804	215.157.000
Saldierter Ausweis	**98**	--	--	--	--
Aktivüberhang	54	79.756.741	507.989.644	3.500	3.734.000,000
Passivüberhang	44	6.609.585	15.881.362	12.000	78.362.947

Anmerkung: N = 465 Unternehmen.

Da § 274 Abs. 1 S. 3 HGB ein Saldierungswahlrecht für den Bilanzausweis latenter Steuern vorsieht, können die 119 Unternehmen, die latente Steuern bilanzieren, darauf aufbauend weiter differenziert werden: 21 Unternehmen wählen einen Bruttoausweis ihrer latenten Steuern, während 98 Unternehmen für einen saldierten Ausweis optieren. Hiervon bilanzieren 54 Kapitalgesellschaften einen Aktivüberhang und 44 Unternehmen einen Passivüberhang. Obwohl das arithmetische Mittel der ausgewiesenen passiven latenten Steuern (12.587.156 Euro) den Durchschnitt der angesetzten aktiven latenten Steuern (9.146.761) übersteigt, weisen 14 von 21 Kapitalgesellschaften unsaldiert einen Aktivüberhang aus. Insgesamt weisen damit 68 börsennotierte Kapitalgesellschaften einen Aktivüberhang in ihrer Bilanz aus, wenngleich eine gesetzliche Verpflichtung hierzu aufgrund des Aktivierungswahlrechts des § 274 Abs. 1 HGB nicht besteht. Obwohl der Fokus dieses Beitrags auf der Abbildung von Risiken, die mit temporären Differenzen verbunden sind, liegen soll, wird im Hinblick auf zukünftige Forschungsfragen eine kurze Analyse der Bilanzpolitik im Einzelabschluss vorgenommen.[474]

Die Komplexität der Steuerlatenzierung und die damit zusammenhängenden Ermessenspielräume sowie die signifikante Ergebniswirkung latenter Steuern (Tabelle 4) machen deutlich, dass das bilanzpolitische Potential in diesem Bereich sehr ausgeprägt ist. Ausgehend von den in der Literatur vorliegenden empirischen Erkenntnissen[475] wird die Geschäftsführung einiger Gesellschaften von dem Ermessensspielraum bei der Bilanzierung von Aktivüberhängen Gebrauch machen, um die Gewinnerwartungen langfristig zu beeinflussen oder die Gewinnprognosen von Analysten kurzfristig nicht zu verfehlen.[476] Dabei entstehen durch die Beeinflussung des handelsrechtlichen Ergebnisses keine Kosten. Denn zum einen werden dem Unternehmen aufgrund der Aktivierungsentscheidung keine finanziellen Mittel entzogen, da eine Gewinnausschüttung in Höhe des Überhangs aktiver latenter Steuern nach § 268 Abs. 8 S. 2 HGB suspendiert wird. Zum anderen werden durch den Ansatz aktiver latenter Steuern konzeptionsbedingt weder unmittelbare noch zukünftige Steuerzahlungen ausgelöst. Darüber hinaus sind die geforderten Anhangangaben nach § 285 Nr. 29 HGB und deren Durchsetzung relativ limitiert, vor allem, wenn man die strenge Reglementierung der US-amerikanischen Börsenaufsicht SEC[477] als Vergleichsmaßstab nimmt.[478] Die Bilanzierung latenter Steuern bietet dem Bilanzersteller damit einen kritisch zu wertenden Bilanzierungsspielraum.

Die Kapitalmarktakteure und andere Bilanzadressaten können daher die zukünftigen Steuerzahlungen und die damit zusammenhängende Risikoposition nicht immer hinreichend genau eingrenzen. Insbesondere kann aus Veränderungen der ausgewiesenen aktiven latenten Steuern nur bedingt auf eine Erhöhung oder Verringerung der Eintrittswahrscheinlichkeiten geschlossen werden.[479] Die entstehende Informationsasymmetrie zwischen Unternehmensleitung und den Anteilseignern ist nicht nur aus Sicht der steuerlichen Risikoanalyse problematisch, sondern konterkariert die Zielsetzung des BilMoG, die Informationsfunktion des Jahresabschlusses zu stärken.

---

474 Insbesondere eine weitere Klärung der Forschungsfrage, warum Unternehmen latente Steuern aktivieren, scheint Erfolg versprechend zu sein. Empirische Studien, welche die Ansatz- und Bewertungsentscheidung im Bereich der latenten Steuern in einen bilanzpolitischen Rahmen einbetten, versprechen wichtige Erkenntnisse für die Betriebswirtschaftliche Steuerlehre.

475 Vgl. für empirische Ergebnisse Dhaliwal, D.S./Gleason, C.A./Mills, L.F., Contemporary Accounting Research 2004, Vol. 21, No. 2, S. 431 ff.; Phillips, J.D./Pincus, M./Rego, S.O./Wan, H., Journal of the American Taxation Association 2004, Vol. 26, Supplement, S. 43 ff.

476 Vgl. dazu auch Herzig, N., DB 2012, S. 1349.

477 SEC steht für Securities and Exchange Commission.

478 Vgl. Ebersbach, L./Gassmann, O./Reinecke, S., Neue Grenzen für Innovation, Wiesbaden 2007, S. 57.

479 Vgl. Abschnitt 4.2.2.2.2.

4.3.2.4 Ursachen für steuerliche Risiken

Nachdem geklärt werden konnte, dass nur ein Bruchteil aller Unternehmen der Stichprobe latente Steuern in der Bilanz ansetzt, sollen im nächsten Schritt die Anhangangaben nach § 285 Nr. 29 HGB untersucht werden. Die Analyse möglicher Ursachen für steuerliche Risiken basiert dabei insbesondere auf der von § 285 Nr. 29 HGB geforderten Angabe der Differenzen und steuerlichen Verlustvorträge, auf denen die latenten Steuern beruhen. Die Vorteile einer Analyse der nach § 285 HGB geforderten Angaben besteht zum einen darin, dass auch Unternehmen, die keine latenten Steuern bilanzieren, verpflichtet sind, diese Informationen im Anhang offenzulegen.[480] Zum anderen sind nicht nur die latenten Steuern, sondern auch die zu-grundliegenden Wertdifferenzen zwischen Handels- und Steuerbilanz anzugeben. Die Problematik der relativ heterogenen Anhangberichterstattung innerhalb der Stichprobe wird überwunden, indem für Zwecke der Datenerhebung die offengelegten Wertdifferenzen standardisierten Kategorien zugewiesen werden. Insgesamt wurden hierfür zwölf voneinander abgrenzbare Kategorien identifiziert. Die Kategorien entsprechen dabei den in den Bilanzanhängen überwiegend genannten Bilanzgliederungspositionen, auf denen die Wertdifferenzen zwischen Handels- und Steuerbilanz basieren. Darüber hinaus wurde eine dreizehnte Kategorie für latente Steuern vorgesehen, die auf (werthaltigen) Verlustvorträgen basieren.

Tabelle 6 bietet einen Überblick über die 13 Kategorien der Wertdifferenzen und Verlustvorträge, auf denen steuerliche Risiken beruhen können. Zunächst ist es wichtig festzustellen, dass nur 68,39% aller Unternehmen der Stichprobe den Anforderungen des § 285 Nr. 29 HGB nachkommen und wie vorgeschrieben die Ursachen für ihre latenten Steuern offenlegen. Neben 64 Kapitalgesellschaften, die überhaupt keine Informationen zu möglichen latenten Steuern oder Wertdifferenzen zwischen Handels- und Steuerbilanz offenlegen, berichten 83 Unternehmen weder qualitativ noch quantitativ über die Berechnungsgrundlagen ihrer latenten Steuern. Letztere weisen aber partiell gesetzlich vorgeschriebene Informationen aus, wie zum Beispiel die Steuersätze, mit denen die Bewertung der latenten Steuern erfolgt ist.

Von den 318 Unternehmen, welche die den latenten Steuern zugrunde liegenden Differenzen offenlegen, werden am häufigsten Ansatz- und Bewertungsunterschiede im Bereich der Rückstellungen genannt.

[480] Vgl. statt vieler Phillips, H., Rechnungslegung nach BilMoG, Wiesbaden 2010, S. 292.

Tabelle 6: Aktive und passive latente Steuern auf temporäre Differenzen und Verlustvorträge (qualitativ)

Bilanzposten	**Anzahl Unter-nehmen**	**Aktive latente Steuern**	**Passive latente Steuern**	**Beide / unbekannt**
Aktiva				
Immaterielle Vermögensgegenstände	15	8	7	--
Aktivierte Entwicklungskosten	--	--	4	--
Geschäfts- und Firmenwert	11	8	3	--
Sachanlagen	105	52	39	14
Finanzanlagen	46	20	22	4
Beteiligungen	41	16	21	4
Ausleihungen	6	5	1	0
Vorräte	28	25	3	0
Forderungen und sonstige Vermögensgegenstände	56	24	24	8
Passiva				
Steuerfreie Rücklagen (§ 6 b EStG)	14	--	14	--
Rückstellungen	271	230	18	23
Pensionsrückstellungen	163	146	13	4
Sonstige Rückstellungen	202	173	8	21
Verbindlichkeiten	29	13	12	4
Auffangkategorie				
Sonstige temporäre Differenzen	84	29	38	17
Verluste				
Verrechenbare Verlustvorträge	164	164	--	--

Anmerkung: N = 318 Unternehmen.

Die Kategorie Rückstellungen konnte im Rahmen der Datenerhebung weiter in die Unterkategorien Pensionsrückstellungen und sonstige Rückstellungen aufgeteilt werden. Zu den sonstigen Rückstellungen gehören beispielsweise Drohverlustrückstellungen und Jubiläumsrückstellungen. Ungefähr 85% aller Unternehmen des Subsamples (271) berichten über temporäre Differenzen bei der Rückstellungsbilanzierung. Die Ergebnisse spiegeln die empirischen Befunde bei Zinn/Spengel (2012) wider, die originäre Steuerbilanzdaten mit den Bilanzpositionen handelsrechtlicher Einzelabschlüsse vergleichen.[481] Aufgrund der restriktiveren Ansatz- und Bewertungsvorschriften für Rückstellungen im Bilanzsteuerrecht, ergeben sich abzugsfähige Differenzen bei 230 Kapitalgesellschaften. Lediglich 18 Unternehmen berichten, dass zeitlich befristete Unterschiede bei der Rückstellungsbilanzierung zu passiven latenten Steuern führen würden.[482] Aufgrund der restriktiveren steuerrechtlichen Bilanzierungsvorgaben im Bereich der Rückstellungen drohen den betreffenden Unternehmen in erster Linie negative

[481] Vgl. Zinn, B./Spengel, C., Book-tax Conformity: Empirical Evidence from Germany, ZEW-Discussion Paper Nr. 12-051, Mannheim 2012, S. 11. Darüber hinaus vgl. Herzig, N. DB 2012, S. 1349.

[482] Die restlichen 23 Kapitalgesellschaften legen zwar offen, dass Ansatz- und Bewertungsunterschiede im Bereich der Rückstellungen bestehen, differenzieren dieser aber nicht weiter in abzugsfähige und steuerpflichtige Differenzen.

Zinseffekte, falls im Umkehrzeitpunkt Steuererträge in nicht ausreichender Höhe erzielt werden.

Passive latente Steuern beruhen häufig auf Wertdifferenzen im Bereich der Sachanlagen. Die unterschiedlichen Bilanzansätze resultieren, wenn man sich auf die praktischen Erfahrungen mit BilMoG-Jahresabschlüssen von Wirtschaftsprüfern stützt,[483] vermutlich aus der Inanspruchnahme steuerlicher Sonderabschreibungen, die seit Abschaffung der umgekehrten Maßgeblichkeit nicht mehr in der Handelsbilanz nachvollzogen werden können. Aufgrund des steuerlichen Wahlrechtsvorbehalts, kodifiziert im § 5 Abs. 1 S. 1 EStG, können steuerliche Wahlrechte vielmehr unabhängig von der handelsrechtlichen Vorgehensweise ausgeübt werden. Sogar in der Kategorie Sachanlagen überwiegen jedoch Kapitalgesellschaften (52), die aktive latente Steuern für zeitlich befristete Differenzen berichten. Nur wenige Unternehmen wählen demnach steuerlich eine Abschreibungsmethode (Sonderabschreibung oder erhöhte Abschreibung), welche die Aufwandsverrechnung vorverlagert. Erkennt die Finanzverwaltung im Rahmen der Überprüfung der steuerlichen Bemessungsgrundlagen die Wahlrechtsentscheidung des Unternehmens nicht an, resultieren negative Zins- und Liquiditätseffekte. Ansatz- oder Bewertungsunterschiede für die in Handels- und Steuerbilanz bilanzierten Verbindlichkeiten lassen sich, wiederum kongruent zu den Ergebnissen von Zinn/Spengel (2012), nur für 29 Unternehmen feststellen.[484]

Vorhandene Verlustvorträge sind aus Sicht der steuerlichen Risikoanalyse besonders interessant. Im Gegensatz zu steuerlichen Risiken, die mit temporären Wertdifferenzen verbunden sind und ausschließlich zu negativen Zinseffekten führen, kann eine Fehleinschätzung der Verrechenbarkeit von Verlustvorträgen verglichen mit der angestrebten effektiven Steuerbelastung des Unternehmensergebnisses eine endgültige finanzielle Belastung zur Folge haben, wenn diese tatsächlich nicht mehr genutzt werden können.[485] 164 Unternehmen weisen in diesem Zusammenhang werthaltige Verlustvorträge aus. 100 weitere Kapitalgesellschaften der Teilstichprobe berichten, dass sie aktuell über keine Verlustvorträge verfügen oder dass die vorhandenen Verlustvorträge aufgrund negativer Gewinnerwartungen für die kommenden fünf Jahre nicht verrechnet werden können.[486] Da die betreffenden Unternehmen keine Steu-

483 Vgl. Herzig, N., DB 2012, S. 1346 f.

484 Vgl. Zinn, B./Spengel, C., Book-tax Conformity: Empirical Evidence from Germany, ZEW-Discussion Paper Nr. 12-051, Mannheim 2012, S. 11 f.

485 Vgl. ausführlich Abschnitt 4.2.2.2.2.

486 Nach § 274 Abs. 1 S. 4 HGB sind Verlustvorträge bei der Berechnung der latenten Steuern nur in Höhe der innerhalb der nächsten 5 Jahre zu erwartenden Verlustverrechnung zu berücksichtigen.

erentlastung erwarten, ergeben sich für diese im Hinblick auf steuerliche Verlustvorträge keine Risiken.

Neben den Differenzen oder Verlustvorträgen, auf denen die latenten Steuern beruhen, sollen nach § 285 Nr. 29 HGB die Steuersätze, mit denen die Bewertung erfolgt ist, offengelegt werden. Mit Hilfe dieser Information lassen sich die den latenten Steuern zugrundeliegenden Differenzen für jedes einzelne Unternehmen berechnen, soweit die Anhangangaben zu den latenten Steuern quantitativ erfolgen. Die ausgewiesenen latenten Steuern werden hierzu durch den anzuwendenden Steuersatz dividiert. Als Ergebnis erhält man die exakten Wertunterschiede zwischen Handels- und Steuerbilanz auf der Ebene aller wesentlichen Bilanzgliederungspositionen. Tabelle 7 enthält hierzu deskriptive Auswertungen.

Tabelle 7: Unternehmensspezifische Steuersätze für die Bewertung latenter Steuern

Angabe der Steuersätze mit denen die Bewertung erfolgt ist	**Anzahl**	**Mittelwert**	**Standardabweichung**	**Min**	**Max**
Steuersatz	331	0,2916	0,0352	0,15	0,3429

Anmerkung: N = 331 Unternehmen.

134 Unternehmen (28,81%) kommen trotz erteiltem Bestätigungsvermerk den Vorgaben des § 285 Nr. 29 HGB nicht nach und weisen die Steuersätze, mit denen die Bewertung erfolgt ist, nicht aus.[487] Der durchschnittliche Steuersatz für die restlichen 331 Beobachtungen der Stichprobe beläuft sich auf 29,16%. Die Spannweite der Ertragsteuersätze reicht dabei von 15% bis zu 34,29%. Steuersätze von 15% werden typischerweise von Kapitalgesellschaften zur Bewertung ihrer Steuerlatenzen herangezogen, die ausschließlich über gewerbesteuerliche Verlustvorträge verfügen. Für die Bewertung der latenten Steuern ist dann nur die Gewerbesteuerbelastung relevant, die sich aus der Multiplikation des Hebesatzes der jeweiligen Kommune mit der Steuermesszahl ergibt. Dieses Beispiel verdeutlicht, dass es folgerichtig ist, dass die latenten Steuern mit einem unternehmensspezifischen Steuersatz bewertet werden.

Über die bisherigen Analyseergebnisse hinaus ist es bemerkenswert, dass 158 Unternehmen der Untersuchungsstichprobe die Differenzen und Verlustvorträge, auf denen die latenten Steuern beruhen, ohne gesetzliche Verpflichtung seitens des § 285 HGB, nicht nur qualitativ, sondern auch quantitativ ausweisen. Tabelle 8 stellt die Wertdifferenzen zwischen Handels-

---

[487] Vgl. für ähnliche empirische Befunde Oser, P./Hahn, K./Breitweg, J./Eisenhardt, P., Das Bilanzrechtsmodernisierungsgesetz in der Praxis mittelständischer Unternehmen. Eine empirische Untersuchung der Konzernabschlüsse 2010, Stuttgart 2011, S. 38.

und Steuerbilanz für dieses Subsample dar. Die ausgewiesenen Beträge spiegeln dabei die Grundlage der steuerlichen Risikoposition wider.

Die Mittelwerte der zeitlich befristeten Differenzen streuen relativ stark. Die abzugsfähigen Differenzen übersteigen insgesamt die steuerpflichtigen Differenzen. Dieses Ergebnis stimmt mit der oben gemachten Feststellung überein, dass deutlich mehr Unternehmen einen Überhang aktiver Latenzen bilanzieren (Tabelle 5). Nachdem die deskriptive Analyse der qualitativ ausgewiesenen Wertdifferenzen bereits ergab, dass Unterschiede im Ansatz und der Bewertung von Rückstellungen relativ häufig in der Unternehmenspraxis auftreten, zeigt Tabelle 8, dass diese, kongruent zu den bisherigen Analyseergebnissen, für das Subsample auch quantitativ zu den größten Differenzen zwischen Handels- und Steuerbilanz führen. Die Bilanzansätze der sonstigen Rückstellungen in Handels- und Steuerbilanz weichen dementsprechend deutlich voneinander ab (85.672.852 gegenüber 1.097.396 Euro). Zum selben Ergebnis kommt man im Hinblick auf die Sachanlagen und die Vorräte.

Der Umfang der temporären Differenzen zeigt das enorme Risikopotential zukünftiger Steuerzahlungen. Sowohl abzugsfähige als auch steuerpflichtige Differenzen determinieren die steuerliche Risikoposition. Zwei kurze Beispiele zum Sachanlagevermögen sollen diesen Zusammenhang noch einmal illustrativ veranschaulichen:

Erkennt die Finanzverwaltung beispielsweise eine Übertragung stiller Reserven bei der Veräußerung von Grund und Boden nach § 6 b EStG nicht an, dann kommt es in Höhe der Wertdifferenz zwischen Handels- und Steuerbilanz multipliziert mit dem geltenden Steuersatz zu einer Steuernachzahlung für das Unternehmen. Darüber hinaus hat sich der Steuerpflichtige beispielsweise an den von der Finanzverwaltung in AfA-Tabellen vorgehaltenen Nutzungsdauern zu orientieren. Handelsrechtlich wird über die teilweise kürzere voraussichtliche Nutzungsdauer abgeschrieben (§ 253 Abs. 3 S. 2 HGB). Fällt die verzögerte Aufwandsverrechnung im Steuerrecht in eine Verlustphase, dann tritt die erwartete Steuerentlastung nicht ein.

Die besondere Bedeutung der steuerlichen Verlustvorträge für die steuerliche Risikoposition wurde bereits oben begründet. Die verrechenbaren Verlustvorträge belaufen sich für das Subsample von 158 Kapitalgesellschaften auf durchschnittlich 41.855.025 Euro. Aktive latente Steuern können nur auf werthaltigen Verlustvorträgen beruhen. Insofern handelt es sich bei den aus den erhobenen Steuerdaten berechneten Mittelwerten ausschließlich um Verlustvorträge, die voraussichtlich verrechnet werden können. Konzeptionell bedingt lassen sich daher Verlustvorträge, die erwartungsgemäß nicht innerhalb der nächsten fünf Veranlagungszeiträumen genutzt werden können, ohne zusätzliche Anhangangaben nicht bestimmen.

Tabelle 8: Aktive und passive latente Steuern auf temporäre Differenzen und Verlustvorträge (quantitativ)

Bilanzposten	Anzahl	Abzugsfähige Differenzen		Anzahl	Zu versteuernde Differenzen	
		Mittelwert	Standardabweichung		Mittelwert	Standardabweichung
Aktiva						
Immaterielle Vermögensgegenstände						
Aktivierte Entwicklungskosten	--	--	--	2	5.177.513	6.902.559
Geschäfts- und Firmenwert	4	4.549.706	6.076.840	1	3.354.515	--
Sachanlagen	39	52.662.384	273.734.085	22	38.951.747	90.587.418
Finanzanlagen						
Beteiligungen	10	599.146	591.743	14	24.305.718	69.085.220
Ausleihungen	3	1.875.910	1.751.320	1	95.044	--
Vorräte	15	67.113.345	239.422.391	3	62.391.724	107.227.859
Forderungen und sonstige Vermögensgegenstände	20	1.541.112	2.795.204	17	1.320.591	2.612.631
Passiva						
Steuerfreie Rücklagen						
§ 6 b EStG	--	--	--	3	1.831.942	250.437
Rückstellungen						
Pensionsrückstellungen	59	20.917.084	87.193.538	12	3.394.981	7.550.310
Sonstige Rückstellungen	90	85.672.852	670.701.367	14	1.097.396	2.570.783
Verbindlichkeiten	11	18.508.056	44.374.112	3	62.391.724	107.227.859
Auffangkategorie						
Sonstige temporäre Differenzen	31	9.218.569	17.356.380	26	7.580.004	16.592.549
Verluste						
Verrechenbare Verlustvorträge	71	41.855.025	125.441.551	--	--	--

Anmerkung: N = 158 Unternehmen.

Über die publizierten Informationen der Teilstichprobe (158 Unternehmen) hinaus, geben immerhin 56 Unternehmen des Subsamples freiwillig die Höhe ihrer innerhalb der kommenden fünf Jahre nicht verrechenbaren Verlustvorträge an. Somit lassen sich nicht nur die vorhandenen Verlustvorträge vollständig ermitteln, sondern die Nutzung der Verlustvorträge in den kommenden Jahren kann genauer analysiert werden. Die dadurch ableitbaren Informationen sind nicht nur für die steuerliche Risikoanalyse wertvoll, sondern auch für den Forschungsstrang, der sich mit volks- und betriebswirtschaftlichen Implikationen steuerlicher Verlustvorträge befasst. Die aufgezeigte Methode zur Bestimmung der steuerlichen Verlustvorträge über die Anhangangaben des § 285 Nr. 29 HGB kann insbesondere die empirische Steuerforschung, die sich mit den Wirkungen von steuerlichen Verlustvorträgen auf das Entscheidungsverhalten von Unternehmen beschäftigt, entscheidend voranbringen. Diese stand bisher vor allem vor der Schwierigkeit, dass die Höhe der steuerlichen Verlustvorträge aus den Handelsbilanzen nicht abgeleitet werden konnte.[488] Dieses Problem kann überwunden werden, wenn Anhangangaben zu den latenten Steuern ausgewertet werden.

4.3.2.5 Relevanz steuerlicher Risiken

Nachdem im vorangegangenen Abschnitt die Ursachen und der Umfang der steuerlichen Risikoposition untersucht wurden, fehlt bislang eine Analyse der Tragweite steuerlicher Risiken. Hierzu wurde für alle 158 Unternehmen des Subsamples die Summe aus aktiven und passiven latenten Steuern ins Verhältnis zum Ergebnis der gewöhnlichen Geschäftstätigkeit gesetzt. Für diese Vorgehensweise sprechen im Wesentlichen zwei Argumente. Zum einen werden zwar aktive und passive latente Steuern des Organkreises auf Ebene des Organträgers zusammengefasst, eine gemeinsame Bilanz wird allerdings nicht aufgestellt. Deswegen führt eine Normierung der Wertdifferenzen und der damit verbundenen steuerlichen Risiken auf der Grundlage anderer Bilanzpositionen für Kapitalgesellschaften, die als Organträger fungieren, zu missverständlichen Ergebnissen. Da nach § 14 Abs. 1 KStG die Begründung einer Organschaft den Abschluss eines Gewinnabführungsvertrags[489] voraussetzt, werden die Vorsteuergewinne der Organgesellschaften jedoch an den Organträger abgeführt. Insofern spiegelt das Ergebnis der gewöhnlichen Geschäftstätigkeit in der Gewinn- und Verlustrechnung des Organträgers den Gesamtgewinn des Organkreises zutreffend wider. Deswegen werden Interpretationsfehler vermieden, wenn die latenten Steuern über das Ergebnis der gewöhnlichen Geschäftstätigkeit normiert werden. Zum anderen lässt die vorgenommene Skalierung mögliche Ergebniseffekte zukünftiger Steuerzahlungen erkennen und ergänzt damit die bisher unternommene Analyse, die auf absoluten Größen aufbaute. Für die Kapitalmarktakteure ist nicht nur von Interesse, welchen (absoluten) Umfang die steuerliche Risikoposition hat, sondern auch, wie sich zukünftige Steuerzahlungen auf den handelsrechtlichen Gewinn und damit das Ausschüttungsvolumen auswirken.

Ein stark vereinfachtes Beispiel soll den Grundgedanken dieses Analyseschritts kurz illustrieren: Ein Unternehmen habe einen Vorsteuergewinn von 1.000 Euro erwirtschaftet und aktive latente Steuern in Höhe von 100 Euro sowie passive latente Steuern in Höhe von 500 Euro im Bilanzanhang ausgewiesen. Der Ergebniseffekt des Passivüberhangs beläuft sich somit auf -40%*((100-500)/1000). Bei einer unmittelbaren Umkehrung der Wertdifferenzen zwischen Handels- und Steuerbilanz sinkt somit der Vorsteuergewinn insgesamt um 400 Euro oder

[488] Vgl. Dwenger, N./Walch, F., Tax Losses and Firm Investment: Evidence from Tax Statistics, Working Paper Max Planck Institute for Tax Law and Public Finance, München 2011, S. 7.

[489] Vgl. § 291 Abs. 1 AktG.

40%. Wie im Abschnitt 4.3.2.4 beschrieben, kann eine Ursache für eine Umkehrung der steuerpflichtigen Differenzen sein, dass die Finanzverwaltung ein steuerlich vorteilhaftes Wahlrecht im Rahmen ihrer Prüfungshandlungen nicht anerkennt. Tabelle 9 weist zum einen den geschätzten Gesamtergebniseffekt aus.[490] Zum anderen wurden die den Ergebniseffekt verursachenden Wertdifferenzen zwischen Handels- und Steuerbilanz näher untersucht. Dieses Vorgehen erlaubt eine bessere Abschätzung der Eintrittswahrscheinlichkeiten zukünftiger Steuerzahlungen.

Tabelle 9: Abschätzung der Ergebniswirkung der latenten Steuerposition

Ergebniswirkung	Mittelwert	Standardabweichung	Perzentile 10%	25%	50%	75%	90%
Gesamt							
Geschätzter Ergebniseffekt	24,01%	0,32	-0,12%	1,48%	8,60%	31,37%	76,67%
Bedeutendste Bilanzpositionen							
Sachanlagen	-1,24%	0,15	-16,12%	-0,52%	0,45%	2,83%	7,46%
Vorräte	1,11%	0,02	-0,06%	0,13%	1,16%	2,38%	3,89%
Forderungen und sonstige Vermögensgegenstände	0,23%	0,02	-0,79%	-0,21%	0,01%	0,43%	1,68%
Rückstellungen							
Pensionsrückstellungen	3,91%	0,07	-0,55%	0,02%	1,24%	6,33%	13,68%
Sonstige Rückstellungen	15,57%	0,60	0,17%	0,62%	1,91%	7,44%	23,62%
Sonstige temporäre Differenzen	1,72%	0,27	-1,71%	-1,47%	0,18%	1,87%	10,50%
Verluste							
Verrechenbare Verlustvorträge	98,07%	1,23	1,22%	17,93%	51,58%	134,37%	257,51%

Anmerkung: Abzugsfähige Differenzen führen zu einer Erhöhung des Vorsteuergewinns. Zu versteuernde temporäre Differenzen reduzieren eine positive Ergebniswirkung. Der sich ergebende Nettoeffekt wird dann durch über Ergebnis der gewöhnlichen Geschäftstätigkeit normiert. Alle stetigen Variablen wurden an ihrem 1. und 99. Perzentil winsorisiert. N = 158 Unternehmen.

Tabelle 9 zeigt, dass der geschätzte Gesamteffekt im Wesentlichen auf den Wertdifferenzen weniger Bilanzpositionen beruht. Ausgehend von den bisherigen Ergebnissen sollte es nicht verwundern, dass die zentralen Einflussfaktoren Wertdifferenzen im Bereich der Rückstellungen und Verlustvorträge sind. Der geschätzte Ergebniseffekt bei einer Umkehrung aller temporären Differenzen ist im Durchschnitt über alle Unternehmen hinweg positiv. Das heißt eine Auflösung aller temporären Differenzen führt zu einem das Ergebnis erhöhenden Steuerertrag. Eine Umkehrung der Wertdifferenzen bei den Pensionsrückstellungen lässt eine steuer-

[490] Für die Unternehmen unseres Subsamples, die latente Steuern bilanziell abbilden, ändert sich zwar nicht der handelsrechtliche Gewinn, da durch die Steuerlatenzierung die Ergebniseffekte vorweggenommen werden, aber es kommt zu einer entsprechenden Beeinflussung des Cash-Flows und der tatsächlichen Steuerzahlungen.

bedingte Ergebniserhöhung um 3,91% und für die sonstigen Rückstellungen um 15,57% erwarten. Eine Ausnahme besteht für den Bereich der Sachanlagen. Ein Risikoeintritt führt hier im Durchschnitt zu einer Ergebnisminderung von 1,24%. Bei genauer Betrachtung der Perzentile zeigt sich, dass das handelsrechtliche Ergebnis für 10% aller Unternehmen des Subsamples sogar um mindestens bis zu 16,12% sinkt.

Kongruent zur empirischen Evidenz im Hinblick auf die ökonomische Bedeutung körperschaft- und gewerbesteuerlicher Verlustvorträge in Deutschland[491] sind die geschätzten Ergebniseffekte der verrechenbaren Verlustvorträge relativ hoch. Im Durchschnitt ergibt sich eine steuerbedingte Erhöhung des handelsrechtlichen Jahresüberschusses um 98,07%. Für 25% der Unternehmen des Subsamples resultiert gar eine Steigerung des Ergebnisses um mindestens 134,37%. Diese Zahlen untermauern die Bedeutung temporärer Differenzen und der Verlustvorträge für die steuerliche Risikoposition. Können speziell die Verlustvorträge nicht wie erwartet verrechnet werden, kommt es nicht zur angestrebten Steuerentlastung und der Unternehmenswert sinkt tendenziell.

4.3.2.6 Zwischenfazit

Die vorstehende deskriptive Untersuchung stellt – soweit ersichtlich – die erste empirische Analyse der Bilanzierungspraxis und des Informationsgehaltes latenter Steuern in handelsrechtlichen Einzelabschlüssen nach BilMoG dar. Dabei werden insbesondere erstmalig die Wertdifferenzen zwischen Handels- und Steuerbilanz und deren Implikationen für die steuerliche Risikoposition beleuchtet.

Während es auf Basis der bestehenden Bilanzierungsvorschriften nicht möglich ist steuerliche Einzelrisiken zu quantifizieren und die Eintrittswahrscheinlichkeiten abzuschätzen, erlauben die deskriptiven Ergebnisse dennoch eine Beurteilung der Bedeutung latenter Steuern für die Bilanzpolitik und eine erste Annäherung an die Unterschiede zwischen Handels- und Steuerbilanz, die mit steuerlichen Risiken verbunden sind. Erwartungsgemäß ergeben sich vor allem im Bereich der Rückstellungen Abweichungen zwischen der handelsrechtlichen und steuerrechtlichen Gewinnermittlung. Kongruent hierzu, wird in der Literatur bereits ein eigenständiges steuerliches Rückstellungsrecht diskutiert.[492] Darüber hinaus sind die latenten Steuern für werthaltige Verlustvorträge von zentralem Interesse für die steuerliche Risikoanalyse. Im Gegensatz zu den temporären Wertdifferenzen zwischen Handels- und Steuerbilanz, die aus-

[491] Vgl. Dwenger, N./Walch, F., Tax Losses and Firm Investment: Evidence from Tax Statistics, Working Paper Max Planck Institute for Tax Law and Public Finance, München 2011, S. 7.

[492] Vgl. Kozikowski, M./Schubert, W.J., in: Beck'scher Bilanzkommentar, 8. Auflage, 2012, § 249 Rn. 14.

schließlich zu negativen Zinseffekten führen, kann eine Fehleinschätzung der Verrechenbarkeit von Verlustvorträgen eine endgültige finanzielle Belastung zur Folge haben.

Für ein Subsample von 158 Unternehmen, die quantitativ über die Ursachen der Differenzen zwischen Handels- und Steuerbilanz berichten, konnte die steuerliche Risikoposition weiter eingegrenzt und auf der Basis von Bilanzgliederungspositionen analysiert werden. Die zu erwartenden Implikationen temporärer Differenzen und von Verlustvorträgen auf die Ertragslage der Unternehmen im Umkehrzeitpunkt verdeutlicht deren Bedeutung für die Bilanzpolitik und die steuerliche Risikoposition. Trotz der großen ökonomischen Bedeutung temporärer Differenzen fehlt es jedoch an hinreichend spezifizierten Vorgaben für den Ausweis latenter Steuern in Bilanz und Anhang. Insbesondere das Bilanzierungswahlrecht, wenn sich ein Überhang aktiver latenter Steuern ergibt, und die unzureichenden Anhangangaben führen zu einem hohen rechnungspolitischen Ermessens- und Gestaltungspotential des Managements. Die Unternehmen machen von dem dadurch entstehenden Bilanzierungsspielraum hinsichtlich des Aktivierungswahlrechts und der Detailtiefe ihrer Anhangangaben Gebrauch, wodurch die steuerliche Risikoposition im Durchschnitt über alle Unternehmen hinweg durch die externen Bilanzadressaten nicht zuverlässig bewertet werden kann.

Weitergehende statistische Auswertungen[493] können aufgrund der relativ geringen Anzahl an Unternehmen des Subsamples und fehlenden Daten zu den Bilanzen und Erfolgsrechnungen der Organgesellschaften nicht durchgeführt werden. Vor dem Hintergrund einer unerwartet hohen Heterogenität der Berichtsqualität, soll aufbauend auf der deskriptiven Analyse mittels multivariater Regression untersucht werden, inwiefern die Informationsdefizite im Jahresabschluss durch externe Faktoren und Überwachungsinstanzen, wie beispielsweise den Abschlussprüfer, kompensiert werden.[494]

Neben der Beantwortung der ursprünglichen Forschungsfrage nach der steuerlichen Risikoposition deutscher börsennotierter Kapitalgesellschaften, hat die Analyse Implikationen für relativ eng mit dieser Fragestellung verknüpfte Forschungsbereiche der Betriebswirtschaftlichen Steuerlehre. Speziell Probleme bei der Bestimmung der Höhe steuerlicher Verlustvorträge aus öffentlich zugänglichen Finanzinformationen könnten überwunden werden, wenn zukünftig Anhangangaben zu den latenten Steuern ausgewertet werden würden. Dies gilt in erster Linie

[493] Zum Beispiel dürfte von grundsätzlichem Interesse für die Steuerforschung sein, welcher Zusammenhang zwischen dem Umfang der steuerlichen Risikoposition und der Bilanzpolitik, Betriebsprüfungsergebnissen oder der Corporate Governance besteht.

[494] Vgl. Velte, P., StuW 2011, S. 297.

für die Unternehmen der Untersuchungsstichprobe, die Informationen über die gesetzlichen Anforderungen hinaus publizieren.

4.3.3 Determinanten der Berichtsqualität

Aufgrund der heterogenen Berichtsqualität innerhalb der untersuchten Stichprobe, soll in einem zweiten Analyseschritt untersucht werden, welche Faktoren die starken Unterschiede in der Berichtsqualität determinieren, um eine Antwort auf die Frage zu erhalten, warum einige Unternehmen detailliert über latente Steuern und temporäre Differenzen berichten, während andere Unternehmen noch nicht einmal den überschaubaren Offenlegungspflichten der §§ 274, 285 HGB nachkommen.

Insbesondere wird überprüft, ob Implementierungskosten bei der Umsetzung der Neuregelungen des BilMoG, wie Gespräche mit Unternehmensvertretern vermuten lassen,[495] die Ergebnisse der deskriptiven Auswertung erklären. Signifikante Schätzresultate, die diese Hypothese bestätigen, sollten bei zukünftigen Reformen der Rechnungslegungsvorschriften beachtet werden.

4.3.3.1 Untersuchungsaufbau

4.3.3.1.1 Methodische Vorgehensweise

Die obigen Ergebnisse der deskriptiven Analyse haben gezeigt, dass die Berichtsqualität differenziert analysiert werden sollte. Der multivariaten Analyse der Rechnungslegungsqualität liegt ein aus den gesetzlichen Vorgaben, dem DRS 18[496] und ausgewählten Literaturbeiträgen entwickeltes Erhebungsraster zugrunde. In Anlehnung an die in der einschlägigen Rechnungslegungsliteratur übliche Vorgehensweise wurde eine Zweiteilung des Kriterienkatalogs vorgenommen.[497]

---

495 Vgl. Ficher, B., Auswirkungen eines eigenständigen steuerlichen Gewinnermittlungsrechts, Hamburg 2009, S. 37; Herzig, N., DB 2012, S. 1345.

496 Der Deutsche Rechnungslegungs Standard (DRS) 18 „Latente Steuern" konkretisiert die Vorschriften der §§ 274 und 285 HGB zur latenten Steuerabgrenzung. Das Deutsche Rechnungslegungs Standards Committee e. V. (DRSC) wurde als nationale Standardisierungsorganisation gegründet, das mit Vertrag vom 3. September 1998 durch das Bundesministerium der Justiz (BMJ) als privates Rechnungslegungsgremium im Sinne von § 342 HGB als gesetzliche Grundlage anerkannt wurde. Der DRSC hat den Auftrag, Grundsätze für eine ordnungsgemäße Konzernrechnungslegung zu entwickeln. Wenn die Standards in deutschsprachiger Fassung vom BMJ nach § 342 Abs. 2 HGB bekannt gemacht worden sind, wird angenommen, dass sie Grundsätze ordnungsmäßiger Buchführung der Konzernrechnungslegung darstellen. Der DRS 18 wurde am 3. September 2010 vom BMJ im Bundesanzeiger bekannt gemacht. Vgl. Bundesanzeiger Nr. 133 vom 3.9.2010 (Beilage 133a). Eine entsprechende Anwendung von DRS 18 für Einzelabschlüsse wird empfohlen (DRS 18.7), obgleich eine Bindungswirkung nicht begründet wird.

497 Vgl. Hassan, O./Marston, C., Disclosure measurement in the empirical accounting literature – a review article, Discussion Paper, London 2010, S. 19 f.

Die Deduktionsbasis für den ersten Teil des Kriterienkatalogs, der den Umfang der Befolgung der gesetzlichen Vorschriften misst, sind die Vorgaben der §§ 274, 284 Abs. 2 Nr. 1 und 285 Nr. 29 HGB. Eines der fünf aus den Gesetzesvorschriften identifizierbaren Kriterien ist beispielsweise die geforderte Angabe des Steuersatzes nach § 285 Nr. 29 HGB, mit dem die Bewertung der latenten Steuern erfolgt ist. Der zweite Teil des Kriterienkatalogs bewertet, inwieweit die Kapitalgesellschaften der Stichprobe freiwillig Informationen offenlegen, die nicht explizit von den einschlägigen handelsrechtlichen Normen gefordert werden. Ein zentrales Ergebnis der deskriptiven Auswertung im ersten Analyseschritt war, dass eine beträchtliche Anzahl an Unternehmen Informationen über die gesetzlichen Anforderungen hinaus offenlegen. Freiwillig offengelegte Rechnungslegungsinformationen reduzieren die Informationsasymmetrien zwischen dem Management und den Anteilseignern.[498] Um bei der Beurteilung der Umsetzung des zweiten Teils des Kriterienkatalogs zu belastbaren Ergebnissen zu kommen, wurden die Empfehlungen zur Bilanzierung latenter Steuern nach DRS 18, ausgewählte Literaturbeiträge[499] und die im Zuge der Datenerhebung erworbenen Erkenntnisse über die freiwillige Berichterstattung beachtet. Der DRS 18 wird aufgrund seiner herausragenden Bedeutung für die Rechnungslegung sowie der großen Akzeptanz und Verbreitung einbezogen. Auf Basis der angeführten Quellen konnten sieben Indikatoren zur Messung der Qualität der freiwilligen Unternehmenspublizität identifiziert werden. Hierzu gehört, dass Differenzen und Verlustvorträge, auf denen die latenten Steuern beruhen, quantifiziert werden. Insgesamt wurden somit zwölf Kriterien identifiziert, deren Erfüllung die über das Scoring-Modell operationalisierte Qualität der Berichterstattung determiniert.

Der modellierte Kriterienkatalog enthält vollständig alle relevanten Kriterien, um Unterschiede in der steuerlichen Berichterstattung nach BilMoG zu erfassen. In den publizierten Jahresabschlüssen finden sich in Einzelfällen weitere Anhangangaben. Vor dem Hintergrund der übergeordneten Zielsetzung der Bilanzierung latenter Steuern, eine den tatsächlichen Verhältnissen entsprechende Darstellung der Vermögens-, Finanz- und Ertragslage zu erreichen, sind diese jedoch vernachlässigbar.[500]

Um die einzelnen Kriterien für eine Gesamtaussage über die Qualität der Offenlegung zusammenfassen zu können, wird aufbauend auf dem Kriterienkatalog ein Scoring-Modell ent-

---

498 Vgl. Heitzman, S./Wasley, C./Zimmerman, J., Journal of Accounting and Economics 2010, Vol. 49, No.1-2, S. 109 ff.

499 Vgl. statt vieler Prystawik, O./Schauf, T., DB 2011, S. 313 ff.; Oser, P./Hahn, K./ Breitweg, J./Eisenhardt, P., Das Bilanzrechtsmodernisierungsgesetz in der Praxis mittelständischer Unternehmen. Eine empirische Untersuchung der Konzernabschlüsse 2010, Stuttgart 2011.

500 Vgl. BT-Drucks. 16/10067 vom 30.7.2008, S. 67.

wickelt. Der bisherigen Rechnungslegungsliteratur[501] folgend werden die Kriterien anhand einer dichotomen Skala beurteilt.[502] Die Merkmale werden nicht gewichtet, um die Subjektivität des Scoring-Modells so weit wie möglich zu reduzieren. Jedem Kriterium wird damit dieselbe Bedeutung im Hinblick auf die Qualität der Unternehmenspublizität beigemessen.[503] Für jedes Beurteilungskriterium wird folglich maximal ein Punkt vergeben, wenn die geforderten Angaben erfüllt werden. Somit ergibt sich zusammen für beide Teile des Kriterienkatalogs eine Höchstpunktzahl von 12 Punkten (Tabelle 10).

Deskriptive statistische Auswertungen der erreichten Punktewerte hinsichtlich der einzelnen Beurteilungskriterien und der jeweiligen Gesamtpunktzahlen fasst Tabelle 10 zusammen. Die durchschnittlich erzielte Gesamtpunktzahl im Hinblick auf die verpflichtenden Angaben beträgt 2,933 von fünf maximal erreichbaren Punkten. Im Durchschnitt wurden von den sieben möglichen Punkten hinsichtlich der freiwilligen Angaben 1,469 erzielt. Somit resultiert ein durchschnittlicher Score von 4,402 von 12 möglichen Punkten.

Die erreichte Gesamtpunktzahl wird abschließend zur Ermittlung des Scoringwerts zur Maximalpunktzahl ins Verhältnis gesetzt. Bei der Berechnung der maximal erreichbaren Punktzahl wird dabei, in Anlehnung an Cooke (1989) berücksichtigt, dass je nach Art und Umfang der vorliegenden Wertdifferenzen und Verlustvorträge einige Angaben aus systematischen Gründen partiell nicht erfüllt werden können.[504]

Beispielsweise kann nur von Unternehmen, die latente Steuern in der Bilanz ansetzen, verlangt werden, dass sie den Aufwand oder Ertrag aus der Veränderung bilanzierter latenter Steuern unter dem Posten Steuern vom Einkommen und vom Ertrag separat ausweisen. Deshalb wird die maximal erreichbare Punktzahl für 346 (= 465-119) der untersuchten Kapitalgesellschaften, die keine latenten Steuern bilanziell abbilden, um einen Punkt reduziert. Konsequenterweise macht sich der fehlende Ausweis des latenten Steueraufwands bei der Bewertung der Berichtsqualität nicht negativ bemerkbar.

---

501 Vgl. für einen Literaturüberblick Ahmed, K./Courtis, J.K., British Accounting Review 1999, Vol. 31, No. 1, S. 35 ff.; Hassan, O./Marston, C., Disclosure measurement in the empirical accounting literature – a review article, Discussion Paper, London 2010.

502 Vgl. Chavent, M./Ding, Y./Fu, L./Stolowy, H./Wang, H., European Accounting Review 2006, Vol. 15, No. 2, S. 184.

503 Vgl. Ahmed, K./Courtis, J.K., British Accounting Review 1999, Vol. 31, No. 1, S. 36.

504 Vgl. Cooke, T.E., Journal of International Financial Management and Accounting 1989, Vol. 1, No. 2, S. 182 f.

Tabelle 10: Scoring-Modell – Verpflichtende und freiwillige Anhangangaben

Kriterium	Anzahl	Mittelwert	Standardabweichung	Min	Max
Verpflichtende Angaben (§ 274 HGB; § 284 Abs. 2 Nr. 1 HGB; § 285 Nr. 29 HGB)					
(1) Bilanzansatz latenter Steuern und Erläuterungen im Anhang bzw. Angabe, dass das Aktivierungswahlrecht ausgeübt wurde	465	0,8451	0,3621	0	1
(2) Angabe mit welchen Steuersätzen die Bewertung erfolgt ist	465	0,7134	0,4527	0	1
(3) Angabe auf welchen Differenzen oder steuerlichen Verlustvorträgen die latenten Steuern beruhen (qualitativ)	465	0,6839	0,4655	0	1
(4) Angabe, ob steuerliche Verlustvorträge bei der Berechnung aktiver latenter Steuern berücksichtigt wurden (qualitativ)	465	0,5677	0,4959	0	1
(5) Separater Ausweis des Aufwands bzw. Ertrags aus der Veränderung bilanzierter latenter Steuern unter dem Posten „Steuern vom Einkommen und vom Ertrag“	119	0,4538	0,4999	0	1
Verpflichtende Angaben (Gesamt)	465	2,933	1,502	0	5
Freiwillige Angaben					
(6) Ausweis eines Aktivüberhangs (quantitativ)	369	0,404	0,4913	0	1
(7) Angabe auf welchen Differenzen oder steuerlichen Verlustvorträgen die latenten Steuern beruhen (quantitativ)	465	0,3054	0,4611	0	1
(8) Ausweis der werthaltigen Verlustvorträge (quantitativ)	465	0,3376	0,4734	0	1
(9) Ausweis der nicht werthaltigen Verlustvorträge (quantitativ)	465	0,1255	0,3317	0	1
(10) Separater Ausweis des körper- und gewerbesteuerlichen Verlustvortrags (quantitativ)	115	0,4869	0,5020	0	1
(11) Angabe, ob die temporären Differenzen der Organgesellschaften im Jahresabschluss des Organträgers berücksichtigt wurden	111	1	0	1	1
(12) Separater Ausweis der Ursachen und des Umfangs der temporären Differenzen auf Ebene der Organgesellschaften (quantitativ)	10	1	0	1	1
Freiwillige Angaben (Gesamt)	465	1,469	1,641	0	7
Score (Gesamt)	465	4,402	2,793	0	11

Der am Ende der Prüfung der Katalogkriterien ermittelte Scoringwert dient als Maßstab zur Beurteilung der Qualität der Offenlegung, wobei höhere Prozentwerte eine bessere Berichterstattung anzeigen und vice versa.[505] Folglich lässt sich das Scoring-Modell formelmäßig wie folgt beschreiben:

$$Score_f = \sum_{i=1}^{n} d_{f,i}$$

$$d_{f,i} = \begin{cases} 1, \text{wenn Kriterium } d_i \text{ vom Unternehmen erfüllt wird} \\ 0, \text{wenn Kriterium } d_i \text{ vom Unternehmen nicht erfüllt wird} \\ \text{entfällt, wenn Kriterium } d_i \text{ vom Unternehmen nicht erfüllt werden kann} \end{cases}$$

$$m = \text{Maximale Anzahl von erfüllbaren Kriterien}$$

$$Scoringwert_f = \sum_{i=1}^{n} d_{f,i} \,/ \sum_{i=1}^{m} d_{f,i}$$

4.3.3.1.2 Herleitung der Hypothesen für das Untersuchungsmodell und Ergebnisse der bisherigen Forschung

Um die Determinanten der Berichtsqualität empirisch zu untersuchen, wird eine multivariate Regressionsanalyse durchgeführt. Bei dem Scoringwert handelt es sich konzeptionsbedingt um eine auf Werte zwischen 1 und 0 zensierte abhängige Variable. Die Modellierung der Berichtsqualität schließt damit eine Anwendung des linearen Regressionsverfahrens (OLS) aus. Mit dem OLS-Verfahrens können die mit der Beschränkung der abhängigen Variablen verknüpften Informationen nicht verarbeitet werden. Eine OLS-Regression würde deshalb zu inkonsistenten und verzerrten Schätzern führen.[506] Eine konsistente Schätzung durch eine Korrektur der Schätzfunktion ermöglicht das auf James Tobin zurückgehende Tobit-Modell.[507] In der vorliegenden Untersuchung wird daher auf ein zweiseitig gestutztes Tobit-Modell zurückgegriffen.[508]

505 Deskriptive Statistiken hierzu werden nachfolgend in Tabelle 12 angegeben.
506 Vgl. Paarsch, H.J., Journal of Econometrics 1984, Vol. 24, No. 1-2, S. 197 ff.
507 Vgl. Tobin, J., Econometrica 1958, Vol. 26, No. 1, S. 24 ff.
508 Vgl. Faccio, M., American Economic Review 2006, Vol. 96, No. 1, S. 373.

Der schematische Aufbau der Regressionsgleichung wird nachfolgend dargestellt:

$$\begin{aligned}\text{Scoringwert}_f = {} & \alpha + \beta_1 \text{ Bilanzansatz}_f + \beta_2 \text{ ETR} + \beta_3 \ln(\text{Firmengröße}_f) + \\ & \beta_4 \text{ Liquidität}_f + \beta_5 \text{ PTROA}_f + \beta_6 \text{ Leverage}_f + \\ & \beta_7 \, \# \text{Tage}_f + \beta_8 \ln(\text{WP})_f + \beta_9 \text{ Small Cap}_f + \\ & \beta_{10} \text{ Big4}_f + \beta_{11} \text{ Listing}_f + \beta_{12} \text{ Anteilsbesitz}_f + \\ & \beta_{13} \text{ Branche}_f + \varepsilon_f\end{aligned}$$

Das Untersuchungsdesign des Tobit-Modells stellt die binär codierte abhängige Variable (*Scoringwert*) den Variablen, welche die Offenlegungspolitik des Unternehmens beeinflussen, in einem linearen Gleichungssystem gegenüber. Um möglichst aussagekräftige Ergebnisse zu erzielen, wurden die in internationalen Untersuchungen bisher identifizierten Indikatoren der Unternehmenspublizität berücksichtigt und für den Untersuchungskontext des Beitrags um spezifische erklärende Variablen erweitert. Die Regressionsvariablen werden nachfolgend in Tabelle 11 ausgewiesen.

Zunächst könnte der Bilanzansatz latenter Steuern die Qualität der Berichterstattung beeinflussen. Ein Bilanzausweis latenter Steuern setzt eine Ermittlung und Bewertung der Differenzen zwischen Handels- und Steuerbilanz voraus. Liegen diese Informationen einmal vor, reduzieren sich die Befolgungskosten für den Bilanzanhang und die Gewinn- und Verlustrechnung.

Darüber hinaus konnten Ahmed/Kilic/Lobo (2006) zeigen, dass die Wertrelevanz von bilanziell ausgewiesenen Informationen für die Kapitalmarktakteure höher ist als von Erläuterungen im Bilanzanhang.[509] Da im Anhang offengelegte Informationen demnach weniger Beachtung finden, berücksichtigen Unternehmen, welche latente Steuern in der Bilanz ausweisen, stärker die Informationsinteressen ihrer Anteilseigner und werden tendenziell ausführlichere Erläuterungen in ihren Jahresabschlüssen vornehmen. Es wird daher ein positiver Zusammenhang zwischen dem Bilanzausweis latenter Steuern und der Berichtsqualität erwartet und für dessen Analyse die Variable *Bilanzansatz* genutzt.

Mit dem Anteil des Ertragsteueraufwands an dem Ergebnis der gewöhnlichen Geschäftstätigkeit (d. h. der Steuerquote) steigt der Erklärungsbedarf gegenüber dem Kapitalmarkt. Schon das Wesentlichkeitsprinzip spricht für eine Ausweitung der Offenlegung, um dem Bilanzleser das relative Steuerbelastungsniveau zu erläutern.[510] Eine niedrige Steuerquote kann dagegen

509 Vgl. Ahmed, A.S./Kilic, E./Lobo, G.J., Accounting Review 2006, Vol. 81, No. 3, S. 567 ff.
510 Vgl. Gleason, C.A./Mills, L.F., The Accounting Review 2002, Vol. 77, No. 2, S. 317 ff.

auf streitanfällige Steuergestaltungen hindeuten.[511] Nach Giner Inchausti (1997) könnten Unternehmen mit einer geringen Steuerquote den Umfang ihrer Berichterstattung erhöhen, um den Verdacht auf Steuervermeidungsaktivitäten zu entkräften.[512] Weil sich zwei entgegengesetzte Erklärungsansätze zum Zusammenhang von Berichtsqualität und Steuerquote in der bisherigen Forschung etabliert haben, wird zwar ein Erklärungsgehalt der Steuerquote für die Qualität der Unternehmenspublizität erwartet, aber nicht die Richtung einer möglichen Beeinflussung prognostiziert.

Tabelle 11: Tobit-Modell – Regressionsvariablen

Variable	Proxy	Hypothese
Steuerpolitik		
Bilanzansatz	Dummy-Variable, die misst, ob ein Unternehmen latente Steuern in der Bilanz ausweist (1) oder nicht (0)	+
ETR	Verhältnis Ertragsteueraufwand zu Ergebnis der gewöhnlichen Geschäftstätigkeit (absolut)	0
Unternehmenseigenschaften		
Firmengröße	Bilanzsumme (natürlicher Logarithmus)	+
Liquidität	Verhältnis Umlaufvermögen zu kurzfristigen Verbindlichkeiten	-
PTROA	Verhältnis Ergebnis der gewöhnlichen Geschäftstätigkeit zu Bilanzsumme	0
Leverage	Verhältnis Verbindlichkeiten zu Bilanzsumme	+
Implementierungskosten		
WP	Gebühren für Abschlussprüfungsleistungen (natürlicher Logarithmus)	+
# Tage	Anzahl der Tage zwischen Bilanzstichtag und Erteilung des Bestätigungsvermerks	0
Small Cap	Dummy-Variable, die misst, ob ein Unternehmen dazu verpflichtet ist die Anhangangaben nach § 285 Nr. 29 HGB nur aufgrund seiner Notierung in einem EU-regulierten Marktsegment zu veröffentlichen (1) oder nicht (0)	-
Externe Unternehmensüberwachung		
Big4	Dummy-Variable, die misst, ob der Bestätigungsvermerk von einer der vier größten Prüfungsgesellschaften [*Deloitte*; *Ernst & Young*; *KPMG*; *PwC*] erteilt wurde (1) oder nicht (0)	+
Listing	Dummy-Variable, die misst, ob das Unternehmen im Marktsegment Prime Standard gelistet ist (1) oder nicht (0)	+
Anteilsbesitz	Dummy-Variable, die misst, ob ein Anteilseigner mehr als 25% der Unternehmensanteile direkt oder indirekt hält [BvD Independence Indicator: A] (1) oder nicht (0)	-
Branchenzugehörigkeit		
Branche	NACE Code	0

Anmerkung: +, 0 und – stehen für die erwartete Relation zwischen der abhängigen Variable *Scoringwert* und den unabhängigen Variablen.

511 Vgl. Hanlon, M./Heitzman, S., Journal of Accounting and Economics 2010, Vol. 50, No. 2-3, S. 139 f.

512 Vgl. Giner Inchausti, A., European Accounting Review 1997, Vol. 6, No. 1, S. 45 ff.

In der internationalen Rechnungslegungsliteratur[513] wurden als Determinanten der Berichtsqualität überwiegend die Firmengröße, Liquidität, Profitabilität und der Verschuldungsgrad identifiziert.[514] Für die multivariate Regressionsanalyse wird zunächst ein positiver Einfluss der Unternehmensgröße auf die Berichtsqualität erwartet. Für diesen Zusammenhang gibt es mehrere überzeugende Argumente, die in einer Meta-Studie von Ahmed/Courtis (1999) überprüft wurden.[515] Wiederholt wurde in der Literatur vorgebracht, dass größere Unternehmen ein höheres Bewusstsein für die Bedürfnisse des Kapitalmarktes aufgrund ihres enormen Refinanzierungsbedarfes haben. Außerdem stehen große Unternehmen unter einem höheren Druck der öffentlichen Meinung, da ihr Geschäftserfolg für vergleichsweise große Anspruchsgruppen von Bedeutung ist.[516] Für die Zielsetzung der vorliegenden Untersuchung ist vor allem die Hypothese von Interesse, dass größere Unternehmen sich relativ geringeren Kosten für die Informationsbereitstellung und Umsetzung von neuen Rechnungslegungsvorschriften gegenübersehen. Große, speziell multinationale Unternehmen benötigen bereits umfangreiche Informationen für die interne Kommunikation, um die Unternehmensleitung über die Ergebnisentwicklung auf dem Laufenden zu halten.[517] Deswegen ist zu erwarten, dass die Umstellung auf neue Rechnungslegungsvorschriften große Organisationen vor weniger Probleme stellt. Dieser Zusammenhang gilt insbesondere im Hinblick auf die prozessualen Implikationen der Übernahme des Temporary-Konzepts in das deutsche Handelsrecht.[518] Die Bilanzierung latenter Steuern erfordert eine intensive Zusammenarbeit zwischen Rechnungswesen und Steuerabteilung sowie spezielle Kenntnisse im Bereich Tax Accounting.[519] Steuerabteilungen von Großkonzernen sind typischerweise durch einen höheren Spezialisierungsgrad und eine bedarfsgerechte Ressourcenausstattung gekennzeichnet, sodass die Berichtsqualität im Geschäftsjahr der Erstanwendung relativ zufriedenstellend ausfallen sollte.[520] Zusammenfassend wird erwartet, dass die Größe des Unternehmens, operationalisiert durch den natürlichen Logarithmus der Bilanzsumme, einen positiven Einfluss auf die Qualität der Unternehmenspublizität hat.

---

513 Die Untersuchungen für deutsche Gesellschaften beschränken sich bislang im Wesentlichen auf eine Analyse weniger Einflussfaktoren, wie Unternehmensgröße, Index- und Branchenzugehörigkeit. Vgl. Velte, P./Stiglbauer, M./Sepetauz, K., JfB 2011, S. 135.

514 Vgl. beispielsweise Lang, M./Lundholm, R., Journal of Accounting Research 1993, Vol. 31, No. 2, S. 246 ff.

515 Vgl. Ahmed, K./Courtis, J.K., British Accounting Review 1999, Vol. 31, No. 1, S. 35 ff.

516 Vgl. dazu auch Ewelt, C./Knauer, T., ZfP 2010, S. 45.

517 Vgl. Velte, P./Stiglbauer, M./Sepetauz, K., JfB 2011, S. 135.

518 Vgl. Chavent, M./Ding, Y./Fu, L./Stolowy, H./Wang, H., European Accounting Review 2006, Vol. 15, No. 2, S. 184.

519 Vgl. Abschnitt 3.4.2.

520 Vgl. Murphy, A.B., International Journal of Accounting 1999, Vol. 34, No. 1, S. 121 ff.

Als weiterer Einflussfaktor auf die Qualität der externen Berichterstattung kommt die Unternehmensliquidität in Betracht. Wobei der Theorie nach Unternehmen, die über wenig Liquidität verfügen, tendenziell mehr Informationen zu Wertdifferenzen zwischen den Rechnungslegungssystemen und latenten Steuern offenlegen. Latente Steuern spiegeln zukünftige Steuerzahlungen wider. Deswegen signalisiert das Unternehmen mit einem detaillierten Ausweis eines Überhangs aktiver latenter Steuern eine Verbesserung der Liquiditätssituation durch zukünftige Steuerentlastungen.[521] Damit plausibilisiert das bilanzierende Unternehmen, dass es seine Verbindlichkeiten zukünftig begleichen kann. Diese Argumentation wird gestützt durch die vor dem BilMoG gemachten Erfahrungen in der Bilanzierungspraxis, dass insbesondere krisenbehaftete Unternehmen latente Steuern ausgewiesen haben, um die Darstellung ihrer Vermögenslage aufzuwerten.[522] Zudem setzt ein Bilanzausweis einer sich insgesamt ergebenden aktiven Latenz voraus, dass zukünftig ausreichend steuerliche Gewinne erwirtschaftet werden. Deshalb kann die Bilanzierung eines Überhangs aktiver latenter Steuern bilanzpolitisch eingesetzt werden, um die Prognosen der Anteilseigner hinsichtlich der Zahlungsfähigkeit des Unternehmens aufgrund erwarteter Ergebnissteigerungen positiv zu beeinflussen. Die vierte Hypothese lautet daher, dass die Berichtsqualität mit abnehmender Unternehmensliquidität steigt.

Neben der Liquidität ist auch ein Einfluss des Verschuldungsgrades auf die Qualität der steuerlichen Berichterstattung denkbar. Robinson/Schmidt (2009) argumentieren, dass höher verschuldete Unternehmen mit stärkeren Informationsasymmetrien konfrontiert sind.[523] Mit zunehmender Verschuldung steigen daher die Informationsbedürfnisse der Gläubiger, denen das Unternehmen nachkommen muss. Deswegen wird ein positiver Zusammenhang zwischen dem Verschuldungsgrad, operationalisiert über die Variable *Leverage*, und der Qualität der Berichterstattung vermutet. Der Verschuldungsgrad wird dabei als Verhältnis der Verbindlichkeiten zum Gesamtkapital definiert. Frühere Forschungsbeiträge belegen darüber hinaus einen Zusammenhang zwischen der Profitabilität und der Qualität der Unternehmenspublizität. Die Vorzeichen der geschätzten Koeffizienten divergieren allerdings in den empirischen Arbeiten. Die erklärende Variable *PTROA* wurde in die Modellgleichung integriert, es ist aber nicht abschätzbar, in welche Richtung die Beziehung der Modellvariablen tendiert.[524]

---

521 Vgl. Abschnitt 4.2.2.2.2.

522 Vgl. Herzig, N., DB 2012, S. 1349.

523 Vgl. Robinson L.A./Schmidt, A.P., Firm and investor responses to uncertain tax benefit disclosure requirements, Tuck School of Business Working Paper No. 2009-59, Hanover 2012, S. 9.

524 Vgl. für einen Überblick der in der Literatur gefundenen Beziehungen zwischen der Unternehmensprofitabilität und der Berichtsqualität Chavent, M./Ding, Y./Fu, L./Stolowy, H./Wang, H., European Accounting Review 2006, Vol. 15, No. 2, S. 189.

Die anekdotische Evidenz in der Rechnungslegungsliteratur vermittelt den Eindruck, dass die Übernahme des Temporary-Konzepts in das deutsche Handelsrecht und die Erhebung der Informationen für die Anhangangaben zu den latenten Steuern nach § 285 Nr. 29 HGB in erheblichem Umfang die Ressourcen der Unternehmen und der Wirtschaftsprüfungsgesellschaften in Anspruch genommen hat.[525] Um zu analysieren, inwieweit Kosten der Informationserzeugung und einmalige Aufwendungen, die mit dem Übergang auf die neuen Rechnungslegungsvorschriften verbunden sind (Implementierungskosten), die heterogenen Ergebnisse der deskriptiven Auswertung der Bilanzierungspraxis erklären, werden verschiedene Indikatorvariablen in das Untersuchungsmodell implementiert. Nach Slemrod/Blumenthal (1996) entstehen Compliance- und Implementierungsaufwendungen sowohl durch interne Kosten (z. B. Personalkosten der Steuerabteilung), als auch durch Kosten für externe Beratungs- und Prüfungsdienstleistungen.[526] Ihren Ausführungen folgend wird im Hinblick auf die Regressionsergebnisse erwartet, dass die Qualität der offengelegten steuerlichen Informationen mit der Genauigkeit der Abschlussprüfung zunimmt. In Anlehnung an Rice/Weber (2011) werden die Abschlussprüfungsgebühren als Maßgröße verwendet, um die Genauigkeit der Abschlussprüfung zu approximieren.[527] Darüber hinaus wird eine Variable *# Tage* berücksichtigt, welche die Anzahl der Tage zwischen Bilanzstichtag und der Erteilung des Bestätigungsvermerks erfasst (sog. reporting lag).[528] Die Internationalisierung der Finanzmärkte erfordert, dass Jahresabschlüsse zeitnah zur Verfügung stehen (Fast Close). Ein Fast Close erfordert adäquate Kontrollen und Prozesse im Tax Accounting sowie vorbereitende Maßnahmen, um die Arbeitsbelastung am Bilanzstichtag zu reduzieren. Aufgrund der etablierten Prozesse und der Systemkontrollen wird man daher in Fast-Close-Abschlüssen eine vergleichsweise gute Berichterstattung über temporäre Differenzen erwarten können.[529] Kapitalgesellschaften, die ihren Jahresabschluss relativ spät prüfen lassen und offenlegen, könnten allerdings von Lerneffekten durch Beobachtung und Nachahmung des Bilanzierungsverhaltens anderer Unternehmen profitieren.[530] Die entgegengesetzten Effekte auf die Berichtsqualität erlauben keine Prognose des Einflusses des Bilanzerstellungszeitraums vor der Schätzung.

Kleine und mittlere Unternehmen (KMU) sind bei der Umstellung auf neue Rechnungslegungsvorschriften aufgrund der oft unzureichenden finanziellen und personellen Ausstattung

---

525 Vgl. Maier, M.T./Weil, M., DB 2009, S. 2735; Küting, K./Seel, C., DB 2009, S. 924.

526 Vgl. Slemrod, J./Blumenthal, M., Public Finance Review 1996, Vol. 24, No. 4, S. 431.

527 Vgl. Rice, S.C./Weber, D.P., Journal of Accounting Research 2012, Vol. 50, No. 3, S. 813.

528 Vgl. Robinson L.A./Schmidt, A.P., Firm and investor responses to uncertain tax benefit disclosure requirements, Tuck School of Business Working Paper No. 2009-59, Hanover 2012, S. 9.

529 Vgl. Abschnitt 3.5.

530 Vgl. Simons, D./Weißenberger, B.E., BFuP 2008, S. 144.

häufig überfordert und mit relativ hohen Kosten konfrontiert. Das gilt insbesondere für kleine und mittelgroße Unternehmen, die nur aufgrund ihrer Kapitalmarktorientierung i. S. d. § 264 d HGB als groß gelten (§ 267 Abs. 3 S. 2 HGB) und damit deutlich mehr Informationen als vergleichbar große, nicht börsennotierte Gesellschaften ausweisen müssen. Die Variable *Small Cap* misst als binäre Indikatorvariable, ob ein Unternehmen dazu verpflichtet ist, die Anhangangaben nach § 285 Nr. 29 HGB nur aufgrund seiner Notierung in einem EU-regulierten Marktsegment zu veröffentlichen. Da gleichzeitig für den Einfluss der Firmengröße kontrolliert wird, kann über die Dummyvariable die Bedeutung der Implementierungskosten für die Berichtsqualität geschätzt werden.

Viele publizierte Forschungsbeiträge adressieren die Frage, ob die Informationsdefizite in den Jahresabschlüssen durch externe Faktoren und Überwachungsinstanzen, wie beispielsweise den Abschlussprüfer, behoben werden können.[531] Dem Wirtschaftsprüfer kommt dabei die Funktion zu, die publizierten Informationen des Jahresabschlusses zu kontrollieren. Weil der Wirtschaftsprüfer im Rahmen seiner Prüfungshandlungen den vorgelegten Jahresabschluss mit den regulativen Vorgaben vergleicht, kann er dazu beitragen, die Qualität der Berichterstattung zu verbessern. Darüber hinaus haben Wirtschaftsprüfungsgesellschaften einen Anreiz das Bilanzierungsverhalten ihrer Mandanten positiv zu beeinflussen, um ihre Marktreputation zu steigern.[532] Der Einfluss kleiner und mittelständischer Prüfungsgesellschaften auf die Berichterstattung ihrer Mandanten wird allerdings weniger ausgeprägt sein, da diesen zum einen weniger Ressourcen zur Verfügung stehen und zum anderen die finanzielle Abhängigkeit von den betreuten Unternehmen stärker ist. Deshalb wird ein Anstieg der Berichtsqualität erwartet, wenn ein Unternehmen von einer der vier größten Prüfungsgesellschaften (Deloitte, EY, KPMG und PwC) betreut wird.[533] Insbesondere wird angenommen, dass der Abschlussprüfer auf eine vollständige Befolgung der gesetzlichen Vorschriften der §§ 274 und 285 HGB hinwirkt. Die Indikatorvariable *Big4* misst den vermuteten Zusammenhang. Sie nimmt den Wert 1 an, wenn der Bestätigungsvermerk von einer der vier größten Prüfungsgesellschaften erteilt wurde.

Als zweite unternehmensspezifische Variable soll der Einfluss der Börsenindizes untersucht werden. Aufgrund der unterschiedlichen Transparenzanforderungen der einzelnen Börsensegmente, lässt sich die Hypothese ableiten, dass das Publizitätsverhalten der untersuchten

531 Vgl. beispielsweise Robinson L.A./Schmidt, A.P., Firm and investor responses to uncertain tax benefit disclosure requirements, Tuck School of Business Working Paper No. 2009-59, Hanover 2012, S. 18 f.

532 Vgl. Barth, D., Prognoseberichterstattung, Frankfurt am Main 2009, S. 106 f.

533 So auch Ettredge, M./Johnstone, K./Stone, M./Wang, Q., Review of Accounting Studies 2011, Vol. 16, No. 4, S. 872; Rice, S.C./Weber, D.P., Journal of Accounting Research 2012, Vol. 50, No. 3, S. 813.

Unternehmen von ihrer Zugehörigkeit zu den Börsenindizes abhängt. Die Stichprobenunternehmen werden daher in zwei Gruppen aufgeteilt. Der ersten Gruppe werden alle Unternehmen zugeordnet, deren Aktien im *Prime Standard* der Deutsche Börse AG[534] notiert sind. Alle anderen Kapitalgesellschaften bilden die zweite Gruppe. Da der Prime Standard den Teilbereich des Regulierten Marktes mit den höchsten Publizitätsanforderungen darstellt, wird eine signifikant höhere Berichtsqualität aller Unternehmen der ersten Gruppe prognostiziert. Die Wirkungsrichtung wird über die binäre Indikatorvariable *Listing* registriert. Für den vermuteten Zusammenhang spricht auch, dass eine Notierung im Prime Standard eine Voraussetzung für die Aufnahme in die Auswahlindizes DAX, MDAX, TecDAX und SDAX ist. Unternehmen, die in diese Indizes aufgenommen werden, stehen sehr viel stärker im Fokus der öffentlichen Aufmerksamkeit.

Die Intensität der Überwachung der Unternehmensleitung ist nach dem agency-theoretischen Ansatz der Neuen Institutionenökonomik abhängig von der Aktionärsstruktur.[535] Die Informationsasymmetrien sind dabei in Unternehmen mit institutionellen Großanlegern tendenziell geringer, weil diese die erforderlichen Ressourcen vorhalten können, um die Unternehmensleitung zu überwachen.[536] Um die Informationsasymmetrien zu reduzieren, sind deshalb bei Gesellschaften mit hohem Streubesitzanteil umfassendere Angaben zu den steuerlichen Verhältnissen zu erwarten. In der Modellgleichung wird daher für den Einfluss der Aktionärsstruktur auf die Qualität der Berichterstattung kontrolliert. Die binäre Dummy-Variable *Anteilsbesitz* erfasst dabei, ob ein Anteilseigner eine Beteiligung hält, die direkt oder indirekt mehr als 25% am Grundkapital vermittelt.

Abschließend lässt sich aufgrund der zunehmenden Bedeutung der Branchen- und Wettbewerbsanalyse vermuten,[537] dass Unternehmen derselben Branche ein ähnliches Berichtsverhalten zeigen. Tatsächlich sind die Ergebnisse der empirischen Rechnungslegungsforschung aber bislang nicht eindeutig. Während beispielsweise Cooke (1992) einen Zusammenhang zwischen der Branchenzugehörigkeit und der Berichterstattung nachweisen konnte,[538] finden

---

534 Die Deutsche Börse AG hält 3 Marktsegmente mit unterschiedlichen Transparenzanforderungen für Aktien vor (Prime Standard, General Standard und Entry Standard). Im Prime Standard müssen die Emittenten über das Niveau des General Standards hinausgehende internationale Transparenzanforderungen erfüllen. Hierzu gehört beispielsweise Quartalsfinanzberichterstattung in deutscher und englischer Sprache. Vgl. http://deutsche-boerse.com.

535 Vgl. Fan, J.P.H./Wong, T.J., Journal of Accounting and Economics 2002, Vol. 33, No. 3, S. 407 f.

536 Vgl. Cooke, T.E., Journal of International Financial Management and Accounting 1989, Vol. 1, No. 2, S. 177 f.

537 Vgl. Bausch, A., Branchen- und Wettbewerbsanalyse im strategischen Management, 9. Auflage, Berlin 2006, S. 195 ff.

538 Vgl. Cooke, T.E., Accounting and Business Research 1992, Vol. 22, No. 87, S. 229 ff.

Watson/Shrives/Marston (2002) keinen signifikanten Effekt.[539] In die Regressionsgleichung werden daher zwar Kontrollen für Industrieeffekte integriert, aber es wird, der Argumentation von Chavent/Ding/Fu/Stolowy/Wang (2006) folgend, davon ausgegangen, dass sich keine statistisch signifikanten Brancheneffekte nachweisen lassen.[540]

4.3.3.2 Ergebnisse der statistischen Analyse

4.3.3.2.1 Deskriptive Statistik

Tabelle 12 eröffnet die Präsentation der empirischen Auswertung der Jahresabschlüsse und stellt Mittelwert, Standardabweichung, Minimum und Maximum der abhängigen sowie erklärenden Variablen des Untersuchungsmodells dar.

Zur Messung der relativen Berichtsqualität dient die Variable *Scoringwert*, die im Abschnitt 4.3.3.1.1 definiert und erläutert wurde. Sie besitzt einen Mittelwert von 0,4931. Während 64 Unternehmen keine Informationen zu Wertdifferenzen zwischen Handels- und Steuerbilanz oder latenten Steuern offenlegen (Scoringwert von 0), erhalten immerhin 24 börsennotierte Kapitalgesellschaften einen Scoringwert von 1. Diese 24 Unternehmen haben damit alle relevanten verpflichtenden und freiwilligen Angaben des Kriterienkatalogs erfüllt. Neben dem oben vorgestellten Gesamt-Score, wird in den nachfolgenden Robustheitstests einen Teil-Score verwendet, um die Ergebnisse zu validieren. Dieser Teil-Score bewertet ausschließlich die Befolgung der gesetzlich verpflichtenden Angaben.

Anschließend wird die erreichte Punktezahl, analog zur Vorgehensweise in Abschnitt 4.3.3.1.1, zur Ermittlung des Scoringwerts wieder zur unternehmensspezifischen Maximalpunktzahl ins Verhältnis gesetzt. Wie zu erwarten, erzielen die Unternehmen der Stichprobe basierend auf dem Teil-Score eine höhere Bewertung von 3,36 von 5 möglichen Punkten (67,24%). Eine vergleichsweise vollständigere Befolgung der gesetzlich verpflichtenden Angaben zeigt sich auch, wenn man die Anzahl der Unternehmen, für die ein Scoringwert von 1 ermittelt wurde, als Vergleichsmaßstab heranzieht. 149 Unternehmen legen alle gesetzlich verpflichtenden Angaben offen, auch wenn dieses Ergebnis deutlich unter den Erwartungen bleibt.

---

[539] Vgl. Watson, A./Shrives, P./Marston, C., British Accounting Review 2002, Vol. 34, No. 4, S. 289 ff.

[540] Vgl. Chavent, M./Ding, Y./Fu, L./Stolowy, H./Wang, H., European Accounting Review 2006, Vol. 15, No. 2, S. 190.

Tabelle 12: Deskriptive Statistik zu der abhängigen Variable und den erklärenden Indikatoren

Variable	Mittelwert	Standard-abweichung	Min	Max
Abhängige Variable: Scoringwert				
Gesamt	0,4931	0,2899	0	1
Verpflichtende Angaben	0,6724	0,3407	0	1
Steuerpolitik				
Bilanzansatz	0,2559	0,4368	0	1
ETR	0,1267	0,1714	0	1
Unternehmenseigenschaften				
Firmengröße (Bilanzsumme)	1.819.960.547	7.823.151.797	322.817	76.700.000.000
Liquidität	11,6872	34,1223	0	259,4739
PTROA	0,0313	0,1378	-0,9805	0,3795
Leverage	0,3131	0,2281	0,0002	0,9472
Implementierungskosten				
WP (Honorar Abschlussprüfung)	69.924	303.641	317	5.000.000
# Tage	80,02592	30,06169	14	263
Small Cap	0,2624	0,4403	0	1
Externe Unternehmensüberwachung				
Big4	0,6000	0,4904	0	1
Listing	0,5333	0,4994	0	1
Anteilsbesitz	0,3054	0,4610	0	1

Anmerkung: Alle stetigen Variablen wurden an ihrem 1. und 99. Perzentil winsorisiert.

119 von 465 Unternehmen der Untersuchungsstichprobe (25,59%) weisen latente Steuern in ihrer Bilanz aus. Während 68 Unternehmen über die gesetzlichen Anforderungen hinaus einen Überhang aktiver latenter Steuern ausweisen, bilanzieren 51 Unternehmen eine sich insgesamt ergebende passive Latenz. Die Steuerquote, welche dem prozentualen Anteil des Ertragsteueraufwands am Jahresüberschuss vor Steuern entspricht, hat im Durchschnitt eine moderate Höhe von 12,67%. Dabei gilt es zu beachten, dass die unternehmensspezifischen Steuerquoten, dem empirischen Literaturstrang folgend, der sich mit Wirkungen der Konzernsteuerquote befasst, skaliert werden. Nach einem erstmals von Gupta/Newberry (1997) angewandten und inzwischen international verbreiteten Verfahren, wird die Steuerquote auf 1 normiert, wenn sie rechnerisch mehr als 100% betragen würde, und ihr wird der Wert 0 zugewiesen, wenn sie negativ ist.[541] Alle Unternehmen, die steuerlich einen Verlust ausweisen, einen Verlustvortrag oder einen Verlustrücktrag geltend machen, werden bei den Berechnungen folg-

[541] Vgl. Gupta, S./Newberry, K., Journal of Accounting and Public Policy 1997, Vol. 16, No. 1, S. 12 f.

lich mit einer Steuerquote von 0 berücksichtigt und senken dementsprechend das arithmetische Mittel.

Zeile 9 von Tabelle 12 illustriert die Verteilung der Bilanzsummen in der Stichprobe. Das größte Unternehmen des Datensamples hat eine Bilanzsumme von fast 77 Milliarden Euro, während die kleinste Kapitalgesellschaft gerade einmal über ein Gesamtkapital von 300.000 Euro verfügt. Auch die Liquidität ist ungleich über die Untersuchungsstichprobe von 465 Unternehmen verteilt. Der Mittelwert beträgt – bei einer Standardabweichung von 0,31 – 11,68. Die börsennotierten Kapitalgesellschaften des Samples sind insgesamt profitabel. Die Kapitalrentabilität liegt durchschnittlich bei etwa 3%. Nur 124 Unternehmen weisen ein negatives Ergebnis der gewöhnlichen Geschäftstätigkeit aus.

Im Durchschnitt lassen sich die Unternehmen die Abschlussprüfung ihres Jahresabschlusses fast 70.000 Euro kosten. Dabei dauert es im Schnitt rund 80 Tage, bis dieser aufgestellt und geprüft wurde, wobei die Spannweite des Erstellungs- und Prüfungszeitraums von 14 bis zu 263 Tagen reicht. 26,24% aller betrachteten Unternehmen sind als *Small Cap* zu klassifizieren. Diese 122 kleinen und mittelgroßen Unternehmen erfüllen zwar nicht die Größenmerkmale des § 267 Abs. 2 HGB, müssen aber dennoch aufgrund ihrer Kapitalmarktorientierung nach § 267 Abs. 3 S. 2 HGB die Bilanzvorschriften großer Kapitalgesellschaften beachten.

Die deskriptiven Statistiken zu den Indikatorvariablen, welche den Einfluss der externen Unternehmensüberwachung auf die Berichtsqualität messen, lassen erkennen, dass 279 Unternehmen eine Big4-Gesellschaft mit der Prüfung ihres Jahresabschlusses betrauen und dass an 142 Unternehmen ein Großaktionär eine Beteiligung hält, die mindestens 25% der Unternehmensanteile umfasst. Darüber hinaus sind 248 Unternehmen im *Prime Standard* gelistet und 105 notieren im *General Standard.* Die Unternehmensanteile der übrigen Kapitalgesellschaften werden in anderen Börsensegmenten gehandelt, die weniger restriktive Publizitätspflichten vorsehen.

Schließlich wurden die erklärenden Variablen noch auf Multikollinearität untersucht. Multikollinearität beschreibt einen linearen Zusammenhang zwischen den Regressoren und kann zu Schätzproblemen führen.[542] Die nicht ausgewiesenen Ergebnisse der Korrelationsanalyse zeigen aber nur eine geringe Multikollinearität der exogenen Variablen. Die Korrelation zwischen der Variable *Firmengröße* und den Prüfungsgebühren liegt zwar mit 0,6418 unter der

[542] Ein gewisses Maß an Multikollinearität ist aber bei empirischen Datensätzen normal. Problematisch wird diese erst ab einer gewissen Höhe, da sich dann die Streuungen der einzelnen Variablen stärker überlagern und es im zu Beeinträchtigung der multiplen Regressionsanalyse kommen kann.

von Farrar/Glauber (1967) etablierten kritischen Grenze von 0,8,[543] allerdings könnte dennoch eine geringe Beeinflussung des Untersuchungsmodells vorliegen. Daher werden weitere gebräuchliche Indikatoren für Multikollinearität berücksichtigt, um Schätzprobleme so gut es geht auszuschließen.[544] Auch der Variance Inflation Factor (VIF) und die Toleranzstatistik zeigen an,[545] ob eine lineare Abhängigkeit zwischen zwei Variablen besteht. Der höchste VIF beträgt 2,73 und die niedrigste Toleranz beläuft sich auf 0,37. Toleranzen, die einen Wert von 0,2 übersteigen, lassen keine Probleme des Modells mit Multikollinearität erwarten.[546] Für den VIF gilt die in der Literatur weitgehend akzeptierte Regel, dass ein Grenzwert von 10 eingehalten werden sollte.[547] Insgesamt ist damit zu konstatieren, dass keine Anzeichen für eine problematisch starke Multikollinearität zweier Variablen festgestellt werden konnten, auch wenn eine gewisse Abhängigkeit der exogenen Variablen sich im Modell faktisch nicht vermeiden lässt.

4.3.3.2.2 Regressionsergebnisse des Untersuchungsmodells

Die grundlegenden Untersuchungsergebnisse auf Basis des Tobit-Modells für die Untersuchungsstichprobe von 465 Unternehmen sind in den Spalten (1) bis (3) der Tabelle 13 enthalten. Die übrigen Spalten weisen die geschätzten Parameter unterschiedlicher Spezifikationen zur empirischen Prüfung der alternativen Determinanten der Berichtsqualität aus. Da nur eine sich insgesamt ergebende passive Latenz in der Bilanz ausgewiesen werden muss, könnte die Anreizstruktur, der die betroffenen Unternehmen unterliegen, von den anderen Unternehmen der Stichprobe divergieren. In Spezifikation (4) wird daher auf einen Einbezug von Unternehmen, die einen Passivüberhang ausweisen, verzichtet. Die daraus resultierende Teilstichprobe hat noch einen Umfang von 414 Kapitalgesellschaften. Die Spalten (5) und (6) zeigen weitere Modellspezifikationen, um die Robustheit der Ergebnisse zu validieren.

Die Ergebnisse in Spezifikation (1) bestätigen zunächst die Bedeutung des Bilanzansatzes latenter Steuern für das Qualitätsniveau der Berichterstattung. Der Koeffizient der exogenen Variable *Bilanzansatz* ist positiv auf einem Signifikanzniveau von 1%. Da sich ein Bilanzausweis latenter Steuern positiv auf die Berichtsqualität auswirkt, könnte die Einführung

---

543 Vgl. Farrar, D./Glauber, R., Review of Economics and Statistics 1967, Vol. 49, No. 1, S. 92 ff.

544 Vgl. für eine ähnliche Vorgehensweise Hassan, O./Romilly, P./Giorgioni, G./Power, D., International Journal of Accounting 2009, Vol. 44, No. 1, S. 92-94.

545 Vgl. zur Verwendung dieser Indikatoren in der Literatur O'Brien, R.M., Quality & Quantity 2007, Vol. 41, No. 5, S. 673.

546 Vgl. beispielhaft Menard, S., Applied Logistic Regression Analysis: Sage University Series on Quantitative Applications in the Social Sciences, Thousand Oaks 1995, S. 66.

547 Vgl. Chavent, M./Ding, Y./Fu, L./Stolowy, H./Wang, H., European Accounting Review 2006, Vol. 15, No. 2, S. 186; O'Brien, R.M., Quality & Quantity 2007, Vol. 41, No. 5, S. 673; Raabe, J., Erfolgsfaktoren für Innovation in Unternehmen, Wiesbaden 2012, S. 87 f.

einer Aktivierungspflicht für eine sich insgesamt ergebende aktive Latenz nicht nur den bilanzpolitischen Spielraum für Ergebnismanagement einschränken, sondern auch die Offenlegung von Informationen zu Wertdifferenzen und den damit verbundenen Risiken verbessern.[548]

Die Steuerquote hat hingegen keinen signifikanten Einfluss auf das Publizitätsverhalten der Stichprobenunternehmen. Bei den Schätzungen wird dabei für den erwarteten Effekt von allgemeinen Unternehmenseigenschaften auf das Bilanzierungsverhalten kontrolliert, indem die Variablen *Firmengröße*, *Liquidität*, Profitabilität (*PTROA*) und der Verschuldungsgrad (*Leverage*) in die Regressionsgleichung integriert werden. Die Firmengröße hat erwartungsgemäß einen signifikant positiven Einfluss auf die über das Scoring-Modell operationalisierte Berichtsqualität. Dieses Ergebnis ist zum einen konsistent mit den bisher gefundenen Effekten in der empirischen Rechnungslegungsforschung. Zum anderen deutet es darauf hin, dass der Spezialisierungsgrad der Steuerabteilung und die Bedingungen für die Zusammenarbeit mit dem Rechnungswesen den gefundenen statistischen Zusammenhang erklären.

Ein signifikant negativer Zusammenhang ergibt sich, wie prognostiziert, zwischen der Unternehmensliquidität und dem Bilanzierungsverhalten innerhalb der Stichprobe. Wenn die Liquiditätslage angespannt ist, versuchen Unternehmen mit einer guten Berichterstattung über abzugsfähige Differenzen die Kreditgeber davon zu überzeugen, dass die ausgereichten Kredite zurückgezahlt werden können. Desweiteren liefern die Regressionen keine Anhaltspunkte dafür, dass die Unterschiede in der Berichtsqualität durch Industrieeffekte erklärt werden können.

Mit der zweiten Spezifikation wird die Analyse erweitert und untersucht, wie Implementierungskosten und Niveau der Unternehmenspublizität zusammenhängen. Die in Spezifikation (1) geschätzten Effekte ändern sich hierdurch nicht. Der signifikant positive Zusammenhang zwischen den Gebühren für die gesetzliche Abschlussprüfung und der Rechnungslegungsqualität lässt erkennen, dass eine hohe Berichtsqualität im Bereich der latenten Steuern eine intensive Zusammenarbeit mit dem Abschlussprüfer voraussetzt, wodurch die Prüfungskosten tendenziell ansteigen. Aus diesem Ergebnis lässt sich schließen, dass die Umsetzung des Temporary-Konzepts zu einem deutlichen Mehraufwand für die Abschlussprüfer geführt hat.

[548] Vgl. Schulze-Osterloh, J., DStR 2008, S. 73; Müller, S./Kreipl, M., ZfP 2010, S. 316.

Tabelle 13: Tobit-Modell – Ergebnisse der Regression

Scoringmodell	Regression bei alternativen Spezifikationen				Robustheitstests	
	(1)	(2)	(3)	(4)	(5)	(6)
Steuerpolitik						
Bilanzansatz	0,1826*** (0,0203)	0,1858*** (0,0201)	0,1844*** (0,0201)	0,1954*** (0,0240)	0,1848*** (0,0201)	0,0541*** (0,0157)
ETR	-0,0313 (0,0511)	-0,0337 (0,0412)	-0,0432 (0,0521)	-0,0323 (0,0566)	-0,0472 (0,0522)	-0,0538 (0,0421)
Unternehmenseigenschaften						
Firmengröße	0,0250*** (0,0043)	0,0141** (0,0056)	0,0169*** (0,0059)	0,0173*** (0,0062)	0,0046** (0,0023)	0,0161*** (0,0050)
Liquidität	-0,0001* (0,0001)	-0,0001** (0,0001)	-0,0001** (0,0001)	-0,0001* (0,0001)	-0,0037* (0,0022)	-0,0001** (0,0001)
PTROA	-0,0140 (0,0398)	-0,0498 (0,0451)	-0,0616 (0,0458)	-0,0763 (0,0467)	-0,00636 (0,0525)	-0,0066 (0,0372)
Leverage	0,0425 (0,0403)	0,0390 (0,0406)	0,0317 (0,0409)	0,0123 (0,0425)	-0,0011 (0,0482)	-0,0265 (0,0330)
Implementierungskosten						
WP (ln)		0,0094* (0,0050)	0,0106** (0,0051)	0,0136** (0,0055)	0,0118** (0,0053)	0,0087** (0,0042)
# Tage		-0,0007** (0,0003)	-0,0007** (0,0003)	-0,0009** (0,0003)	-0,0007** (0,0003)	-0,0004 (0,0003)
Small Cap		-0,0448** (0,0206)	-0,0456** (0,0206)	-0,0628*** (0,0220)	-0,0574*** (0,0201)	-0,0449*** (0,0167)
Externe Unternehmensüberwachung						
Big4			-0,0159 (0,0189)	-0,0303 (0,0203)	-0,0070 (0,0186)	-0,0022 (0,0152)
Listing			-0,0102 (0,0198)	-0,0190 (0,0208)	-0,0061 (0,0198)	-0,0064 (0,0160)
Anteilseigner			-0,0226 (0,0191)	-0,0133 (0,0201)	-0,0194 (0,0191)	-0,0113 (0,0155)
Log-Wahrscheinlichkeit	-179	-173	-172	-154	-174	-378
Beobachtungen	465	465	465	414	465	465

Legende: Die Tabelle weist die marginalen Effekte der Tobit-Regression für die Determinanten der Berichtsqualität aus, wobei es sich bei der abhängigen Variable um den *Scoringwert* handelt. In Spezifikation (4) wird auf einen Einbezug von Unternehmen, die einen Passivüberhang ausweisen, verzichtet. In Spezifikation (5) werden die Variablen Firmengröße, Liquidität, PTROA und Leverage auf Basis des Konzernabschlusses berechnet. Zuletzt wird in Spezifikation (6) der oben erläuterte Teil-Score als abhängige Variable verwendet, der nur die gesetzlich verpflichtenden Angaben bewertet. Standardfehler werden in Klammern unterhalb der marginalen Effekte ausgewiesen. ***, **, * signifikant bei 1, 5 bzw. 10% Irrtumswahrscheinlichkeit.

Konsistent zu diesem wichtigen Befund korrelieren sowohl die Variable # *Tage* als auch die Maßgröße *Small Cap* signifikant negativ mit dem Qualitätsniveau des Jahresabschlusses. Da gleichzeitig für den Einfluss der Unternehmensgröße kontrolliert wird, weist vor allem die signifikant negative Wirkung der Variable *Small Cap* darauf hin, dass die relative Bedeutung der Befolgungs- und Implementierungskosten das Bilanzierungsverhalten innerhalb der Untersuchungsstichprobe erklären könnten. Zur Ermittlung der temporären Differenzen nach dem Temporary-Konzept müssen Handels- und Steuerbilanz parallel aufgestellt werden.[549] Dies bedeutet vor allem für kleine und mittlere Unternehmen, dass bislang gewohnte Abläufe und Prozesse verändert werden müssen. Gleichzeitig verfügen KMU häufig weder über ausreichende personelle Ressourcen und die notwendigen Kenntnisse im Bereich des Tax Accounting, noch über angemessene finanzielle Mittel, um das Knowhow am Beratungsmarkt zuzukaufen. Die Steuerfunktion und die Rechnungsabteilung großer Unternehmen sind dagegen typischerweise durch einen höheren Spezialisierungsgrad gekennzeichnet. Darüber hinaus verursacht die Umstellung und Befolgung neuer Rechnungslegungsstandards aufgrund der Fixkostendegression geringere Kosten.

Die in der Bilanzierungspraxis beobachtbare Tendenz Veröffentlichungstermine vorzuziehen,[550] verkürzt den Zeitraum, der für die Berechnung latenter Steuern zur Verfügung steht,[551] sodass man intuitiv von einem positiven Zusammenhang zwischen dem Zeitraum der Abschlusserstellung und der Berichtsqualität ausgehen würde. Speziell ein Fast Close erfordert jedoch adäquate Prozesse im Tax Accounting sowie vorbereitende Maßnahmen, um die Belastungen am Bilanzstichtag zu reduzieren. Da zeitaufwendige Nachbesserungen der Berichtsinformationen nicht möglich sind, setzt eine Fast-Close-Initiative eine Erhöhung der Rechnungslegungsqualität voraus.[552] Aufgrund der etablierten Prozesse und der Systemkontrollen wird man daher eine vergleichsweise hohe Gesamtpunktzahl für das Scoring-Modell erwarten können.[553] Eine späte und fallweise Einbindung der Steuerabteilung aufgrund informeller Verfahrensabläufe erschwert dagegen die Berücksichtigung steuerrechtlicher Sachverhalte bei der Abschlusserstellung. Aus diesem Grund lässt sich ein signifikant negativer Zusammenhang zwischen der Anzahl der Tage zwischen dem Bilanzstichtag und der Erteilung des Bestätigungsvermerks und dem Umfang der Offenlegung in dem Untersuchungsmodell nachweisen.

---

549 Vgl. Bertram, K., WPg 2011, S. 1.
550 Vgl. Eggemann, G./Petry, M., BB 2002, S. 1635 ff.
551 Vgl. Loitz, R., WPg 2012, S. 248.
552 Vgl. Fielder, K.F./Geib, C., Fast-Close Initiative im Dresdner Bankkonzern, Wiesbaden 2009, S. 424.
553 Vgl. Abschnitt 3.5.

Im Vergleich zur Spezifikation (2) enthält Spezifikation (3) zusätzlich Variablen zur Erfassung externer Überwachungsmaßnahmen. Die erklärenden Variablen *Bilanzpolitik*, *Firmengröße*, *Liquidität*, *WP*, *# Tage* und *Small Cap*, die einen großen Anteil der Variation der Verteilung der Berichtsqualität erklären, erweisen sich auch in Spezifikation (3) als signifikant. Die Vorzeichen der Koeffizienten entsprechen denjenigen in Spezifikation (2). Die externen Überwachungsfaktoren üben jedoch keinen signifikanten Effekt auf die Ergebnisse aus. Einen Erklärungsansatz, warum die Variable *Big4* keinen signifikant positiven Effekt auf die Jahresberichterstattung hat, kann man darin sehen, dass den sinkenden Prüfungsgebühren aufgrund eines erheblichen Honorardrucks am Markt[554] erhöhte Kosten für Tax-Accounting-Spezialisten gegenüberstehen.[555] Dieser Zusammenhang lässt vermuten, dass die Sicherstellung einer hohen Prüfungsqualität auch für die großen Wirtschaftsprüfungsgesellschaften aus Wirtschaftlichkeitsgründen immer schwieriger wird, obwohl hier in ausreichender Anzahl Spezialisten zur Verfügung stehen.[556]

Dieses Resultat ist zudem plausibel, wenn man die differenzierten Aussagen der Meta-Studie von Ahmed/Courtis (1999) berücksichtigt,[557] welche die Analyseergebnisse von 29 Primärstudien zusammenfasst und aufarbeitet.[558] Zu den zentralen Ergebnissen der Meta-Studie gehört zum einen, dass sich zwar die Rechnungslegungsqualität signifikant in Abhängigkeit von der beauftragten Wirtschaftsprüfungsgesellschaft unterscheidet, allerdings gilt dieser Zusammenhang nur solange, wie die Qualität der Berichterstattung anhand der gesetzlich verpflichtenden Angaben beurteilt wird. Zum anderen konnte ein signifikanter Effekt auf die Berichtsqualität aufgrund einer Notierung in einem bestimmten Börsensegment, analog zu den vorliegenden Schätzungen, nicht bestätigt werden.[559]

---

554 Vgl. Köhler, A.G./Marten, K.-U./Ratzinger, N.V.S./Wagner, M., ZfB 2010, S. 5 ff.

555 Vgl. Loitz, R., WPg 2012, S. 249.

556 Vgl. Krommes, W., Handbuch Jahresabschlussprüfung, 3. Auflage, Wiesbaden 2011, S. 718.

557 Vgl. Ahmed, K./Courtis, J.K., British Accounting Review 1999, Vol. 31, No. 1, S. 35 ff.

558 Vgl. für einen Überblick zu den ökonometrischen Grundlagen der Meta-Analyse Heckemeyer, J.H., The Effects of Corporate Taxes on Business Behavior. Microsimulation and Meta-Analyses, Heidelberg 2012.

559 Die statistisch nicht signifikante Korrelation der Variable *Anteilsbesitz* mit dem Qualitätsniveau der Unternehmenspublizität deutet darauf hin, dass die Unternehmensüberwachung durch Großaktionäre sehr differenziert betrachtet werden muss. Auf der einen Seite haben Großaktionäre aufgrund der Möglichkeit zur Internalisierung ihrer Kontrollaktivitäten eher ein Interesse daran, Unternehmen effektiv zu überwachen, auf der anderen Seite könnten sie ihren Kontrolleinfluss ausüben, um sich zum Nachteil der Kleinaktionäre finanzielle Vorteile verschaffen. Vgl. Picot, A./Dietl, H., Jahrbuch für Neue Politische Ökonomie 1994, S. 125. Weil die anderen Aktionäre dieses Verhalten antizipierend ihre Nachfrage nach den Unternehmensanteilen anpassen, muss die Qualität der Berichterstattung zur Senkung der Informationsasymmetrien ansteigen, um negative Folgen für den Unternehmenswert zu vermeiden. Vgl. La Porta, R./Lopez-de-Silanes, F./Shleifer, A./Vishny, R., Journal of Financial Economics 2000, Vol. Vol. 58, No. 1, S. 7, 23. Dieser gegenläufige Einfluss auf der Rechnungslegungsqualität plausibilisiert das Schätzergebnis.

Um mögliche Verzerrungen der Anreizstruktur durch die asymmetrischen Bilanzierungsvorgaben für latente Steuern zu vermeiden, werden Kapitalgesellschaften, die einen Passivüberhang ausweisen, in Spezifikation (4) von der Analyse ausgeschlossen. Die verbleibenden 414 Unternehmen sehen sich damit einheitlich der Ansatzentscheidung für eine sich insgesamt ergebene aktive Latenz gegenüber. Ein Zusammenhang zwischen einem Aktivüberhang und dem Publizitätsverhalten konnte entsprechend den Erwartungen empirisch nicht belegt werden, wodurch andere Ziele und Motive für die Offenlegungspolitik in den Vordergrund rücken. Denn es zeigen sich gegenüber den Spezifikationen (1) – (3) im Wesentlichen unveränderte Ergebnisse: Sowohl die Koeffizienten der exogenen Variablen *Bilanzansatz*, *Firmengröße* und *Liquidität*, als auch die oben identifizierten Parameter zur Abbildung der Compliance- und Implementierungskosten bleiben signifikant, während die übrigen erklärenden Variablen weiterhin keine signifikanten Koeffizienten aufweisen.

4.3.3.3 Robustheit der Schätzergebnisse

Um die Robustheit der Ergebnisse gegenüber weiteren Spezifikationsänderungen zu testen, werden zwei ergänzende Modellspezifikationen geschätzt. In Spezifikation (5) werden die Variablen *Firmengröße*, *Liquidität*, *PTROA* und *Leverage* auf Basis des Konzernabschlusses berechnet. In dem letzten Robustheitstest in Spezifikation (6) wird der von Ahmed/Courtis (1999) aufgezeigte Zusammenhang zwischen den gesetzlich vorgeschriebenen Pflichtangaben und der Größe der beauftragten Wirtschaftsprüfungsgesellschaft berücksichtigt. Dabei wird der oben definierte Teil-Score als abhängige Variable verwendet.

Bisher wurde (implizit) angenommen, dass Unternehmensspezifika der jeweiligen Muttergesellschaft das Bilanzierungsverhalten innerhalb der Stichprobe beeinflussen und die für die Schätzungen erforderlichen Daten dem Einzelabschluss entnommen. Da die meisten Unternehmen der Untersuchungsstichprobe als oberste Konzerngesellschaft neben einem handelsrechtlichen Einzelabschluss auch einen Konzernabschluss nach IFRS aufstellen, werden in Spezifikation (5) alternativ Konzernabschlussdaten zur Konstruktion der exogenen Variablen verwendet, um den Erklärungsgehalt der Unternehmenseigenschaften zu untersuchen. Die Auswirkungen auf die Signifikanz der Regressoren sind jedoch vernachlässigbar. Daher wird das bisherige Resümee der vorliegenden Untersuchung gestützt, dass neben der Unternehmensgröße und den Implementierungskosten auch die Firmenliquidität die Berichtsqualität handelsrechtlicher Einzelabschlüsse determiniert. Die negative Relation zwischen der Liquiditätskennziffer und der Unternehmenspublizität erweist sich damit als robust. Aus diesem robusten Ergebnis lässt sich ableiten, dass Informationen zu erwarteten Steuerentlastungen möglicherweise eine wieder ansteigende Bonität des Unternehmens signalisieren können. Da eine Aktivierung latenter Steuern nur zulässig ist, wenn überzeugende Indizien eine positive Entwicklung der Ertragslage erwarten lassen, impliziert ein Bilanzansatz kongruent eine erwartete Verbesserung der Liquiditätslage.

Die deskriptiven Statistiken haben gezeigt, dass die Rechnungslegungsqualität der gesetzlichen Pflichtangaben höher ist als die der freiwillig publizierten Informationen. Allerdings variiert die für die Pflichtangaben ermittelte Gesamtpunktzahl stark innerhalb der untersuchten Stichprobe. Darüber hinaus spricht die empirische Evidenz in der Meta-Studie von Ahmed/Courtis (1999) dafür, dass die Modellierung des Kriterienkatalogs die Schätzergebnisse entscheidend determiniert. Deswegen wird eine sechste Modellspezifikation geschätzt, in welcher ein (Teil-) Scoringwert, der ausschließlich auf der Beurteilung der verpflichtenden Angaben aufbaut, als abhängige Zielvariable dient. Analog zu den oben analysierten Regressionsergebnissen resultiert eine signifikante Beeinflussung der Qualität der offengelegten Pflichtangaben durch die Unternehmensgröße, die Firmenliquidität und durch die Parameter für die Messung des Erklärungsgehalts der Implementierungskosten. Der Effekt der Variable *# Tage* wird jedoch insignifikant. Die Veränderung des Signifikanzniveaus kann dadurch begründet werden, dass die Anzahl der normativen Literaturbeiträge und Kommentierungen, die Leitlinien für die Befolgung der neuen Rechnungslegungsvorschriften bereitstellen, im Laufe des Wirtschafsjahres zunimmt.[560] Kapitalgesellschaften, die ihren Jahresabschluss relativ spät offenlegen, profitieren zudem von Lerneffekten durch Beobachtung einer sich etablierenden Best Practice der BilMoG-Anwendung.[561] Die deskriptiven Statistiken illustrieren jedoch, dass die Qualität der freiwilligen Unternehmenspublizität im Durchschnitt deutlich geringer ist, sodass die erzielbaren Lerneffekte diesbezüglich geringer sind. Die zur Untersuchung des Einflusses der externen Unternehmensüberwachung codierten Variablen erweisen sich weiterhin als statistisch insignifikant. Dieses gegenüber unterschiedlichen Spezifikationen robuste Ergebnis konnte aber aufgrund des Kenntnisstands der Empirie durchaus erwartet werden.[562]

---

[560] Vgl. für die steuerlichen Vorschriften des BilMoG etwa Prystawik, O./Schauf, T., DB 2011, S. 313 ff.

[561] Vgl. Simons, D./Weißenberger, B.E., BFuP 2008, S. 144.

[562] Vgl. Buzby, S.L., Journal of Accounting Research 1975, Vol. 13, No. 1, S. 28 f.; Raffournier, B., European Accounting Review 1995, Vol. 4, No. 2, S. 274; Healy, P.M./Palepu, C.G., Journal of Accounting and Economics 2001, Vol. 31, Vol. 1-3, S. 406.

4.4 Reformüberlegungen für den Ausweis von latenten Steuern im HGB

4.4.1 Bilanzierung latenter Steuern nach HGB, IFRS und US-GAAP

Die Ergebnisse der multivariaten Analyse sollen abschließend zusammen mit den Resultaten einer vergleichenden Analyse der Rechnungslegungsnormen zur Bilanzierung latenter Steuern nach HGB in der Fassung des BilMoG mit den internationalen Rechnungslegungsstandards zu konkreten Reformempfehlungen für die Bilanzierung latenter Steuern im handelsrechtlichen Einzelabschluss verdichtet werden. Zusätzliche Informationen, die einzelne Rechnungslegungssysteme bereitstellen, werden hierfür kurz auf den Informationsnutzen für den Abschlussadressaten hin untersucht.[563] Die Bereitstellung detaillierter Informationen macht das Herausfiltern der gewünschten Informationen im Rahmen der Bilanzanalyse schwieriger, sodass der Umfang der bereitgestellten Informationen nur bedingt mit der Entscheidungsrelevanz korreliert.[564]

Tabelle 14 enthält einen detaillierten Vergleich der Bilanzierung latenter Steuern nach HGB, IFRS und US-GAAP.[565] Eine analoge Anwendung des DRS 18[566] auf den Einzelabschluss, der für die Bilanzierung latenter Steuern im Konzernabschluss bindend ist, scheidet aus rechtsdogmatischen Gründen aus.[567] Deswegen werden nur die gesetzlich vorgeschriebenen Bilanzierungsvorschriften vergleichend analysiert. Die empirischen Ergebnisse belegen ferner, dass sich die Unternehmen relativ selten an den Vorgaben des DRS 18 orientieren, selbst wenn sie über die gesetzlichen Mindestanforderungen hinaus Informationen zu den Differenzen zwischen Handels- und Steuerbilanz offenlegen. Die vergleichende Analyse zeigt, dass sich die deutschen Rechnungslegungsvorschriften auf den ersten Blick sehr stark den internationalen Rechnungslegungsstandards angenähert haben. Unterschiede im Detail bleiben aber bestehen.

4.4.2 Vergleichende Analyse

Alle betrachteten Rechnungslegungsstandards gehen zunächst von derselben Abbildungskonzeption aus, dem bilanzorientierten Temporary Konzept. Nach § 274 Abs. 2 HGB sind die

[563] Dabei wird auf Entscheidungsrelevanz für den Bilanzadressaten fokussiert. Vgl. Theile, C./Nagafi, H./Zyczkowski, C., BBK 2011, S. 913.

[564] Vgl. Küting, K./Strauß, M., StuB 2011, S. 445 f.

[565] Zum 1. Juni 2009 wurden sämtliche Rechnungslegungsvorschriften der US-GAAP in der Accounting Standards Codification des FASB zusammengeführt. Section 740 der FASB ASC beschäftigt sich seitdem mit den Ertragsteuern (ursprünglich FAS 109) und mit unsicheren Steuerpositionen (zuvor FIN 48).

[566] Daneben hat das IDW eine berufsständische Verlautbarung zur Anwendung der Neuregelungen in §§ 274 und 306 HGB als Entwurf zum Rechnungslegungsstandard IDW ERS HFA 27 veröffentlicht, der aber am 9.9.2010 wieder aufgehoben wurde.

[567] Vgl. Wolz, C., DB 2010, S. 2626.

Beträge der sich ergebenden Steuerbe- und -entlastung mit den Steuersätzen zu bewerten, die im Zeitpunkt des Abbaus der Differenzen gesetzliche Gültigkeit besitzen. Das entspricht im Wesentlichen der Vorgehensweise der internationalen Rechnungslegungsvorschriften, welche die temporären Differenzen mit den Steuersätzen bewerten, die am Abschlussstichtag gültig (US-GAAP und IFRS) oder angekündigt (IFRS) sind. Änderungen der Steuersätze oder der Gesetzesgrundlagen werden erfolgswirksam erfasst. Über ein Verbot der Diskontierung latenter Steuern besteht international Konsens.

Können abzugsfähige Differenzen nach HGB[568] und IFRS verrechnet werden, sind aktive latente Steuern auszuweisen (Nettomethode).[569] Nach US-GAAP ist ein zweistufiges Bewertungskonzept vorgesehen. In einem ersten Schritt werden sämtliche aktive latente Steuern auf Verlustvorträge und abzugsfähige Differenzen in voller Höhe zum Ansatz gebracht. In einem zweiten Schritt erfolgt eine Beurteilung der Werthaltigkeit der aktiven latenten Steuern. Anschließend werden die aktiven Steuerlatenzen auf den Betrag wertberechtigt, der wahrscheinlich realisiert werden kann (Bruttomethode).[570]

Bemerkenswert ist allerdings, dass dem Bilanzierenden nach HGB im Gegensatz zu den US-GAAP oder IFRS ein Aktivierungswahlrecht für einen Überhang aktiver Steuerlatenzen eingeräumt wird. Diese Regelung eröffnet dem Bilanzersteller weitgehende Bilanzierungsspielräume, die neben den Ermessensspielraum bei der Beurteilung der Werthaltigkeit der aktiven latenten Steuern treten. Im Unterschied zu US-GAAP und IFRS sind zwar aktive latente Steuern für Verlustvorträge nach § 274 Abs. 1 S. 4 HGB zu berücksichtigen, allerdings nur in Höhe der innerhalb der nächsten fünf Jahre zu erwartenden Verlustverrechnung.[571]

Die Länge des Detailplanungshorizontes nach IAS 12 ist dagegen abhängig von den unternehmensspezifischen Planungsmöglichkeiten hinsichtlich der Ergebnisentwicklung und zeitli-

568 Aufgrund des Vorsichtsprinzips muss das bilanzierende Unternehmen im Vergleich zur Bilanzierung nach IFRS dem Abschlussprüfer tendenziell mehr und überzeugendere Nachweise für die Realisierbarkeit steuerlicher Gewinne vorlegen.

569 Vgl. BT-Drucks. 16/10067 vom 30.7.2008, S. 67.

570 Der Regelungsinhalt von IAS 12 und ASC 740 ist ansonsten, was die Behandlung latenter Steuern anbetrifft, weitgehend vergleichbar. Für Unterschiede in den Detailregelungen vgl. Kröner, M./Beckenhaub, C., Konzernsteuerquote, München 2008, S. 18 ff.

571 Einen den Steuerlatenzen auf Verlustvorträge vergleichbaren Charakter besitzen aktive latente Steuern auf Zinsvorträge, die im Rahmen der Regelungen des § 4h EStG i. V. m. § 8a KStG gebildet werden. Nach § 8a KStG i. V. m. § 4h EStG können Zinsaufwendungen generell nur bis zu einer Höhe von 30% des EBITDA abgezogen werden. Es wird eine Freigrenze von 3 Millionen Euro gewährt. Nicht abgezogene Zinsaufwendungen kann der Steuerpflichtige vortragen und in zukünftigen Veranlagungszeiträumen geltend machen. Vgl. Prinz, U., GmbHR 2009, S. 1034. Grundsätzlich kommen darüber hinaus aktive latente Steuern auf einen EBITDA-Vortrag nach § 4h Abs. 1 S. 3 EStG in Betracht. Für die Annahme der Werthaltigkeit eines EBITDA-Vortrags darf dieser weder in den kommenden Perioden untergehen, noch darf einer der Ausnahmetatbestände der Zinsschranke zum Tragen kommen. Vgl. Eppinger, C./Seebacher, K., KoR 2010, S. 481 f.

chen Verlustverrechnungsbeschränkungen.[572] Das gleiche gilt grundsätzlich für ASC 740. Die Planungsrechnung macht dabei die Implikationen des operativen Geschäfts auf die Verlustvorträge des Unternehmens transparent und setzt eine Dokumentation der Berechnungsannahmen voraus.

Tabelle 14: Vergleich Bilanzierung latente Steuern

	HGB	IFRS	US-GAAP
Abbildungskonzeption	Bilanzorientiertes Temporary Konzept (§ 274 I HGB)	Bilanzorientiertes Temporary Konzept (IAS 12.IN2)	Bilanzorientiertes Temporary Konzept (ASC 740-10-25-29)
Bewertungskonzeption	Verbindlichkeits-methode (§ 274 II HGB)	Verbindlichkeitsmethode (IAS 12.46-47)	Verbindlichkeitsmethode (ASC 740-10-30-2)
Passive latente Steuern	Passivierungspflicht (Passivüberhang) (§ 274 I HGB)	Passivierungspflicht (IAS 12.15)	Passivierungspflicht (ASC 740-10-25-2)
Aktive latente Steuern			
Aktivierung	Wahlrecht (Aktivüberhang) (§ 274 I HGB)	Pflicht (IAS 12.24)	Pflicht (ASC 740-10-25-2)
Bilanzansatz (aktive latente Steuern)	Ansatz in Höhe der innerhalb der nächsten fünf Jahre zu erwartenden Verlustverrechnung. (§ 274 I HGB)	Ein latenter Steueranspruch ist für alle abzugsfähigen Differenzen und Verlustvorträge zu bilanzieren, soweit steuerpflichtige Erträge zur Verrechnung mit den abzugsfähigen Differenzen wahrscheinlich realisiert werden. (IAS 12.24, 12.34)	In einem ersten Schritt werden sämtliche aktive latente Steuern auf Verlustvorträge und temporäre Differenzen zum Ansatz gebracht. (ASC 740-10-30-5)
Wertberichtigungen (aktive latente Steuern)	Aufgrund des Nettoansatzes sind Wertberichtigungen konzeptionell nicht vorgesehen.	Aufgrund des Nettoansatzes sind Wertberichtigungen konzeptionell nicht vorgesehen. (IAS 12.56)	Wenn es wahrscheinlich ist, dass die aktiven latenten Steuern teilweise nicht genutzt werden können, hat eine Wertberichtigung zu erfolgen. (ASC 740-10-30-5 (e))

[572] Vgl. Lienau, A./Erdmann, M.-K./Zülich, H., DStR 2007, S. 1096 f.

Ansatzkriterien (aktive latente Steuern)			
Temporäre Differenzen	Abzugsfähige temporäre Differenzen	Abzugsfähige temporäre Differenzen	Abzugsfähige temporäre Differenzen
Steuerplanung	Keine Regelung	Steuergestaltungsmöglichkeiten zur Erzielung steuerpflichtiger Ergebnisse in zukünftigen Perioden. (IAS 12.35-36)	Steuergestaltungsmöglichkeiten (ASC 740-10-30-18)
Bewertung	Im Zeitpunkt des Abbaus der Differenzen geltende Steuersätze. (§ 274 II HGB)	Steuersätze, deren Gültigkeit für die Periode erwartet wird, in der ein Vermögenswert realisiert oder eine Schuld erfüllt wird. (IAS 12.47)	Steuersätze, deren Gültigkeit für die Periode erwartet wird, in der ein Vermögenswert realisiert oder eine Schuld erfüllt wird. (ASC 740-10-25-47)
Änderung von Steuergesetzen			
Erfassungszeitpunkt	Änderungen sind zu berücksichtigen, wenn der Bundesrat der Gesetzesänderung zugestimmt hat.	Steuersätze (und Steuervorschriften), die zum Abschlussstichtag gültig oder angekündigt sind. (IAS 12.47)	Steuersätze (und Steuervorschriften), die zum Abschlussstichtag angekündigt sind. (ASC 740-10-25-47)
Erfolgswirksamkeit	Ändert sich der Buchwert latenter Steuern aufgrund von Gesetzesänderungen, sind die Anpassungen erfolgswirksam zu erfassen. (§ 274 II HGB)	Das sich ergebende latente Steuerergebnis ist erfolgswirksam zu erfassen. Ausgenommen sind latente Steuern, die auf erfolgsneutral entstandenen Differenzen beruhen. (IAS 12.60)	Aktive und passive latente Steuern sind anzupassen und die Erfolgswirkung soll im Ergebnis der gewöhnlichen Geschäftstätigkeit gezeigt werden. (ASC 740-10-45-15)
Saldierung latenter Steuern (Gesamtdifferenzen)	Die sich insgesamt ergebene Steuerbe- und –entlastung kann verrechnet angesetzt werden. (§ 274 I HGB)	Aktive und passive latente Steuern sind unverrechnet anzusetzen.	Aktive und passive latente Steuern sind unverrechnet anzusetzen.
Aufrechnung latenter Steuern (Einzeldifferenzen)	Keine Regelung	Latente Steueransprüche und latente Steuerschulden sind zu saldieren, wenn das Unternehmen ein einklagbares Recht zur Aufrechnung tatsächlicher Steuererstattungsansprüche gegen tatsächliche Steuerschulden hat; und diese sich auf Ertragsteuern beziehen, die von der gleichen Steuerbehörde erhoben werden. (IAS. 12.74-75)	Latente Steueransprüche und latente Steuerschulden können, soweit sie von der gleichen Steuerbehörde erhoben werden, saldiert ausgewiesen werden. (ASC 740-10-45-6)

Diskontierung	Latente Steuern sind nicht abzuzinsen. (§ 274 II HGB)	Latente Steuern sind nicht abzuzinsen. (IAS 12.53)	Latente Steuern sind nicht abzuzinsen. (ASC 740-10-30-8)
Anhangangaben			
Temporäre Differenzen	Differenzen oder steuerliche Verlustvorträge, auf denen die latenten Steuern beruhen und Steuersätze mit denen die Bewertung erfolgt ist (unabhängig davon, ob latente Steuern aktiviert worden sind).[573] Quantitative Angaben sind nicht vorgeschrieben. (§ 285 Nr. 29 HGB)	Der Betrag der temporären Differenzen für die latente Steueransprüche und Steuerschulden gebildet wurden. Der Betrag temporärer Differenzen für die latente Steuern erfolgswirksam gebildet wurden. (IAS 12.81 (g)) Der Betrag eines latenten Steueranspruchs und substanzielle Hinweise für seinen Bilanzansatz sind anzugeben, wenn dessen Realisierung von künftigen steuerpflichtigen Erträgen abhängt oder das Unternehmen Verluste erlitten hat. (IAS 12.82)	Betrag der aktiven und passiven latenten Steuern, die steuerliche Ergebniswirkung jeder signifikanten temporären Differenz und jedes steuerlichen Verlustvortrags. (ASC 740-10-50-1-7) Eine Wertberichtigung der latenten Steuern ist angezeigt [und ggf. auszuweisen], wenn das Unternehmen Verluste erlitten hat. (ASC 740-10-30-21)
Ungenutzte Verlustvorträge und abzugsfähige Differenzen	Keine Regelung	Betrag der abzugsfähigen temporären Differenzen, der noch nicht genutzten steuerlichen Verluste für welche in der Bilanz kein latenter Steueranspruch angesetzt wurde; Verfallszeitpunkte der Verlustvorträge. (IAS 12.81(e))	Die durchgeführte Wertberichtigung der latenten Steuern, die Veränderung der Wertberichtigung während des Geschäftsjahres, Verfallszeitpunkte von bislang ungenutzten Verlustvorträgen. (ASC 740-10-50-1-7)
Steuerliche Überleitungsrechnung	Keine Regelung	Die Beziehung zwischen dem Steueraufwand und dem bilanziellen Ergebnis vor Steuern muss erläutert werden, indem zwischen dem Steueraufwand und dem Produkt aus Ergebnis vor Steuern und dem anzuwendenden Steuersatz oder dem durchschnittlichen effektiven Steuersatz übergeleitet wird. (IAS 12.81 (c))	Verpflichtende Überleitung zwischen dem ausgewiesenen Steueraufwand der gewöhnlichen Geschäftstätigkeit und dem Steueraufwand, der sich aus dem Produkt aus Vorsteuereinkommen und dem anzuwendenden Steuersatz ergeben würde. (ASC 740-10-50-12)

[573] Vgl. BT-Drucks. 16/12407 vom 24.3.2009, S. 88.

Ansatzverbote			
Initial Differences	Latente Steuern auf „Initial Differences" sind zu bilden, da § 274 HGB keine Ausnahmen vorsieht.	Verbot des Ansatzes latenter Steuern, die sich aus einem Geschäftsvorfall ergeben, bei dem es sich nicht um einen Unternehmenszusammenschluss handelt und der weder das Vorsteuerergebnis noch das steuerpflichtige Einkommen beeinflusst. (IAS 12.22 (c), IAS 12.33)	Gebot des Ansatzes latenter Steuern, die sich aus einem Anschaffungsvorgang ergeben, bei dem es sich nicht um einen Unternehmenszusammenschluss handelt und beim dem der Bilanzansatz vom steuerlichen Wertansatz abweicht. (ASC 740-10-25-51)
Ausweisvorschriften	Der Ausweis latenter Steuern erfolgt gesondert in der Bilanz. (§ 266 II-III i. V. m. § 298 I HGB)	Aktive und passive latente Steuern werden unter den langfristigen Vermögenswerten ausgewiesen. (IAS 1.56)	Unterteilung in kurzfristige und langfristige Vermögenswerte. (ASC 740-10-45-4)
Ausschüttungssperre	Werden aktive latente Steuern in der Bilanz ausgewiesen, ist der Betrag ausschüttungsgesperrt, um den die aktiven latenten Steuern die passiven latenten Steuern übersteigen. (§ 268 VIII HGB)	Keine Ausschüttungsbemessungsfunktion	Keine Ausschüttungsbemessungsfunktion

Nach § 274 HGB, IAS 12.36 Buchst. a und ASC 740.10.30.18 Buchst. a können im Umkehrzeitraum bestehende steuerpflichtige Differenzen als Werthaltigkeitsnachweis fungieren. Dementsprechend müssen neben dem steuerlichen Ergebnis auch Umkehrwirkungen und -zeitpunkte der temporären Differenzen detailliert geplant werden. Steuerplanungsstrategien können nach ASC 740.10.30.18 Buchst. d und IAS 12.36 Buchst. c die Werthaltigkeit eines Verlustvortrages belegen.[574] Der bisherige Verlustträger kann hierzu beispielsweise abgestoßen werden.[575]

Eine Saldierung der sich insgesamt ergebenden latenten Steuern ist nach IFRS und US-GAAP nicht möglich. Die aggregierten latenten Steuern werden vielmehr unverrechnet ausgewiesen. Einzelne aktive Steuerlatenzen müssen nach IAS 12.74-12.75 bzw. ASC 740-10-45-6 mit passiven latenten Steuern verrechnet werden, wenn das Unternehmen einen rechtlichen Anspruch darauf hat, tatsächliche Steuererstattungsansprüche gegen Steuerschulden aufzurechnen. Die Aufrechnungslage muss für Ertragsteuern gegeben sein, die von der gleichen Steuerbehörde erhoben werden. In vielen Jurisdiktionen werden Steuerforderungen mit Steuerverbindlichkeiten verrechnet. Folglich können latente Steuern, die mit derselben Steuerjurisdiktion in Verbindung stehen, auch nach den internationalen Rechnungslegungsstandards verrech-

574 Vgl. Eitzen, B.v./Helms, S., BB 2002, S. 825 f.
575 So z. B. DRS 18.18 ff.

net werden.[576] Einschränkend ist allerdings anzumerken, dass eine Verrechnung aktiver latenter Steuern für Verlustvorträge mit passiven latenten Steuern zumeist nicht kongruent begründet werden kann, da dies die Steuervorschriften für die zugrunde liegenden Differenzen überwiegend nicht zulassen.[577] Einer Saldierung sind im Hinblick auf das deutsche Steuerrecht weitere Grenzen gesetzt, weil eine Verrechnung von Körperschaftsteuerguthaben mit Gewerbesteuerschulden aufgrund der unterschiedlichen Verwaltungshoheit über beide Steuerarten nicht zulässig ist.[578] Auch wenn das HGB die Saldierung von latenten Steuern für Einzeldifferenzen nicht explizit regelt, gelten dieselben Grundsätze.[579] Die Unterschiede zwischen dem HGB und den internationalen Rechnungslegungsvorschriften sind damit insgesamt als moderat einzustufen.

Dieses Ergebnis verwundert auf den ersten Blick, weil in der deutschen Literatur die Bilanzierung latenter Steuern nach internationalen Rechnungslegungsstandards nahezu ausschließlich im Hinblick auf den Konzernabschluss diskutiert wird. Hier ist die Ausgangssituation eine andere, weil innerhalb der rechtlichen Einheit des Konzerns latente Steuern nur verrechnet werden können, wenn die Konzerngesellschaften im Rahmen einer Gruppenbesteuerung (z. B. Organschaft) einen Ausgleich der Steuerschulden und Erstattungsansprüche herbeiführen oder mit deren rechtlicher Entstehung die Verpflichtungen ablösen können. Die Ertragsteuern eines internationalen Konzerns werden jedoch von vielen unterschiedlichen Steuerbehörden erhoben. Und selbst für Konzerne, die nur in einer Steuerjurisdiktion operativ tätig sind, ist eine Verrechnung von Steuererstattungsansprüchen und Steuerverbindlichkeiten aufgrund der Steuersubjektfähigkeit der Konzerngesellschaften eingeschränkt, es sei denn, alle Konzerngesellschaften sind in die Gruppenbesteuerung einbezogen.[580]

Nach HGB, US-GAAP und IFRS ist offenzulegen, auf welchen Differenzen oder steuerlichen Verlustvorträgen die latenten Steuern beruhen.[581] Allerdings sind die Wertdifferenzen zwischen Handels- und Steuerbilanz nach den internationalen Rechnungslegungsstandards zu

---

576 Diese Feststellung gilt solange wie bei der Steuererhebung, Steuererstattungen und die Durchsetzung von Steuerforderungen nicht streng getrennt voneinander vollzogen werden. Vgl. Ernst & Young, International GAAP 2010. General Accepted Accounting Practice under International Financial Reporting Standards, 2. Auflage, Chichester 2010, S. 1798.

577 Vgl. PricewaterhouseCoopers, IFRS Manual of Accounting 2008. Global guide to International Financial Reporting Standards, London 2007, S. 13141.

578 Vgl. Hoffmann, W.-D., in: Lüdenbach, N./Hoffmann, W.-D. (Hrsg.), Haufe IFRS-Kommentar, 10. Auflage, Freiburg 2012, § 26 Rn. 143.

579 Vgl. DRS 18.40 für den Konzernabschluss nach HGB.

580 Vgl. Deloitte, iGAAP 2010. A guide to IFRS reporting, 3. Auflage, Edinburgh 2009, S. 677.

581 Nach ASC 740-10-50-6 ist die steuerliche Auswirkung jeder signifikanten temporären Differenz und jedes steuerlichen Verlustvortrags auszuweisen. ASC 740 definiert allerdings nicht, was unter einer signifikanten Differenzen zu verstehen ist. Aus diesem Grund sind die Anhangangaben in den Unternehmensabschlüssen sehr heterogen. Vgl. Hanlon, M., National Tax Journal 2003, Vol. 56, No. 4, S. 836.

quantifizieren. Der Ausweis abzugsfähiger Differenzen und ungenutzter Verlustvorträge nach IAS 12.81, für die keine latenten Steuern angesetzt wurden, entspricht im Ergebnis der Verpflichtung nach ASC 740-10-50-2, die Wertberichtungen der latenten Steueransprüche offenzulegen. Die nur nach US-GAAP auszuweisende Veränderung der Wertberichtigungen auf aktive latente Steuern während des Geschäftsjahres verspricht zusätzliche Einblicke in die steuerliche Risikoposition. Verfallzeitpunkte steuerlicher Verlustvorträge sind nur nach US-GAAP und IFRS auszuweisen. Nach IAS 12.82 sind der Betrag der aktivierten Steueransprüche und überzeugende Argumente vorzubringen, die für dessen Werthaltigkeit sprechen, wenn die Steuerentlastung von zukünftigen Gewinnerwartungen abhängt oder das Unternehmen Verluste erlitten hat. Diese Angaben werden weder nach HGB noch nach ASC 740 eingefordert. Nach ASC 740-10-30-21 wird dem Bilanzierenden aber in solchen Fällen eine Wertberichtigung der aktiven latenten Steuerposition nahe gelegt.

Zu den Anhangangaben nach den internationalen Rechnungslegungsstandards gehört zwingend eine Überleitungsrechnung. In der sog. Tax Reconciliation werden die Abweichungen zwischen dem erwarteten Steueraufwand, wenn man von dem Vorsteuerergebnis des Geschäftsjahres ausgeht, und dem laufenden Steueraufwand erläutert. Zusätzlich sind die wesentlichen Einflussfaktoren auf die Steuerquote offenzulegen. Es ergeben sich daher Unterschiede zu den verpflichtenden Angaben im Bilanzanhang nach HGB.

Differenzen zwischen dem erwarteten Steueraufwand und dem laufenden Steueraufwand resultieren, wenn die latente Steuerabgrenzung zu keiner vollständigen Kompensation zwischen dem nach dem handelsrechtlichen Ergebnis erwarteten Steueraufwand und dem in der Steuererklärung deklarierten Steuerbetrag führt. Divergenzen zwischen dem erwarteten und dem laufenden Steueraufwand werden dementsprechend durch permanente Differenzen, temporäre Differenzen, für die keine Abgrenzung vorgenommen wurde, oder periodenfremde Effekte hervorgerufen.

Der Detaillierungsgrad der Tax Reconciliation wird in den IAS/IFRS nicht vorgegeben (IAS 12.81 Buchst. c), was in der Praxis zu einer beachtlichen Bandbreite an Darstellungen führt, welche die Vergleichbarkeit erheblich einschränken.[582] IAS 12.84 schreibt lediglich vor, dass alle „wesentlichen Bestandteile“ ausgewiesen werden müssen. Nach US-GAAP sind einzelne Überleitungspositionen offenzulegen, wenn sie wesentlich sind (ASC 740-10-50-12). Nach den Publizitätsvorschriften der amerikanischen Börsenaufsicht Securities of Exchange Com-

[582] Teilweise wird aber auch vertreten, dass eine Position nach IAS 8.12 als wesentlich einzustufen ist, wenn sie zu einer mindestens 5%igen Abweichung vom erwarteten Steueraufwand führt. Vgl. Schmundt, W., Die Prognose von Ertragsteuern im Discounted Cash Flow Verfahren, Wiesbaden 2008, S. 102 f. m. w. N.

mission (SEC) müssen steuerliche Sachverhalte, soweit sie fünf Prozent des Steueraufwandes überschreiten, in der Überleitungsrechnung gesondert angegeben werden.[583]

Wertdifferenzen aus dem erstmaligen Ansatz von Wirtschaftsgütern und Schulden („initial differences") werden nach IFRS nicht mit latenten Steuern belegt. Passive latente Steuern aufgrund von Differenzen aus dem erstmaligen Ansatz von Wirtschaftsgütern und Schulden werden nicht berücksichtigt,[584] weil der abgegrenzte Steuereffekt nicht über die Nutzungsdauer des Wirtschaftsgutes invertiert. Darüber hinaus steht zu befürchten, dass der Steuereffekt zweimal erfasst wird. Erstens bei der Kaufpreisermittlung und ein weiteres Mal bei der Bewertung der Wertdifferenzen zwischen Handels- und Steuerbilanz.[585] Bei der Vorgehensweise, welche die US-GAAP und das deutsche Handelsrecht wählen, wird im Ergebnis der Betrag ausgewiesen, den ein Erwerber als Kaufpreis ansetzen würde, wenn die Anschaffungskosten des Wirtschaftsgutes vollständig steuerlich abgezogen werden können.[586] Die divergierende Bewertungsmethodik kann in den skizzierten Fallkonstellationen zu großen Abweichungen führen.

Aktive und passive latente Steuern werden nach IFRS typisierend als langfristige Vermögenswerte kategorisiert. Nur nach US-GAAP erfolgt eine Unterteilung in kurz- und langfristige Vermögenswerte. Die Klassifizierung der latenten Steuern folgt dabei nach ASC 740-10-45-7 der Bilanzgliederungsposition der zugrunde liegenden Vermögensgegenstände und Schulden. Nur hilfsweise, wenn die latenten Steuern auf außerbilanziellen Differenzen beruhen, richtet sich die Einteilung nach dem voraussichtlichen Umkehrungszeitraum der temporären Differenz. Derart aufbereitete Informationen dürften für den Bilanzadressaten deutlich interessanter sein. § 266 Abs. 2 und Abs. 3 HGB fordert dagegen einen gesonderten Ausweis der latenten Steuern neben den Vermögenswerten und Verbindlichkeiten, sodass die latenten Steuern eine eigene Bilanzierungsgliederungsposition bilden und folglich keine Unterteilung nach der Fristigkeit erforderlich ist.

Sich insgesamt ergebende aktive Latenzen mindern nach den internationalen Rechnungslegungsstandards nicht den ausschüttbaren Gewinn, da der Jahresabschluss nach IFRS oder US-

---

583 Vgl. Schäffeler, U., Latente Steuern nach US-GAAP für deutsche Unternehmen, Frankfurt am Main 2000, S. 99.

584 Allerdings ist auch diese Vorgehensweise, beispielsweise im Hinblick auf ein Finanzierungleasing, nicht unproblematisch. Deswegen hat das IASB inzwischen neue Vorgaben gemacht. Vgl. Ernst & Young, International GAAP 2010. General Accepted Accounting Practice under International Financial Reporting Standards, 2. Auflage, Chichester 2010, S. 1741 ff.

585 Vgl. PricewaterhouseCoopers, IFRS Manual of Accounting 2008. Global guide to International Financial Reporting Standards, London 2007, S. 13051.

586 Vgl. Ernst & Young, International GAAP 2010. General Accepted Accounting Practice under International Financial Reporting Standards, 2. Auflage, Chichester 2010, S. 1738.

GAAP keine Ausschüttungsbemessungsfunktion besitzt. Nach § 268 Abs. 8 S. 2 dürfen Gewinne in Höhe des Betrags, um den die aktiven latenten Steuern die passiven latenten Steuern übersteigen (Aktivüberhang), nicht ausgeschüttet werden. Wenn Gewinne aufgrund eines Überhangs aktivierter latenter Steuern ausgeschüttet werden, droht eine Verletzung des Gläubigerschutzes, weil die Wahrscheinlichkeit einer Insolvenz aufgrund der gesunkenen Kapitalausstattung steigt, wenn die latenten Steueransprüche tatsächlich nicht geltend gemacht werden können.[587]

4.4.3 Reformempfehlungen für die Bilanzierung latenter Steuern nach HGB

Die vergleichende Analyse zeigt, dass das deutsche Handelsrecht zwar die grundlegende Erfassungs- und Bewertungskonzeption der internationalen Rechnungslegungsnormen übernommen hat, aber in wesentlichen Details deutlich von diesen abweicht. In der normativen Steuerliteratur wird schon von einer kritikwürdigen Kompromisslösung gesprochen.[588] Die identifizierten Abweichungen sind teilweise jedoch nur konzeptioneller Natur (z. B. Ausschüttungssperre) oder für die Informationsfunktion des Jahresabschlusses weitgehend unbedeutend (z. B. Bilanzausweis). Insgesamt lassen sich nur wenige, jedoch gravierende Differenzen bei der Bilanzierung latenter Steuern nach BilMoG finden, welche die Interpretation der ausgewiesenen temporären Differenzen und der damit verbundenen Risiken deutlich erschweren. Das Management wird hinsichtlich der Ausübung von Ermessensspielräumen diszipliniert, wenn seine bilanzpolitischen Maßnahmen für die externen Bilanzleser nachvollziehbar sind. Das Ziel einer Überarbeitung der steuerlichen Rechnungslegungsvorschriften des BilMoG sollte es sein, dass Investoren die Bedeutung und die Risiken zukünftiger Steuerzahlungen besser einschätzen können. Zur Erreichung dieser Zielsetzung sollen im Folgenden de lege ferenda Reformvorschläge abgeleitet werden.[589]

Primär zeigt sich die Wahlmöglichkeit, einen Überhang latenter Steuern aktivisch abzugrenzen, für die eingeschränkte Vergleichbarkeit zwischen den Unternehmen der Untersuchungsstichprobe verantwortlich. Zwar hatten der Referentenentwurf und der Regierungsentwurf[590] zunächst eine Aktivierungspflicht vorgesehen,[591] im endgültigen Gesetzestext wurde diese

587 Vgl. Pellens, B./Kemper, T./Schmidt, A., ZGR 2008, S. 385 f.; Kahle, H./Günther, S., StuW 2012, S. 48.

588 Vgl. Velte, P., StuW 2011, S. 298.

589 Die Reformüberlegungen betreffen nicht das grundlegende Abbildungskonzept, das nach IFRS, US-GAAP und HGB identisch ist. Vgl. zu diesbezüglichen alternativen Reformkonzepten Vgl. EFRAG, Improving the Financial Reporting of Income Tax, Discussion Paper, Brüssel 2011, S. 36 ff.

590 Vgl. BT-Drucks. 16/10067 vom 30.7.2008, S. 9.

591 Vgl. BMJ, Referentenentwurf eines Gesetzes zur Modernisierung des Bilanzrechts (BilMoG), Berlin 2007, S. 11.

allerdings, nach langem politischem Ringen, zugunsten eines Wahlrechts aufgegeben.[592] Begründet wurde diese Anpassung im Wesentlichen mit dem Vorsichtsprinzip. Soweit ein latenter Steueranspruch nicht hinreichend sicher geltend gemacht werden kann, sollte das bilanzierende Unternehmen angehalten werden, von einer Aktivierung aus Vorsichtsgründen abzusehen.[593] Darüber hinaus sollte das Wahlrecht die Bilanzierung latenter Steuern vereinfachen. Tatsächlich wurden den Bilanzierenden damit aber erhebliche Gestaltungsspielräume eröffnet, die nun durch eine Änderung des § 274 HGB geschlossen werden sollten. Denn erstens ist die Berücksichtigung des Vorsichtsprinzips eine dem Bilanzansatz nachgelagerte Bewertungsfrage, wenn mit steuerpflichtigen Erträgen in der erforderlichen Höhe gerechnet wird.[594] Darüber hinaus wurde eine Ausschüttungssperre für die aktivierten latenten Steuern geschaffen,[595] um sicherzustellen, dass die unrealisierten Eigenkapitalbestandteile an das Unternehmen gebunden bleiben.[596] Zweitens deuten die empirischen Ergebnisse der obigen Untersuchung darauf hin, dass Unternehmen das Bilanzierungswahlrecht für bilanzpolitische Maßnahmen einsetzen könnten. Der oben ermittelte Ergebniseffekts latenter Steuern verdeutlicht, welche ökonomischen Implikationen die Wahlrechtsausübung haben kann. Dadurch wird die externe Vergleichbarkeit der Jahresabschlüsse deutlich eingeschränkt.[597] Drittens bringt die Ausübung des Wahlrechts nur geringfügige Vereinfachungen für den Bilanzierenden mit sich, da nach § 285 Nr. 29 HGB, wie bereits erläutert, zumindest qualitativ auf die Differenzen einzugehen ist, auf denen die latenten Steuern beruhen. Um diese Informationen bereitstellen zu können, müssen die offenlegungspflichtigen Unternehmen einen Bilanzvergleich durchführen.[598] Ab dem Wirtschaftsjahr 2013 müssen zudem Bilanz und Gewinn- und Verlustrechnung nach § 5 b EStG elektronisch dem Finanzamt übermittelt werden.[599] Die E-Bilanz wirkt dabei auf das steuerliche Rechnungswesen zurück, weil Wertdifferenzen zwischen Handels- und Steuerbilanz innerhalb der laufenden Buchführung abgebildet werden müssen.[600]

Die Vereinfachung des Aktivierungswahlrechts besteht deshalb lediglich darin, dass die Differenzen nicht mit dem anwendbaren Steuersatz multipliziert werden müssen. Wenn die abzugsfähigen Differenzen die steuerpflichtigen Differenzen übersteigen, kann das bilanzieren-

---

592 Vgl. Petersen, K./Zwirner, C. (Hrsg.), Bilanzrechtsmodernisierungsgesetz BilMoG, München 2009, S. 159 ff.

593 Vgl. BT-Drucks. 16/12407 vom 24.3.2009, S. 106.

594 Vgl. Melcher, W./Möller, F., KoR 2011, S. 554.

595 Vgl. Petersen, K./Zwirner, C., StuB 2009, S. 421.

596 Vgl. Küting, K./Lorson, P./Eichenlaub, R./Toebe, M., GmbHR 2011, S. 4.

597 Vgl. Zwirner, C., StuB 2011, S. 574. Zu Problemen eines Zeitreihenvergleichs nach BilMoG vgl. Zwirner, C./Künkele, K. P., BC 2011, S. 213 f.

598 Vgl. Loitz, R., DB 2009, S. 913 ff.; Neubert, B./Geiler, T., ZfCM 2010, Supplement 3, S. 41.

599 Vgl. Herzig, N./Briesemeister, S./Schäperclaus, J., DB 2011, S. 2513.

600 Vgl. Herzig, N., DStR 2010, S. 1907.

de Unternehmen darüber hinaus auf eine Untersuchung der Werthaltigkeit seiner Verlustvorträge verzichten.[601] Schließlich widerspricht das Aktivierungswahlrecht für latente Steuern auch konzeptionell dem Bestreben des BilMoG nach einer Einschränkung von Bilanzoptionen für den handelsrechtlichen Jahresabschluss.[602] Die ohnehin der latenten Steuerbilanzierung immanenten Bilanzierungs- und Bewertungsspielräume werden durch das Aktivierungswahlrecht vergrößert.[603] Die Ergebnisse der multivariaten Analyse lassen erkennen, dass eine verpflichtende Berichterstattung über aktive latente Steuern zu einer signifikanten Qualitätsverbesserung der bereitgestellten Informationen über die Wertdifferenzen zwischen Handels- und Steuerbilanz und den damit verbundenen Risiken beitragen könnte.[604]

Im Zuge der vorgeschlagenen Änderungen von § 274 HGB sollte der auf fünf Jahre festgeschriebene Verrechnungszeitraum für Verlustvorträge entfallen. Diese Maßnahme dient allerdings nicht nur dazu, eine weitere Annäherung an die internationalen Rechnungslegungsstandards herbeizuführen, sondern auch, dem unternehmensspezifischen Planungshorizont Rechnung zu tragen und damit die Verlässlichkeit der bilanzierten latenten Steuern zu erhöhen. Der Detailplanungszeitraum in der Unternehmenspraxis variiert in Abhängigkeit von der Unternehmensgröße und der Branchenzugehörigkeit.[605] Die Nachvollziehbarkeit und Verlässlichkeit der aktivierten latenten Steuern für Verlustvorträge werden durch die Präzision der Planungsrechnungen des Unternehmens, welche die Verrechenbarkeit vorhandener Verlustvorträge prognostizieren,[606] und der Offenlegung des Detailplanungszeitraums determiniert. Für Kapitalgesellschaften, die nicht über die erforderliche technische Infrastruktur verfügen, die über den aktuellen Veranlagungszeitraum hinaus zu erwartende Verlustverrechnung zu bestimmen,[607] scheint die Vorgabe eines fixierten Verlustverrechnungszeitraums von fünf Jahren nicht zielführend zu sein. Die empirischen Ergebnisse zur Qualität der Rechnungslegung bestätigen, dass überwiegend kleine Kapitalgesellschaften, die lediglich aufgrund ihrer

601 Vgl. hierzu Petersen, K./Zwirner, C., StuB 2009, S. 421.

602 Vgl. Gegenäußerung der Bundesregierung zur Stellungnahme des Bundesrates zum Entwurf eines Gesetzes zur Modernisierung des Bilanzrechts, S. 4.

603 Die grundsätzliche Skepsis gegenüber der Bilanzierung latenter Steuern ist hingegen durchaus nachvollziehbar, wenn man bedenkt, dass bei der in unserem Sample nicht enthaltenen Commerzbank AG die aktivierten latenten Steueransprüche im Konzernabschluss 2011 4 Mrd. Euro oder 16,75% des Eigenkapitals ausmachen. Allerdings müsste der Gesetzgeber dann ganz generell von der Bilanzierung latenter Steuern abrücken. Vgl. Commerzbank, Geschäftsbericht 2011, Frankfurt 2012, S. 197 ff.

604 Vgl. auch Zülch, H./Hoffmann, S., DB 2008, S. 1644; Meyer, M., ZfP 2010, S. 366.

605 Vgl. Loitz, R., DB 2009, S. 920.

606 So auch Burkhardt, H., Bilanzansatz und Bewertung latenter Steuern nach IFRS und US-GAAP, Augsburg 2009, S. 165.

607 Vgl. Küting, K., DB 2012, S. 300.

Kapitalmarktorientierung nach § 267 Abs. 3 S. 2 HGB als große Kapitalgesellschaften gelten, den Vorgaben zur Bilanzierung latenter Steuern nur sehr eingeschränkt nachkommen.[608]

Auch hinsichtlich der Saldierungsgrundsätze wurden Unterschiede zu den internationalen Rechnungslegungsstandards festgestellt. Allerdings ergeben sich nach der hier befürworteten Einführung einer Aktivierungspflicht für abzugsfähige Differenzen und Verlustvorträge keine wesentlichen Unterschiede mehr zwischen der Einzel- und Gesamtdifferenzenbetrachtung im Hinblick auf die Darstellung der Ertrags- und Vermögenslage.[609] Für den Bilanzleser ist dennoch ein unsaldierter Ausweis vorzuziehen,[610] da er auf diese Weise detailliertere Informationen über zukünftige Steuerbelastungen, mögliche Erstattungen und deren Risikoprofil erhält. Allerdings lässt sich die Offenlegung dieser Informationen auf der Basis von gesetzlich verpflichtenden Anhangangaben wesentlich präziser beeinflussen, sodass im Folgenden hierauf näher eingegangen wird.

Qualitativ unzureichende Offenlegungsvorschriften für den Bilanzanhang eröffnen genauso wie Bilanzierungswahlrechte Gestaltungsspielräume zur Steuerung von Erfolgsgrößen, weil bilanzpolitische Maßnahmen kaum identifiziert werden können.[611] Die verpflichtende Offenlegung der Differenzen oder Verlustvorträge, auf denen die latenten Steuern beruhen, als gesetzliche Norm ist grundsätzlich zu begrüßen, allerdings lassen die Anhangangaben nach § 285 Nr. 29 HGB keine Rückschlüsse auf zukünftige Steuerzahlungen zu, weil die Wertdifferenzen nur qualitativ ausgewiesen werden. Perspektivisch sollten diese Angaben quantitativ erfolgen und die Vorschrift dementsprechend angepasst werden. In der Bilanzierungspraxis hat sich nach den Ergebnissen der deskriptiven Auswertung bereits ein Ausweis der temporären Differenzen auf Basis der Bilanzierungsgliederungspositionen durchgesetzt. Diese Vorgehensweise ist aus Sicht der Bilanzanalyse zu präferieren und sollte nunmehr auch gesetzlich festgeschrieben werden.

IAS 12.82 folgend sollten Unternehmen, die eine lange Verlustphase hinter sich gebracht haben, im Bilanzanhang erläutern, warum aktive latente Steuern, trotz der schlechten wirtschaftlichen Entwicklung in der Vergangenheit, angesetzt worden sind.[612] Kongruent zu den inter-

---

608 Auch Phillips kommt zum Ergebnis, dass kleine und mittelgroße Unternehmen Schwierigkeiten bei der Umsetzung des BilMoGs haben. Vgl. Phillips, H., BBK 2011, S. 307 ff. Ebenso deuten die Ergebnisse von Theile/Nagafi/Zyczkowski darauf hin, dass kleinere Unternehmen Probleme haben den neuen Ausweispflichten nachzukommen. Vgl. Theile, C./Nagafi, H./Zyczkowski, C., BBK 2011, S. 936 f.

609 Vgl. Melcher, W./Möller, F., KoR 2011, S. 556.

610 Vgl. Freidank, C.-C./Velte, P., StB 2012, S. 36.

611 Vgl. Weber, C., Die Behandlung latenter Steuern im Jahresabschluss und ihr Informationsgehalt im Rahmen der Unternehmensanalyse, Frankfurt 2003, S. 183.

612 Denkbare Begründungen wären ein eingeleiteter Strategiewechsel, ein neues Geschäftsmodell oder eine umfassende Restrukturierung. Vgl. Berger, A., DB 2006, S. 2474.

nationalen Rechnungslegungsvorschriften sollte darüber hinaus der Umfang der nicht aktivierten Verlustvorträge und abzugsfähigen Differenzen quantifiziert werden, damit die verbleibenden Bilanzierungsspielräume eingeschränkt werden können.[613] Dadurch würde dem Vergleich der Erfolgspotentiale unterschiedlicher Unternehmen und der intertemporalen Analyse der Jahresabschlüsse der Weg geebnet. Darüber hinaus würde eine Offenlegung der Verfallszeitpunkte der Verlustvorträge eine Beurteilung der Entwicklung des Ertragsteueraufwands bei einer Verbesserung der Ertragslage begünstigen.[614] Langfristig könnte eine verpflichtende Angabe zu den voraussichtlichen Umkehrzeitpunkten der latenten Steuerpositionen im § 285 HGB ergänzt werden. Deren komplexe Prognose führt zu hohen Implementierungskosten, die aber im Laufe der Zeit durch Lerneffekte in Zusammenhang mit der Bilanzierung latenter Steuern relativ stark sinken dürften.

Die Erstellung einer Überleitungsrechnung ist hingegen nicht Bestandteil der hier unterbreiteten Reformvorschläge.[615] Die Tax Reconciliation weist zunächst eine hohe technische Komplexität auf.[616] Weiterhin wurde für den Bilanzanhang oben bereits ein Ausweis von temporären Differenzen, für die keine Abgrenzung erfolgt ist, angeregt. Nicht abgrenzbare periodenfremde Effekte auf die Steuerquote werden, soweit wesentlich, bereits nach geltender Rechtslage (§ 277 Abs. 4 HGB) abgebildet.[617] Der Mehrwert einer Überleitungsrechnung wäre daher im Wesentlichen in den Informationen zu den permanenten Differenzen zu sehen. Desweiteren sind Investoren vielmehr an einer Überleitung von dem deklarierten Steuerbetrag (sog. Cash Taxes) zu dem laufenden Steueraufwand interessiert.[618] Auch die mit einer Tax Reconciliation verbundenen Implementierungskosten sprechen gegen eine Verpflichtung zur Überleitung des Steueraufwands. Zuletzt sollten diesbezüglich Reformvorschläge, aufgrund der

613 Alternativ könnte man analog zu US-GAAP und ED/2009/2 einen zweistufigen Ansatz in Verbindung mit einer valuation allowance vorsehen. Vgl. Chludek, A./Tran, D. H., KoR 2012, S. 4 ff. Kritisch zu diesem Vorschlag Haaker, A., KoR 2012, S. 265 ff.

614 Informationen zu den Verfallszeitpunkten steuerlicher Verlustvorträge sind auch vor dem Hintergrund der EuGH-Rechtsprechung zu finalen Verlusten von Bedeutung. Demnach können Verluste unter bestimmten Voraussetzungen grenzüberschreitend verrechnet werden. Vgl. Spengel, C./Matenaer, S., IStR 2010, S. 817 ff.

615 Vgl. für erste empirische Befunde für die Konzernabschlüsse der DAX-30 Unternehmen Aktay, T./Ries, C., WPg 2008, S. 76 ff.; Lühn, A., KoR 2009, S. 235 ff. Zum Vorschlag für die Darstellung der Überleitungsrechnung des DSR vgl. Emig, M./Walter, J., DStR 2011, S. 488 ff.

616 Vgl. Ruberg, L., Ubg 2012, S. 247.

617 § 277 Abs. 4 S. 2 HGB beinhaltet eine Erläuterungspflicht für Aufwendungen und Erträge, die einem anderen Geschäftsjahr zuzurechnen sind, soweit sie für die Beurteilung der Ertragslage nicht von untergeordneter Bedeutung sind. Es fehlt daher an einer expliziten Erläuterungspflicht für periodenfremden Steueraufwand, welche klarstellend aufgenommen werden könnte.

618 Vgl. PricewaterhouseCoopers, Investor view 5 – Improving income tax disclosures, London 2010, S. 2.

Bedeutung der steuerlichen Überleitungsrechnung für den Konzernabschluss, Problemfelder der konsolidierten Rechnungslegung integrieren.[619]

Daran anknüpfend sollte noch einmal überdacht werden, ob man für Kapitalgesellschaften, die nur aufgrund ihrer Kapitalmarktorientierung (§ 267 Abs. 3 S. 2 HGB) als groß gelten, nicht eine Befreiung von den Offenlegungspflichten für den Bilanzanhang, wie bei mittelgroßen Kapitalgesellschaften, vorsehen sollte.

Die Abbildung der latenten Steuervorteile und –lasten beim Organträger kann aus normativer Sicht überzeugen, da der Organträger als Steuersubjekt und Steuerschuldner sämtliche Steuerzahlungen des Organkreises vornimmt. In der Praxis werden allerdings häufig Steuerumlageverträge abgeschlossen, sodass eine Abbildung der latenten Steuern auf Ebene der Organgesellschaft im Einklang mit der wirtschaftlichen Kostentragung stehen würde. Darüber hinaus wäre aus Sicht der Bilanz- und Risikoanalytik eine Bilanzierung der latenten Steuern in den Jahresabschlüssen der einzelnen Gesellschaften wünschenswert, um auf die steuerlichen Bilanzansätze schließen und aussagekräftige Bilanzkennzahlen zur Analyse zukünftiger Steuerzahlungen und damit verbundener Risiken einsetzen zu können.

Auch wenn mit dem BilMoG ein Ausbau der Anhangberichterstattung bereits vollzogen wurde, gilt es langfristig den Bilanzanhang nach HGB schrittweise als qualitativ gleichwertigen Abschlussbestandteil, wie nach den Regeln des IASB oder nach US-GAAP, weiterzuentwickeln.

4.5 Zwischenfazit

Die vorstehende Untersuchung stellt – soweit ersichtlich – die erste empirische Analyse der Bilanzierungspraxis und des Informationsgehaltes latenter Steuern in handelsrechtlichen Einzelabschlüssen nach BilMoG dar. Die durch das BilMoG in das deutsche Handelsrecht eingearbeiteten Neuerungen im Hinblick auf die Anhangangaben nach § 285 Nr. 29 HGB versprechen eine erste empirische Annäherung an die Wertdifferenzen zwischen Handels- und Steuerbilanz und deren Implikationen für die steuerliche Risikoposition.

Risiken aufgrund einer strittigen Beurteilung steuerlicher Rechtsfragen müssen im Handelsrecht rückgestellt werden, wenn mehr Gründe für eine Inanspruchnahme sprechen als dagegen. Die Unternehmen der Ausgangsstichprobe weisen bis auf wenige Ausnahmen keine Anhangangaben zu Rückstellungen für Steuerrisiken aus und legen diese im Einzelfall erst dann offen, wenn eine Steuernachzahlung unmittelbar bevorsteht. Die empirische Analyse fokus-

[619] Vgl. dazu Lorson, P./Melcher, W./Gleichmann, D., KoR 2012, S. 448 f.

siert daher auf steuerliche Risiken, die mit Wertdifferenzen zwischen Handels- und Steuerbilanz verbunden sind.

Insgesamt wurden die Einzelabschlüsse von 465 Unternehmen statistisch ausgewertet. Die durch das BilMoG eingeführten Rechnungslegungsvorschriften versetzen den Bilanzadressaten nicht in die Lage, steuerliche Einzelrisiken zu quantifizieren und die Eintrittswahrscheinlichkeiten abzuschätzen. Genauso wenig ist es möglich, den deklarierten Steueraufwand aus den Anhangangaben zu bestimmen. Der vorliegende Forschungsbeitrag kann daher die von Hanlon (2003) gefundenen Ergebnisse für deutsche Jahresabschlüsse bestätigen.[620] Die deskriptiven Ergebnisse erlauben dennoch eine Beurteilung der Bedeutung latenter Steuern für die Bilanzpolitik und eine erste Annäherung an die Unterschiede zwischen Handels- und Steuerbilanz, die mit steuerlichen Risiken verbunden sind.

Um die Entstehungsursachen für steuerliche Risiken zu identifizieren, werden die temporären Differenzen zwischen Handels- und Steuerbilanz disaggregiert. Erwartungsgemäß ergeben sich vor allem im Bereich der Rückstellungen Unterschiede zwischen der handelsrechtlichen und steuerlichen Gewinnermittlung, wird doch bereits von einem eigenständigen steuerlichen Rückstellungsrecht in der Fachliteratur gesprochen.[621] Darüber hinaus sind die latenten Steuern für werthaltige Verlustvorträge von zentralem Interesse für die steuerliche Risikoanalyse. Im Gegensatz zu den temporären Wertdifferenzen zwischen Handels- und Steuerbilanz, die ausschließlich zu negativen Zinseffekten führen, kann eine Fehleinschätzung der Verrechenbarkeit von Verlustvorträgen eine endgültige finanzielle Belastung zur Folge haben.

Für ein Subsample von 158 Unternehmen, die quantitativ über Differenzen zwischen Handels- und Steuerbilanz berichten, konnte die steuerliche Risikoposition weiter eingegrenzt und auf Basis der Bilanzgliederungspositionen nachvollzogen werden. Die zu erwartenden Implikationen bei der Umkehrung der temporären Differenzen und Verlustvorträge auf die Ertragslage der Unternehmen verdeutlicht deren Bedeutung für die Bilanzpolitik und die steuerliche Risikoposition. Trotz der großen ökonomischen Bedeutung temporärer Differenzen fehlt es jedoch an hinreichend spezifizierten Vorgaben für den Ausweis latenter Steuern in Bilanz und Anhang. Insbesondere das Bilanzierungswahlrecht für eine sich insgesamt ergebende aktive Latenz und die unzureichenden Anhangangaben führen zu einem hohen rechnungslegungspolitischen Ermessens- und Gestaltungspotential des Managements. Die Unternehmen machen von dem dadurch entstehenden Bilanzierungsspielraum hinsichtlich des Aktivierungswahl-

620 Vgl. Hanlon, M., National Tax Journal 2003, Vol. 56, No. 4, S. 831 ff.

621 Vgl. Kozikowski, M./Schubert, W.J., in: Beck'scher Bilanzkommentar, 8. Auflage, 2012, § 249 Rn. 14.

rechts und der Detailtiefe ihrer Anhangangaben Gebrauch. Dies erschwert nicht nur die zuverlässige Bewertung der steuerlichen Risikoposition, sondern konterkariert auch die Zielsetzung des BilMoG, die Informationsfunktion des Jahresabschlusses zu stärken.

Vor diesem Hintergrund wird aufbauend auf der deskriptiven Analyse mittels multivariater Regressionsanalyse untersucht, inwiefern Informationsdefizite des Jahresabschlusses durch externe Faktoren und Überwachungsinstanzen, wie beispielsweise den Abschlussprüfer, kompensiert werden. Die Qualität der Berichterstattung, die als abhängige Variable in die Schätzgleichung eingeht, wurde über ein Scoring-Modell operationalisiert. Auf Basis eines Tobit-Modells wird der Einfluss ausgewählter Parameter auf die Unternehmenspublizität geschätzt. Neben der Unternehmensgröße haben der Bilanzausweis latenter Steuern und die mit der Einführung des BilMoG verbundenen Kosten einen signifikanten Einfluss auf die Berichtsqualität. Die Bedeutung der Firmengröße für die Qualität der Rechnungslegung wurde schon in einer Reihe von empirischen Arbeiten nachgewiesen[622] und deutet im Kontext der Fragestellung der vorliegenden Untersuchung darauf hin, dass der Spezialisierungsgrad der Steuerabteilung und die Bedingungen für eine Zusammenarbeit mit dem Rechnungswesen zu einem großen Anteil die Variation der Verteilung der Berichtsqualität erklären. Die Relevanz der Implementierungskosten erweist sich gegenüber weiteren Spezifikationsänderungen als robust. Aufgrund der empirischen Ergebnisse scheint daher eine genaue Abwägung des Kosten-Nutzen-Verhältnisses bei zukünftigen Gesetzesänderungsvorhaben und Reformempfehlungen geboten.

Wenn man die Ergebnisse der deskriptiven und multivariaten Analyse betrachtet, müssen die handelsrechtlichen Berichtspflichten insgesamt als reformbedürftig kritisiert werden. Insbesondere fehlt es an einem standardisierten Ausweis latenter Steuern sowie an aussagekräftigen Informationen zur steuerlichen Risikoposition. Deswegen wurde im letzten Teil des vierten Kapitels ein Vergleich der Publizitätspflichten für latente Steuern des BilMoG mit den Normen der IFRS und US-GAAP durchgeführt. Die vergleichende Analyse demonstriert, dass das deutsche Handelsrecht zwar die grundlegende Erfassungskonzeption und die Bewertungsvorschriften der internationalen Rechnungslegungsstandards übernommen hat, aber in einigen wesentlichen Aspekten deutlich von diesen abweicht. De lege ferenda sollten neben der Abschaffung des Aktivierungswahlrechts insbesondere die Wertdifferenzen und der Umfang der nicht aktivierten abzugsfähigen Differenzen und Verlustvorträge quantifiziert werden. Zur Verbesserung der Qualität und Transparenz der Unternehmenspublizität wäre darüber hinaus

[622] Vgl. bereits Singhvi, S.S./Desai, H.B., Accounting Review 1971, Vol. 46, No. 1, S. 135; Firth, M., Accounting and Business Research 1979, Vol. 9, No. 36, S. 278.

ein separater Ausweis der temporären Differenzen auf Ebene der Organgesellschaften wünschenswert.

5 Tax Risk Accounting – spezifische Vorschriften zur Bilanzierung von Steuerrisiken, empirische Befunde und Implikationen für eine Neuordnung der handelsrechtlichen Rückstellungsbilanzierung

5.1 Einleitung

Um ihre Liquidität und Rentabilität positiv zu beeinflussen, versuchen Unternehmen in dem vom Steuergesetzgeber abgesteckten Rahmen ihre Steuerkosten zu reduzieren. Die Interessen des Fiskalstaates stehen diesem Bestreben der betrieblichen Steuerplanung diametral entgegen. Die Steuerdeklaration ist aufgrund dieses Interessengegensatzes mit der Unsicherheit verbunden, ob die in der Steuererklärung vorgenommenen Wertungen von den Steuerbehörden anerkannt werden. Steuerrisiken im Sinne der internationalen Rechnungslegungsvorschriften US-GAAP und IFRS bestehen dementsprechend, wenn fraglich ist, ob eine steuerliche Rechtsauffassung gegenüber den Finanzbehörden durchgesetzt werden kann und ob daraufhin mit Steuernachzahlungen zu rechnen ist. Da die Steuerpositionen in der Bilanz und der Gewinn- und Verlustrechnung auf der Steuerdeklaration aufbauen, wirken sich die damit verbundenen Risiken in Form eines volatilen Steueraufwands[623] oder nachträglichen Berichtigungen der gewählten Wertansätze auf den Einzel- und Konzernabschluss aus. Die Passivierungsvoraussetzungen für steuerliche Risiken und deren konkrete Abbildung unterscheiden sich nach Maßgabe der jeweils gültigen Rechnungslegungsstandards. Die Bilanzierung von Steuerrisiken eröffnet dabei große Gestaltungsspielräume, wenn differenzierte Ansatz- und Bewertungsvorschriften fehlen. Die Implikationen steuerlicher Risiken für die betrieblichen Zahlungsströme und den Unternehmenswert werden infolgedessen nur unvollständig abgebildet. Deshalb wurden in den letzten Jahren Rechnungslegungsvorschriften veröffentlicht, welche die bilanzielle Abbildung von steuerlichen Risiken vereinheitlichen sollen. Prominente Beispiele der jüngsten Vergangenheit sind die Financial Accounting Standards Board Interpretation No. 48 (FIN 48)[624] und der zurückgezogene Exposure Draft ED/2009/2[625] des IASB.

In Hinblick auf die Rechnungslegung in Deutschland wurde bisher nicht über Perspektiven einer Berücksichtigung von Unsicherheiten beim Ansatz und bei der Bewertung von Steuerpositionen diskutiert. Dabei wurde mit der Verabschiedung des BilMoG der Ausweis von Steuerpositionen den internationalen Rechnungslegungsstandards schrittweise angenähert.[626]

---

[623] Vgl. Citi Investment Research, Eight for '08, New York 2008, S. 9.

[624] Vgl. Financial Accounting Standards Board (FASB), FASB Interpretation No. 48. Accounting for Uncertainty in Income Taxes – an interpretation of FASB Statement No. 109, Norwalk 2006.

[625] Vgl. International Financial Accounting Standards Board (IASB), Exposure Draft ED/2009/2 Income Tax, London 2009.

[626] Vgl. Abschnitt 4.4.2.

Vor diesem Hintergrund hat dieser Abschnitt die Intention, die Bilanzierung unsicherer Steuerpositionen nach US-GAAP und IFRS zu vergleichen. Dabei sollen aber auch Grenzen einer Bilanzierung von Steuerrisiken unter Berücksichtigung von Implementierungs- und Compliance-Kosten und des Informationsnutzens für den Bilanzadressaten aufgezeigt werden. Darauf aufbauend soll diskutiert werden, inwieweit Bilanzadressaten zukünftig über Steuerrisiken informiert werden sollten, um das Informationsniveau des handelsrechtlichen Jahresabschlusses, kongruent zu den Zielvorgaben des BilMoG, zu erhöhen.[627] Die bilanzielle Abbildung von erwarteten Steuernachzahlungen aufgrund einer laufenden Betriebsprüfung ist dagegen nicht Bestandteil der Analyse. Aufgrund der hinreichend sicheren wirtschaftlichen Belastung, ist eine Passivierung nach allen Rechnungslegungsstandards unstrittig.

Kapitel fünf stellt zunächst die Bedeutung der Compliance-Kosten und das Konzept des Informationsnutzens dar, welche ergänzend als Maßstab für die vorgeschlagenen Reformempfehlungen dienen sollen. Anschließend werden im zweiten Abschnitt die einschlägigen Rechnungslegungskonzeptionen nach US-GAAP (FIN 48) und IFRS (ED/2009/2) diskutiert und vergleichend analysiert. Darauf aufbauend werden Reformperspektiven für das deutsche Handelsrecht erarbeitet und vor dem Hintergrund des im zweiten Unterkapitel entwickelten Maßstabes analysiert und zu Handlungsempfehlungen komprimiert. Kapitel fünf endet mit einem Zwischenfazit verbunden mit einem kurzen Ausblick.

5.2 Compliance-Kosten und Informationsnutzen

Die Notwendigkeit der Offenlegung von Jahresabschlussinformationen lässt sich theoretisch aus den mit der Informationsasymmetrie und den Interessenkonflikten zwischen der Unternehmensleitung und den Eigentümern nach der ökonomischen Agency-Theorie resultierenden Schwierigkeiten ableiten.[628] Aufgrund der bestehenden Informationsasymmetrien profitieren Investoren von einer guten Offenlegungsqualität im Rahmen ihrer wirtschaftlichen (Anlage-) Entscheidungen.[629] Informationen sind dabei entscheidungsrelevant, wenn Investoren nach Veröffentlichung der Daten ihre Erwartungen und Anlageentscheidungen anpassen.[630] Der Wert einer Information entspricht demnach dem finanziellen Vorteil eines Entscheidungsträgers, dem diese Information zugegangen ist, gegenüber der Entscheidung, die er ohne diese Information getroffen hätte.[631] Darüber hinaus reduzieren Rechnungslegungsinformationen

[627] Vgl. Bundestag-Drucksache 16/10067 vom 30.7.2008, S. 34.
[628] Vgl. Marten, K.-U./Quick, R./Ruhnke, K., Wirtschaftsprüfung, 2. Auflage, Stuttgart 2003, S. 27 ff.
[629] Vgl. Scott, W. R., Financial Accounting Theory, 6. Auflage, Toronto 2012, S. 464.
[630] Vgl. Küting, K., DB 2012, S. 299.
[631] Vgl. Schredelseker, K., DBW 2008, S. 160.

Interessenskonflikte[632] und erlauben eine stärkere Bindung der Unternehmensführung an die Ziele der Anteilseigner. Signifikante Informationsasymmetrien zwischen Management und Unternehmenseignern führen zu Anreizproblemen, da eine Leistungsbeurteilung der Unternehmensleitung aufgrund des nur teilweise beobachtbaren Unternehmensergebnisses eingeschränkt ist.[633] Das wahrgenommene Investitionsrisiko wird reduziert und der geforderte Risikoaufschlag der Anteilseigner verringert. Dieser Zusammenhang wurde theoretisch[634] modelliert und darauf aufbauend empirisch[635] belegt. Folglich ziehen auch Unternehmen Vorteile aus detailliert veröffentlichten Jahresabschlussinformationen, weil die Kapitalkosten tendenziell sinken.

Die Offenlegung von Jahresabschlussinformationen ist dabei mit direkten Kosten der Informationserzeugung und der Veröffentlichung verbunden (Compliance-Kosten). Weiterhin fallen indirekte Kosten an, welche die zukünftigen Zahlungsströme negativ beeinflussen.[636] Bei der Offenlegung von Steuerinformationen drohen, insbesondere im Hinblick auf den Ausweis von Steuerrisiken, Zahlungsstrom reduzierende Steuernachzahlungen. Rechnungslegungsstandards legen nicht nur fest, wie tief Anteilseigner Einblick in die Erfolgsquellen eines Unternehmens haben, sondern auch konkurrierende Branchenunternehmen und die Finanzverwaltung.[637]

Durch die Offenlegung von Steuerrisiken können Unternehmen gezielt für Betriebsprüfungen ausgewählt werden. Unternehmen müssen daher eine schwierige Gradwanderung vollziehen, um möglichst transparent gegenüber ihren Kapitalgebern zu sein, ohne dabei unnötig das Risiko von Steuernachzahlungen zu erhöhen.

Die Unternehmensleitung wird die Offenlegung von riskanten Steuergestaltungen scheuen, wenn erwartet wird, dass die Finanzverwaltung diese Informationen auswertet.[638] Daher wird der Aufdeckung strittiger Sachverhalte durch nichtssagende, redundante Anhangprosa entgegengesteuert.[639] Eine anvisierte Steigerung der Berichtsqualität durch geänderte Rechnungslegungsvorschriften wird aufgrund dieser Ausweichreaktionen in Frage gestellt.

---

632 Vgl. Weber, S.C./Velte, P., DStR 2011, S. 40.
633 Vgl. Scott, W. R., Financial Accounting Theory, 6. Auflage, Toronto 2012, S. 477.
634 Vgl. Akerlof, G. A., Quarterly Journal of Economics 1970, Vol. 84, No. 3, S. 488 ff.; Merton, R. C., Journal of Finance 1987, Vol. 42, No. 3, S. 483 ff.; Diamond, D. W./Verrecchia, R. E., Journal of Finance 1991, Vol. 46, No. 4, S. 1325 ff.; Easley, D./O'Hara, M., Journal of Finance 2004, Vol. 59, No. 4, S. 1553 ff.
635 Vgl. Healy, P. M./Hutton, A. P./Palepu, K. G., Contemporary Accounting Research 1999, Vol. 16, No. 3, S. 485 ff.; Lehavy, R./Sloan, R. G., Review of Accounting Studies 2008, Vol. 13, No. 2-3, S. 327 ff.
636 In der englischsprachigen Accounting-Literatur wird von „proprietary costs" gesprochen.
637 Vgl. Schildbach, T., DStR 2010, S. 2049.
638 Vgl. Schön, W., Tax and Corporate Governance: A Legal Approach, Berlin 2008, S. 51.
639 Vgl. Haaker, A., PiR 2011, S. 79.

Indirekte Kosten der Offenlegung können auch am Kapitalmarkt entstehen, wenn die Anteilseigner hohe Steuerrückstellungen als Zeichen für eine aggressive Steuerplanung und bilanzpolitische Maßnahmen zur Beeinflussung des handelsrechtlichen Gewinns deuten.[640] Somit kann der Ausweis hoher Steuerrückstellungen mit höheren Risikozuschlägen bei den Kapitalkosten und möglichen Reputationsverlusten verbunden sein.

Neben den indirekten Kosten und den Kosten der Informationserzeugung fallen einmalig Aufwendungen an, die mit dem Übergang auf neue Rechnungslegungsvorschriften verbunden sind (Implementierungskosten). Bei der Konzeption neuer Rechnungslegungsvorschriften sollte deshalb darauf geachtet werden, dass das Verhältnis zwischen dem Nutzen für den Kapitalmarkt in Form von einheitlichen und ausführlichen Informationen und den Informationserzeugungskosten für die Unternehmen gemäß dem ökonomischen Materiality-Grundsatz[641] wohl überlegt ausbalanciert wird.[642] Über verminderte Gewinne müssen letztlich die Aktionäre für die Kosten verbesserter Jahresabschlussinformationen aufkommen und werden dies nur über steigende Aktienkurse honorieren, wenn vergleichsweise hohe Informationsasymmetrien im Unternehmen vorherrschen. Wenn die Rechnungslegungsvorschriften die Möglichkeiten der Risikobeurteilung nicht verbessern, werden die Risikoprämien nicht gesenkt. Für die Unternehmen bleiben dann nur die höheren Kosten bei der Befolgung der Rechnungslegungsvorschriften.[643]

Aufgrund der konzeptionell eingeschränkten Messbarkeit des Informationsnutzens und der begrenzten Verfügbarkeit von Daten zu Implementierungs- und Compliance-Kosten, sollen die Reformüberlegungen in erster Linie aus einem Vergleich der einschlägigen Vorschriften nach IFRS und US-GAAP abgeleitet werden. Ergänzend wird allerdings im Folgenden auf das vorgestellte Beurteilungskonzept Bezug genommen, um einen pragmatischen Vorschlag für eine Steuerrisikobilanzierung im deutschen Handelsrecht zu entwickeln, welcher einen stärkeren Ausgleich der Kosten der Berichtsqualität mit den damit verbundenen Vorteilen für die Bilanzadressaten anstrebt.

---

640 Vgl. Lenter, D./Slemrod, J./Shackelford, D., National Tax Journal 2003, Vol. 56, No. 4, S. 805; de Mik, B., Introduction to Tax Risk Management, Amsterdam 2010, S. 10.

641 Vgl. Ossadnik, W., WPg 1993, S. 617 f.

642 Auch aus dem Framework nach IFRS folgt, dass Informationen nur verbindlich offengelegt werden sollten, wenn die Vorteile einer Berichterstattung deren Kosten überwiegen. Vgl. F.44.

643 Vgl. Schildbach, T., DStR 2010, S. 2051.

5.3 Analyse der Abbildung von Steuerrisiken nach internationalen Rechnungslegungsstandards

5.3.1 IAS 12

IAS 12 enthält, wie das HGB,[644] gegenwärtig weder mit den US-GAAP vergleichbare Vorschriften zur Berücksichtigung von unsicheren steuerlichen Bilanzpositionen,[645] noch spezifische Anforderungen im Hinblick auf etwaige Anhangangaben. Nach IAS 12.12 sind Ertragsteuern, die noch zu begleichen sind, als Schuld anzusetzen. IAS 12.7-12.11 definiert zwar grundsätzlich den Steuerwert für die Bestimmung temporärer Differenzen zwischen Handels- und Steuerbilanz, konkretisiert aber nicht, wie dieser im Falle einer unsicheren Rechtslage zu bestimmen ist. Damit regelt IAS 12 analog zum HGB zwar ausdrücklich die Bilanzierung von zukünftigen Steueraufwendungen bei Umkehrung der temporären Differenzen, nicht aber den Ausweis von Steuerrisiken, die durch permanente Differenzen zwischen Handels- und Steuerbilanz entstehen.[646]

Weil spezifische Vorschriften für den Ansatz von steuerlichen Risiken fehlen, sind die Bilanzierungsgrundsätze aus IAS 12.12 und den einschlägigen Normen zur Bilanzierung von Schulden im Framework nach IAS 8.10 i. V. m. IAS 8.11 abzuleiten.[647]

Die Voraussetzungen für eine abstrakte Bilanzierungsfähigkeit, namentlich eine Verpflichtung aufgrund eines rechtlich oder faktisch bindenden Ereignisses aus der Vergangenheit, dürften im Hinblick auf Steuerrisiken regelmäßig erfüllt sein.[648] Außerdem bedarf es eines wahrscheinlichen Ressourcenabflusses, dessen Höhe verlässlich ermittelt werden kann (F.49 Buchst. b). Liegt die Wahrscheinlichkeit hierfür über 50% (F.91), muss grundsätzlich eine Rückstellung für Steuerrisiken passiviert werden.

Das Passivierungskriterium des Ressourcenabflusses ist ausgehend von der bestehenden Rechtslage unter Berücksichtigung der Rechtsprechung, der Verlautbarungen der Finanzverwaltung und des Meinungsstands in der Fachliteratur zu prüfen. Eine umfassende Überprüfung der steuerlichen Verhältnisse durch die Finanzverwaltung im Rahmen einer laufenden Betriebsprüfung erfüllt das Wahrscheinlichkeitskriterium.[649] Zum selben Ergebnis muss man

644 Vgl. Abschnitt 4.2.2.

645 Vgl. Künkele, K. P./Zwirner, C., IRZ 2009, S. 232.

646 Vgl. Dahlke, J., KoR 2007, S. 318.

647 Teilweise wird auch vertreten, dass IAS 37 direkt anzuwenden ist. Vgl. Lüdenbach, N., PiR 2008, S. 242 ff.; Burkhardt, H., Bilanzansatz und Bewertung latenter Steuern nach IFRS und US-GAAP, Augsburg 2009, S. 227. IAS 37.5 (b) schließt allerdings Ertragsteuern aus dem Anwendungsbereich des Standards aus.

648 Ansprüche aus dem Steuerschuldverhältnis entstehen allein durch Erfüllung eines Tatbestands, an den das Steuergesetz eine Leistungspflicht knüpft. Vgl. § 38 AO.

649 Vgl. Dahlke, J., KoR 2006, S. 583.

kommen, wenn, unabhängig von den Erfolgsaussichten nach Einlegung von Rechtsmitteln, eine Steuerzahlung in einem Steuerbescheid festgesetzt wird.[650] Wenn die Passivierungskriterien nicht erfüllt werden, kann eine nicht bilanzierungsfähige Eventualschuld vorliegen, die nach IAS 12.88 im Anhang anzugeben ist. In der Praxis werden diese Vorgaben aber häufig nicht beachtet.[651]

Die Bewertung der Rückstellungen erfolgt nach IAS 12.46 mit dem Betrag, in dessen Höhe eine Zahlung an die Steuerbehörden erwartet wird. Dieser entspricht der Steuerzahlung, welche die höchste Eintrittswahrscheinlichkeit aufweist. Gibt es eine Bandbreite denkbarer Erfüllungsbeträge, die als gleichwahrscheinlich eingestuft werden, ist das arithmetische Mittel heranzuziehen.[652]

Sofern die Passivierung von Rückstellungen für Steuerrisiken zu einer temporären Differenz führt oder diese verändert, müssen nach IAS 12.11 latente Steuern abgegrenzt werden. Dadurch steht dem Steueraufwand aus der Rückstellungsbildung ein latenter Steuerertrag ausgleichend gegenüber. Der Steuerertrag wird hierbei gegen die passiven latenten Steuern gebucht.[653] Nur bei permanenten Differenzen kommt es daher zu einer unmittelbar das Periodenergebnis beeinflussenden Rückstellungszuführung. Die Berücksichtigung von Steuerrisiken, die mit temporären Differenzen verbunden sind, ändert hingegen nur die Zusammensetzung des Steueraufwands und der -verbindlichkeiten.[654] Allerdings kann die Folgebewertung zu Ergebniseffekten führen, beispielsweise wenn Steuersatzänderungen abgebildet werden müssen, die nur bei der Bewertung latenter Steuern zu berücksichtigen sind.

Steuernachzahlungen können durch Zinszuschläge und steuerliche Nebenleistungen in die Höhe getrieben werden. Im Zuge der Passivierung von steuerlichen Risiken sind infolgedessen auch erwartete Belastungen durch steuerliche Nebenleistungen rückzustellen. Die passivierten Beträge für Nebenleistungen erreichen bei lange zurückliegenden Veranlagungszeiträumen annähernd die Rückstellungshöhe für Steuerrisiken. Steuerliche Nebenleistungen, die in der Regel nicht abzugsfähig sind, begründen permanente Differenzen zwischen Handels- und Steuerbilanz und haben damit direkten Einfluss auf die Steuerquote.

---

650 Vgl. Eitzen, B.v./Dahlke, J., Bilanzierung von Steuerpositionen nach IFRS, Stuttgart 2008, S. 126.

651 Vgl. Loitz, R., DB 2009, S. 2001.

652 Bei Bekanntgabe eines überarbeiteten IAS 37 wäre mit Änderungen hinsichtlich der Bewertungskonzeption zu rechnen. Ein Standardentwurf (ED/2010/1) wurde bereits 2010 vorgestellt. Im April 2012 wurden die Beratungen allerdings bis auf Weiteres ausgesetzt.

653 Bei abzugsfähigen temporären Differenzen (z. B. Verlustvorträge) würde die latente Steuerforderung erhöht.

654 Der laufende Steueraufwand nimmt zu Lasten des latenten Steueraufwands zu. Die Steuerrückstellungen erhöhen sich um den Betrag, der bei den passiven latenten Steuern zum Abzug gebracht worden ist.

Neben den Bilanzierungsgrundsätzen für Steuerrisiken sind Offenlegungsvorschriften für den Bilanzanhang zu beachten. In Zusammenhang mit der verpflichtenden Offenlegung der wesentlichen Positionen des Ertragsteueraufwands kann ein Ausweis von Steuerrisiken angezeigt sein. Ferner kommt eine Informationspflicht nach IAS 1.116-1.124 in Betracht. Der Bilanzierende muss hiernach Angaben zu Schätzunsicherheiten machen, die zu einer wesentlichen Anpassung der Bilanzpositionen führen könnten. Allerdings sind Anhangangaben zu Unsicherheiten im Hinblick auf die Ertragsteuern in der Bilanzierungspraxis kaum zu beobachten.[655]

Auch für Compliance-Risiken im Bereich der indirekten Steuern sind Rückstellungen zu bilden.[656] In der Regel können Umsatzsteuernachzahlungen nicht mehr an die Kunden weitergereicht werden und stellen daher eine passivierungspflichtige Belastung dar.[657]

5.3.2 FIN 48

Vor der Veröffentlichung von FIN 48[658] war die Bilanzierungspraxis für Steuerrisikorückstellungen nach US-GAAP sehr uneinheitlich,[659] da FAS 109 keine spezifischen Vorschriften für deren Bilanzierung[660] und keine Vorgaben für den Bilanzanhang vorsah.[661] Die Unternehmen machten von dem Bilanzierungsspielraum, der sich ihnen hierdurch bot, Gebrauch, um die Konzernsteuerquote oder den nach US-GAAP ermittelten Gewinn in die gewünschte Richtung zu beeinflussen.[662] Deswegen waren die Möglichkeiten der Berücksichtigung risikobehafteter Steuerpositionen für Zwecke der Bilanzanalyse stark eingeschränkt.[663]

Eine unsichere Steuerposition im Sinne von FIN 48.4 entspricht einer vom Steuerpflichtigen vertretenen Rechtsauffassung, deren Anerkennung durch die Finanzverwaltung fraglich ist.

---

655 Vgl. Burkhardt, H., Bilanzansatz und Bewertung latenter Steuern nach IFRS und US-GAAP, Augsburg 2009, S. 209.

656 Das gleiche gilt für ASC 450. FAS 5 wurde inzwischen in ASC 450 umbenannt.

657 Vgl. Anderson, J.M./Grave, K.D./Moore, J.M., Tax Accounting, Amsterdam 2010, S. 107 ff.

658 Obwohl, wie oben bereits beschrieben, zum 1. Juni 2009 sämtliche Rechnungslegungsvorschriften der US-GAAP in der Accounting Standards Codification des FASB zusammengeführt wurden, soll im Folgenden, der amerikanischen Steuerliteratur folgend, weiter von FIN 48 gesprochen werden, weil es sich hierbei um rein formale Änderungen handelt. FIN 48 ist dabei in ASC 740-10- 05, 25, 30, 40, 45, 50 und 60 aufgegangen. In der Hierarchie des House of GAAP wurde FIN 48 in die höchste Kategorie eingestuft und ist daher verpflichtend anzuwenden.

659 Die meisten Unternehmen orientierten sich in der Bilanzierungspraxis an den Regelungen des FAS 5 (ASC 450), der sich wie IAS 37 mit der Bilanzierung von Rückstellungen befasst. Danach waren Steuerrisiken bilanziell zu berücksichtigen, wenn mit einer Eintrittswahrscheinlichkeit von mehr als 70% (probable) gerechnet wurde.

660 Vgl. FASB, FASB Interpretation No. 48. Accounting for Uncertainty in Income Taxes, Norwalk 2006, S. 1; Blouin, J./Gleason, C./Mills, L., Sikes, S., National Tax Journal 2007, Vol. 60, No. 3, S. 523 f.

661 Vgl. Borkowski, S. C./Gaffney, M. A., Journal of International Accounting, Auditing and Taxation 2012, Vol. 21, No. 1, S. 34.

662 Vgl. Anderson, J.M./Grave, K.D./Moore, J.M., Tax Accounting, Amsterdam 2010, S. 95 f.

663 Vgl. Tomohara, A./Lee, H. J./Lee, S., Applied Economics 2012, Vol. 44, No. 33, S. 4241.

Bei der Entwicklung von FIN 48 wurde eine zweistufige Methodik zur Erfassung von Steuerrisiken gewählt. Im ersten Schritt muss der Bilanzersteller abwägen, ob eine unsichere Steuerposition wahrscheinlich (>50%) - more likely than not - in einer Betriebsprüfung anerkannt wird (FIN 48.6). Die zweite Stufe beinhaltet, sofern der Bilanzierende im ersten Schritt zu einem positiven Urteil gekommen ist, die Bewertung des Steuervorteils in Höhe des Betrags, der mindestens mit einer kumulierten Wahrscheinlichkeit von 50% erwartet wird (FIN 48.8). Zur Bewertung der unsicheren Steuerpositionen sind folglich alle denkbaren Steuerzahlungen zu schätzen und diesen Eintrittswahrscheinlichkeiten zuzuordnen.[664] Ein kurzes Beispiel soll die Bewertungssystematik von FIN 48 illustrativ veranschaulichen:[665]

Ein Unternehmen habe Forschungs- und Entwicklungskosten in Höhe von 1000 Euro und der tarifliche Steuersatz betrage 30%. Die Anerkennung des Betriebsausgabenabzugs der Forschungs- und Entwicklungskosten sei unsicher. Das Unternehmen habe in seiner Steuererklärung einen Betriebsausgabenabzug in Höhe von 1000 Euro geltend gemacht. Erkennt die Finanzverwaltung die Sachverhaltsbewertung des Unternehmens an, dann kann ein Steuervorteil in Höhe von 300 Euro realisiert werden. Daneben sind andere Verhandlungsergebnisse im Rahmen einer Verständigung mit der zuständigen Finanzverwaltung denkbar. Schematisch lassen sich die denkbaren Steuervorteile und die Eintrittswahrscheinlichkeiten, die mit der unsicheren Steuerposition verbunden sind, wie in Tabelle 15 darstellen.

Die Beträge der Steuervorteile sind zunächst absteigend zu ordnen.[666] Der Steuervorteil muss in dem gewählten Beispiel mit 75 Euro bewertet und ertragswirksam erfasst werden, da dieser Betrag mit einer kumulierten Wahrscheinlichkeit von mindestens 50% erwartet wird. Die Differenz in Höhe von 225 Euro zwischen dem erwarteten Steuervorteil von 75 Euro und der Steuerersparnis von 300 Euro, die sich ergibt, wenn die Finanzverwaltung die Sachverhaltsbewertung des Unternehmens anerkennt, ist zu passivieren.[667]

Stimmen mehrere Sachverhalte hinsichtlich ihrer Risikoproblematik und ihrer steuerlichen Behandlung überein, können diese gemäß FIN 48.5 zu einem Bewertungsobjekt (Unit of Account) zusammengefasst werden.[668]

---

[664] Vgl. Burkhardt, H., Bilanzansatz und Bewertung latenter Steuern nach IFRS und US-GAAP, Augsburg 2009, S. 217.
[665] Vgl. Risse, R., Steuercontrolling- und Reporting, Wiesbaden 2010, S. 101.
[666] Vgl. Senger, T./Brune, J.W./Hoehne, F., WPg 2010, S. 675.
[667] Vgl. für ein illustratives Beispiel FIN 48.A21-A22.
[668] Vgl. Dahlke, J., KoR 2007, S. 312.

Aus der Bewertungssystematik folgt, dass ein nur dem Grunde nach fraglicher Steuervorteil unmittelbar ertragswirksam erfasst werden kann.[669] Das gleiche gilt, wenn ein Steuervorteil als sehr sicher eingestuft wird.[670] Werden die Kriterien für eine Ertragsvereinnahmung hingegen nicht erfüllt, ist für den gesamten Risikobetrag eine ungewisse Steuerverbindlichkeit zu passivieren, da das Unternehmen sich auf eine zusätzliche Steuerzahlung in Höhe des Steuervorteils einstellen muss.[671]

Tabelle 15: Bewertungssystematik und Einordnung der Begrifflichkeiten von FIN 48

Eintrittswahrscheinlichkeit	**Kumulierte Eintrittswahrscheinlichkeit**	**Steuervorteil**
5%	5%	300
10%	15%	225
20%	35%	150
30%	**65%**	**75**
35%	100%	0

Bei der Risikobewertung wird unterstellt, dass den Steuerbehörden sämtliche Informationen zur Ermittlung und Prüfung der Verhältnisse des Steuerpflichtigen bekannt sind.[672] Zur Abschätzung der Durchsetzungswahrscheinlichkeit müssen die bewertungsrelevanten Sachverhalte, unter Berücksichtigung der bisherigen Betriebsprüfungspraxis, steuerrechtlich begutachtet werden. Dazu können Verhandlungsergebnisse bei anderen Branchenunternehmen und Einschätzungen von Steuerexperten herangezogen werden (FIN 48.7). Eine eindeutige Rechtslage, die durch gesetzliche Vorschriften, Verwaltungsanweisungen, Richtlinien und Gutachten von Steuerexperten untermauert wird, rechtfertigt die ertragswirksame Erfassung eines Steuervorteils nach FIN 48.[673] Die steuerlichen Risikopositionen sind im Rahmen der Folgebewertung an jedem Bilanzstichtag auf mögliche Anpassungen zu überprüfen.

Eine Verzinsung der Steuernachzahlungsbeträge ist von Beginn des Zinslaufes an zu passivieren. Erwartete Strafzuschläge sind bei der Rückstellungsbildung zu berücksichtigen (FIN

---

669 Diese Auffassung vertretend für sog. Zweipunktverteilungen Kloosterhof, S./Zoelen, D.v., European Taxation 2009, Vol. 49, No. 8-9, S. 417.

670 Vgl. Burkhardt, H., Bilanzansatz und Bewertung latenter Steuern nach IFRS und US-GAAP, Augsburg 2009, S. 219.

671 Vgl. Kessler, W./Scholz-Görlach, U., PiR 2009, S. 286.

672 Vgl. Blouin, J./Gleason, C./Mills, L./Sikes, S., Pre-empting disclosure? Firm's decisions prior to FIN 48, SSRN Working Paper No. 1106713, S. 8 f.

673 Vgl. KPMG, US-GAAP – Rechnungslegung nach US-amerikanischen Grundsätzen – Grundlagen der US-GAAP und SEC-Vorschriften, 4. Auflage, Düsseldorf 2007, S. 321.

48.15). Die Beträge können dabei wahlweise als Steueraufwand oder Zinsaufwand ausgewiesen werden (FIN 48.19).

Ein Steuerrisiko kann sich lediglich auf den Zeitraum beziehen, in dem eine Steuerentlastung geltend gemacht werden kann, wenn fraglich ist, wann Betriebsausgaben die Bemessungsgrundlage mindern. Wenn durch die Bilanzierung unsicherer Steuerpositionen temporäre Differenzen zwischen dem Steuerwert im Sinne von FIN 48 und dem Bilanzansatz nach US-GAAP entstehen, sind latente Steuern zu bilden (FIN 48.18).[674] Der laufende Steueraufwand aus der Passivierung der Steuerrisiken wird in diesem Fall durch einen latenten Steuerertrag (teilweise) kompensiert.

Nach FIN 48.21 Buchst. a sind neben den Bilanzierungsvorschriften Anhangangaben zu den nicht realisierten Steuervorteilen (entspricht dem Passivierungsbetrag) zu beachten. Zum einen ist der Anfangsbestand der nicht erfassten Steuerentlastungsbeträge zu Beginn des Wirtschaftsjahres auf den Endbestand überzuleiten. Innerhalb der Überleitungsrechnung sind Bestandsveränderungen aufgrund des Ablaufs von Festsetzungsfristen und Vereinbarungen mit der Finanzverwaltung offenzulegen. Zum anderen muss offengelegt werden, in welcher Höhe die passivierten Steuerrisiken den Jahresüberschuss beeinflussen würden (FIN 48.21 Buchst. b). Mögliche Bewertungsanpassungen innerhalb der nächsten zwölf Monate sind zu quantifizieren (FIN 48.21 Buchst. d). Außerdem sind die noch offenen Veranlagungszeiträume auszuweisen (FIN 48.21 Buchst. e).

Die Implikationen von FIN 48 auf die Bilanzierungspraxis nach US-GAAP waren sehr viel geringer als im Vorfeld der Gesetzesinitiative angenommen wurde,[675] obwohl die Anhangangaben zu unsicheren Steuerpositionen erwartungsgemäß signifikant zugenommen haben.[676] Außerdem hat sich die vor dem Reformvorhaben von Unternehmensvertretern geäußerte Befürchtung, dass sich durch die detaillierte Veröffentlichung von Steuerrisiken das Betriebsprüfungsaufkommen deutlich erhöht, bislang nicht bestätigt.[677] Zu diesem Ergebnis kommt man auch im Hinblick auf das Steueraufkommen ausländischer Steuerbehörden, welche FIN 48-Anhangangaben von den nach US-GAAP bilanzierenden multinationalen Unternehmen aus-

[674] Vgl. für ein Zahlenbeispiel FIN 48.A26-A27.

[675] Vgl. Blouin, J./Gleason, C./Mills, L./Sikes, S., National Tax Journal 2007, Vol. 60, No. 3, S. 521 ff.; Langmead, J.M./Keeling, K.O., CPA Journal 2010, Vol. 80, No. 5, S. 28 ff.

[676] Vgl. Borkowski, S. C./Gaffney, M. A., Journal of International Accounting, Auditing and Taxation 2012, Vol. 21, No. 1, S. 41 f.

[677] Vgl. Frischmann, P.J./Shevlin, T./Wilson, R., Journal of Accounting and Economics 2008, Vol. 46, No. 3, S. 261 ff.; Mills, L.F./Robinson, L.A./Sansing, R.C., The Accounting Review 2010, Vol. 85, No. 5, S. 1721 ff. Für divergierende Ergebnisse hinsichtlich großer Unternehmen vgl. Tomohara, A./Lee, H. J./Lee, S., Applied Economics 2012, Vol. 44, No. 33, S. 4239 ff.

werten können.[678] Wenn Risikokategorien offengelegt werden, die mehrere Einzelrisiken zusammenfassen, sind die Angaben zu unpräzise, um Risiken bestimmten prüfungsrelevanten Sachverhalten zuordnen zu können.[679] Auch deswegen hat der Internal Revenue Service (IRS) erneut die Initiative ergriffen, um Unternehmen zu einer nachvollziehbareren Offenlegung ihrer Steuerrisiken zu bewegen.[680] Der IRS schreibt Steuerpflichtigen vor, die nach IFRS, US-GAAP oder anderen Rechnungslegungsvorschriften bilanzieren,[681] jedes Steuerrisiko[682] knapp und präzise zu beschreiben und der Höhe nach zu ordnen. Darüber hinaus muss der Steuerpflichtige Informationen zur Sachverhaltsbeurteilung offenlegen.[683] Die indirekten Implikationen von FIN 48 für Betriebsprüfungsrisiken sind daher ungleich höher zu gewichten.[684]

5.3.3 ED/2009/2 und Vergleich mit FIN 48

Der Exposure Draft ED/2009/2 Income Tax enthält erstmals spezifische Vorschriften zur Berücksichtigung unsicherer Steuerpositionen nach IFRS.[685] Die Konzeption des Standardentwurfs wurde dabei mit dem ED IAS 37 abgestimmt, der sich mit der Bewertung von Schulden befasst.[686] ED/2009/2 zielt darauf ab, den Bilanzleser umfassend über bestehende Steuerrisiken zu informieren und deren Bilanzierung zu vereinheitlichen. Dadurch soll der Informationsgehalt der steuerlichen Bilanzpositionen verbessert werden.[687] Das IASB hat den ED/2009/2 im Oktober 2009 zurückgezogen und möchte nun, die Grundkonzeption des Standardentwurfs aufnehmend, punktuelle Verbesserungen (sog. amendments) an dem weiter in

678 Vgl. Tomohara, A./Lee, H. J./Lee, S., Applied Economics 2012, Vol. 44, No. 33, S. 4241.

679 Vgl. Stacey, J.A, Managing Tax Risk: Weighing Risk, Opportunity, and Transparency in a More Restrictive Regulatory and Governance Environment, Toronto 2005, S. 15. Diesen Zusammenhang auch schon erkennend FIN 48.B64.

680 Vgl. dazu und zu den Stellungnahmen der Interessenverbände August, J. D., Corporate Taxation 2011, Vol. 38, No. 6, S. 18 ff.

681 Zunächst waren nur große Unternehmen mit einem bilanzierten Aktivvermögen von 100 Mio. Dollar betroffen. Seit 2012 sind Unternehmen mit einem Aktivvermögen von 50 Mio. Dollar zur Offenlegung verpflichtet. Ab 2012 werden dann noch Gesellschaften mit einem Aktivvermögen von mehr als 10 Mio. Dollar einbezogen.

682 Im Gegensatz zu FIN 48 ist eine Aggregation von Risiken nicht vorgesehen, sondern die steuerlichen Risiken sind individualisiert offenzulegen. Vgl. August, J. D., Corporate Taxation 2011, Vol. 38, No. 6, S. 18 ff.

683 Vgl. IRS, Requirement of a Statement Disclosing Uncertain Tax Positions. 26 CFR Part 1 TD 9510, Washington, D.C. 2010.

684 Vgl. Financial Accounting Foundation, Post-Implementation Review on FASB Interpretation No. 48, Accounting for Uncertainty in Income Taxes, Norwalk 2012, S. 8.

685 ED/2009/2 ist Teil des übergeordneten Konvergenzprojekts von IASB und FASB, in welchem versucht wird, eine Vielzahl von Unterschieden zwischen IFRS und US-GAAP zu beseitigen. Zum Stand der Konvergenz vgl. Gros, M./Unrein, D., KoR 2010, S. 461 ff.

686 Vgl. International Accounting Standards Board (IASB), Basis for Conclusions. Exposure Draft ED/2009/2 Income Tax, London 2009, S. 18 (ED.BC58). Vgl. zum ED IAS 37 Andrejewski, K.C./Mielke, O., DK 2005, S. 581 ff.; Erdmann, M.-K./Zülich, H./Palfner, A., KoR 2007, S. 445 ff.; Hommel, M./Wich, S., WPg 2007, S. 509 ff.

687 Vgl. Herzig, N./Heimig, M./Vossel, S., DB 2009, S. 2613.

Kraft befindlichen IAS 12 vornehmen.[688] Der Standardentwurf spiegelt aber nach wie vor die Standpunkte des IASB zur Bilanzierung von Steuerrisiken wider. Deshalb sollen im Folgenden die zentralen Inhalte des Standardentwurfs dargestellt und anschließend mit den Vorgaben des FIN 48 vergleichend analysiert werden.

Die Ansatzkonzeption des ED/2009/2 wartet mit einigen grundlegenden Neuerungen auf. Alle Steuerrisiken sind nach ED.26 unabhängig von ihrer Eintrittswahrscheinlichkeit zu passivieren. Zur Bewertung der Steuerrisiken wird ED.26 folgend unterstellt, dass keine Informationsasymmetrien zwischen der Finanzverwaltung und dem Steuerpflichtigen bestehen und die Steuerbehörde alle kritischen Sachverhalte überprüft. Ein Entdeckungsrisiko darf bei der Ermittlung der Eintrittswahrscheinlichkeiten folglich nicht berücksichtigt werden.

ED.26 nutzt zur Bewertung der unsicheren Steuerpositionen die Erwartungswertmethode (Probability-weighted Average Amount),[689] welche alle denkbaren Steuerzahlungen mit dem gewichteten Durchschnittswert bei der Ansatzbewertung zusammenfasst. Dementsprechend werden die Risikobeträge durch die Gewichtung mit den jeweiligen Eintrittswahrscheinlichkeiten relativiert. Die Differenz zwischen dem in der Steuererklärung deklarierten Betrag und dem Erwartungswert stellt die unsichere Steuerposition im Sinne des ED.26 dar. Anhand des oben beschrieben Sachverhalts lässt sich auch die Bewertungsmethodik des ED/2009/2 veranschaulichen.

Tabelle 16: Bewertungssystematik und Einordnung der Begrifflichkeiten von ED/2009/2

Eintrittswahrscheinlichkeit	Steuerzahlung	Erwartungswert
35%	300	105
30%	225	67,5
20%	150	30
10%	75	7,5
5%	0	0

Die Steuerzahlungen werden mit den Eintrittswahrscheinlichkeiten gewichtet und ergeben zusammengefasst einen Passivierungsbetrag zur Berücksichtigung der Steuerrisiken von 105 + 67,5 + 30 + 7,5 + 0 = 210. Der Passivierungsbetrag führt somit zu einem Anstieg des Steueraufwands im Jahresabschluss gegenüber der in der Steuererklärung deklarierten Steuerzahllast.

688 Vgl. Ruberg, L., Ubg 2009, S. 863.
689 Das IASB hatte die Erwartungswertmethode zunächst in ED/2010/1 bestätigt.

Obwohl sich der Kreis der bilanziell zu erfassenden Steuerrisiken gegenüber der bisherigen Abbildungskonzeption erhöht, kann es auch zu einer Verminderung der Rückstellungshöhe kommen, weil Risiken, für die nach der bisherigen Bewertungssystematik die Eintrittswahrscheinlichkeit bei über 50% lag, nicht mehr mit dem vollen Erfüllungsbetrag anzusetzen sind.[690] Die steuerlichen Risiken sind an jedem Bilanzstichtag neu zu evaluieren, sofern sich die Bewertungsparameter ändern.[691]

Beziehen sich Steuerrisiken auf temporäre Unterschiede zwischen Handels- und Steuerbilanz, sind neben den Steuerrisiken latente Steuern zu bilanzieren. Die Erwartungswertmethode wird auch bei der Bewertung der latenten Steuern angewendet (ED.26). Nach ED.15 wird hierfür die Definition des Steuerwerts angepasst.[692] Die latente Steuer wird auf die temporäre Differenz zwischen dem Bilanzansatz nach IFRS und dem Erwartungswert gelegt. Im Ergebnis wird der Steueraufwand aus der Rückstellungsbildung durch eine antagonistische Anpassung des latenten Steueraufwands (teilweise) kompensiert. Anpassungen des Bilanzansatzes latenter Steuern können dementsprechend bis zum vollständigen Abschluss des Verfahrensgangs erforderlich sein.

Die Bewertungskomplexität steigt, wenn Verlustvorträge berücksichtigt werden müssen. Um die veränderte Risikoposition des Unternehmens zu erfassen, wird teilweise in der normativen Steuerliteratur vorgeschlagen, anstelle der Risikopassivierung die aktiven latenten Steuern auf Verlustvorträge zu verringern.[693] Gleichgelagerte Überlegungen sind auch hinsichtlich bestehender Zinsvorträge anzustellen, die Wechselwirkungen mit Verlustvorträgen aufweisen können.[694]

FIN 48 ist im Gegensatz zu ED/2009/2 durch eine zweistufige Ansatz- und Bewertungsmethodik gekennzeichnet. Wenn eine Wahrscheinlichkeitsschwelle von 50% überschritten wird, müssen nach FIN 48 den Passivierungsbetrag reduzierende Steuervorteile ertragswirksam erfasst werden (Asset-based-Approach). Nach ED/2009/2 werden steuerliche Risiken hingegen vollständig passiviert (Liability Approach), da keine den Bilanzansatz einschränkenden Kriterien vorgesehen sind. Während im Rahmen von FIN 48 der Steuervorteil, für den die

690 Vgl. Abschnitt 5.3.1.

691 Die Identifikation eines steuerlichen Risikos sollte grundsätzlich nicht zu einem Bilanzierungsfehler führen. Zwar ist die Anpassung einer Bilanzposition aufgrund geänderter Einschätzungen als Bilanzierungsfehler nach IAS 8.41 zu werten. Demnach liegt aber kein Bilanzierungsfehler vor, wenn neue Informationen, wie beispielweise Verwaltungsrichtlinien, vorliegen. Vgl. für einige Beispiele Eitzen, B.v./Dahlke, J., Bilanzierung von Steuerpositionen nach IFRS, Stuttgart 2008, S. 133.

692 Der Steuerwert nach ED.15 stellt auf den Veräußerungszeitpunkt ab, daher können auch rückwirkende Korrekturen steuerlicher Sachverhalte durch Betriebsprüfungen den Steuerwert verändern.

693 Vgl. Benzel, U./Linzbach, M., KoR 2009, S. 404.

694 Vgl. Herzig, N./Heimig, M./Vossel, S., DB 2009, S. 2617 f.

kumulierte Wahrscheinlichkeit mindestens 50% annimmt, realisiert wird, greift ED/2009/2 auf die Erwartungswertmethode zurück, welche alle Risikobeträge gewichtet mit den Eintrittswahrscheinlichkeiten aggregiert. Die Bestimmung der Eintrittswahrscheinlichkeiten wird daher im Rahmen der Bewertungskonzeption des ED/2009/2 von der Ebene des Bilanzansatzes auf die Ebene der Bewertung verlagert. 84% der Comment Letter lehnten die von FIN 48 abweichende Ansatz- und Bewertungssystematik des Standardentwurfs ab.[695]

Ob das Erwartungswertkalkül des Standardentwurfs des IASB wirklich überzeugend ist, dürfte allerdings besonders im Hinblick auf die administrativen Implikationen fraglich sein.[696] Der Steuerpflichtige wird große Schwierigkeiten haben, alle Ausprägungen des Steuerrisikos und die Eintrittswahrscheinlichkeiten zu identifizieren.[697] Die Eintrittswahrscheinlichkeiten können darüber hinaus nur subjektiv geschätzt werden, was die Bilanzpositionen und Anhangangaben schwer plausibilisierbar macht.[698] Im Ergebnis resultiert eine Scheingenauigkeit, die gemessen an ökonomischen Maßstäben, nicht überzeugen kann. Darüber hinaus ist die Risikoidentifikation, Risikobewertung und die Risikodokumentation enorm kostenintensiv[699] und der Erwartungswert ohne Angabe der Streuung der Verteilung nur bedingt aussagekräftig. Problematisch hinsichtlich der administrativen Implikationen ist auch der kontinuierliche Anpassungsbedarf der Rückstellungshöhe, falls sich die Eintrittswahrscheinlichkeiten ändern.[700]

Selbst wenn die administrativen Implikationen vernachlässigt werden und eine theoretisch überzeugende Bewertung stärker hervorgehoben wird, muss hinterfragt werden, warum keine Diskontierung der unsicheren Steuerpositionen vorgesehen wurde.[701]

Relativierend sei angemerkt, dass auch beim Bewertungsmodell von FIN 48 mögliche Risikoausprägungen identifiziert und diesen Eintrittswahrscheinlichkeiten zugeordnet werden müssen, um den Steuervorteil, für den die kumulierte Wahrscheinlichkeit mindestens 50% annimmt, zu bestimmen.[702] Zur Berechnung des Steuervorteils nach Maßgabe von FIN 48 und des Erwartungswerts nach ED/2009/2 sind demnach identische Vorarbeiten notwendig, wenn das Kriterium für eine Ertragsvereinnahmung erfüllt wird. Allerdings ist bei den in der steuerlichen Praxis häufig vorkommenden Zweipunktverteilungen (z. B. Anerkennung eines Be-

---

695 Vgl. Loitz, R., DStR 2009, S. 2270.
696 So auch Simlacher, A./Schurbohm-Ebneth, A., KoR 2009, S. 395.
697 So auch Loitz, R., DB 2009, S. 2001.
698 Vgl. Senger, T./Brune, J.W./Hoehne, F., WPg 2010, S. 679.
699 Auch wenn das IASB in ED.BC63 angibt, dass die Unternehmen nicht mit zusätzlichen Kosten für die Ermittlung und Dokumentation von Steuerrisiken belastet werden sollen.
700 Vgl. Hommel, M./Wich, S., WPg 2007, S. 513 f.
701 Vgl. die Anmerkungen und Gründe für die Entschlussfassung zu FIN 48, insbesondere FIN 48.B25.
702 Vgl. Dahlke, J., KoR 2007, S. 313.

triebsausgabenabzugs) das Bewertungsmodell von FIN 48 konzeptionell überlegen,[703] weil der Bilanzausweis für die Bilanzadressaten intuitiver nachvollziehbar ist. Aber auch das Bewertungsmodell des FIN 48 stößt schnell an seine Grenzen, wenn, beispielsweise bei Steuerrisiken aus Verrechnungspreisen, komplexe statistische Verteilungen verarbeitet werden müssen.[704]

Zudem sind die Annahmen, auf denen die Bewertungskonzepte von FIN 48 und ED/2009/2 basieren, kritisch zu sehen. In der betrieblichen Praxis besteht eine erhebliche Informationsasymmetrie zwischen dem Steuerpflichtigen und der Finanzverwaltung. Durch die Bewertungsannahme, dass der Finanzverwaltung zur Ermittlung und Prüfung der Verhältnisse des Steuerpflichtigen alle Informationen bekannt sind, werden die Steuerrisiken daher tendenziell überschätzt.

Im Ergebnis bleibt es fraglich, ob ED/2009/2 aus Sicht der Kapitalgeber wirklich eine Verbesserung der Berichtsqualität bewirkt oder ob die Offenlegungsanforderungen über diese Zielvorgabe hinausgehen, weil die Implementierungs- und Compliance-Kosten unterschätzt werden.[705] Zum selben Ergebnis kommt man für FIN 48, auch wenn die Bewertungs- und Ansatzkonzeption insgesamt etwas mehr überzeugen kann. Nach einer Umfrage des Tax Executive Institutes sind die Implementierungskosten im Hinblick auf FIN 48, vor allem für Mitarbeiterschulungen und Personalrekrutierung und im Hinblick auf externe Beratungsdienstleistungen, enorm. Dahingegen werden die passivierten Risikorückstellungen nach Betriebsprüfungen überwiegend aufgelöst. Dieser Zusammenhang deutet auf einen reduzierten Informationsnutzen durch eine systematische Überbewertung der Steuerrückstellungen hin.[706] Vor allem die Bewertungskonzeptionen scheinen wenig praktikabel und nicht mit vertretbarem Kostenaufwand für die betroffenen Unternehmen umsetzbar zu sein. Deshalb soll im nächsten Abschnitt ein pragmatischerer Vorschlag für eine Bilanzierung von Steuerrisiken im deutschen Handelsrecht entwickelt werden, der den administrativen Implikationen der Bilanzierung von Steuerrisiken mehr Gewicht beimisst.

5.3.4 Implikationen und Grenzen für den Ausweis von Steuerrisiken nach HGB

Steuerliche Risiken, die den Erfolgsausweis entscheidend determinieren können, haben große Bedeutung für die Verlässlichkeit der Jahresabschlussinformationen. Zielvorgabe für eine

[703] Vgl. Ruberg, L., Status Recht 2009, S. 231.
[704] Vgl. Borkowski, S. C./Gaffney, M. A., Journal of International Accouting, Auditing and Taxation 2012, Vol. 21, No. 1, S. 36.
[705] So auch Jehle, N., PiR 2009, S. 157.
[706] Vgl. Tax Executive Institute, The Tax Executive 2011, Vol. 63, No. 5, S. 375 f.

Fortentwicklung der steuerlichen Risikoberichterstattung muss daher sein, den Bilanzadressaten aussagekräftige Informationen der zukünftigen Entwicklung von Steuerzahlungen zur Verfügung zu stellen.[707]

Die Ergebnisse der Analyse der Anhangangaben zu den Steuerrückstellungen in Kapitel vier deuten darauf hin, dass Rückstellungen für erwartete Steuernachzahlungen in der Unternehmenspraxis erst in der Folge von Feststellungen während einer laufenden Betriebsprüfung angesetzt werden, wenn mit einer Inanspruchnahme gerechnet werden muss. Weil klar festgelegte Leitlinien für eine bilanzielle Berücksichtigung unsicherer Steuerpositionen fehlen, ergeben sich große Bilanzierungsspielräume, die von den Bilanzierenden genutzt werden können, um einen Ausweis von Steuerrisiken solange wie möglich zu vermeiden. Die vergleichende Analyse von FIN 48 und ED/2009/2 hat darüber hinaus gezeigt, dass sich die Vorschriften beider Rechnungslegungsstandards konzeptionell erheblich unterscheiden und dass die Bewertungsmethode von ED/2009/2 aus praktischer Sicht nicht überzeugen kann. Gleichzeitig zeigen die empirischen Untersuchungen in der US-amerikanischen Steuerliteratur zu den Implikationen von FIN 48 Probleme und Defizite hinsichtlich der Abbildungskonzeption von FIN 48 auf. Deshalb können auch die Regelungen der US-GAAP nicht ohne Anpassungen in das deutsche Handelsrecht übernommen werden.

Die Übernahme des benefit recognition approach des FIN 48 in das deutsche Handelsrecht hätte darüber hinaus Verwerfungen hinsichtlich der Ansatz- und Bewertungssystematik zur Folge. Eine Berücksichtigung von Steuervorteilen, die kein rechtlich durchsetzbares Steuerguthaben darstellen, begründet einen Verstoß gegen das Vorsichts- und Realisationsprinzip, da die Steuerentlastung hochgradig unsicher ist. Eine Ertragsvereinnahmung von Steuervorteilen ist demnach nicht möglich, wenn am Bilanzstichtag nur die bloße Möglichkeit besteht, dass diese zukünftig eintreten könnten. Daher soll im Folgenden eine der konzeptionellen Ausrichtung des deutschen Handelsrechts entsprechende Lösung vorgeschlagen werden, auch wenn es durchaus dem Vorsichtsprinzip entsprechen würde, wenn Rückstellungen für Steuerrisiken gebildet werden, für die keine Inanspruchnahme erwartet wird (d. h. ein Steuervorteil erwartet wird).

Aufgrund der Ergebnisse der vorstehenden Analyse ist als Grundlage der Bilanzierung steuerlicher Risikopositionen an der Verbindlichkeitsmethode festzuhalten.[708] Um die bilanzierenden Unternehmen zum Ausweis von Steuerrisiken zu bewegen, bedarf es allerdings einer ge-

---

[707] Vgl. Withus, K.-H., KoR 2010, S. 240.

[708] So auch Dell'Anna, F./Schmid, S./Compton, D., Schweizer Treuhänder 2009, S. 865.

sonderten Passivierungsnorm im HGB. Deswegen sollte explizit im Gegensatz zur derzeitigen Rechtslage festgeschrieben werden, dass Rückstellungen für Steuerrisiken zu passivieren sind, wenn eine Inanspruchnahme erwartet wird. Durch die Beibehaltung der Verbindlichkeitsmethode wird auch vermieden, dass die Passivierungsentscheidung an jedem Bilanzstichtag neu auflebt.[709]

Die Rückstellungsbewertung sollte weiter zum Erfüllungsbetrag erfolgen. Dies ermöglicht eine konsistente Gesamtbewertung der Risikosituation über die Erfassung von Risikointerdependenzen. Die Bewertung zum Erfüllungsbetrag vermeidet komplexe Detailentscheidungen zu einzelnen Risikopositionen, welche die Vergleichbarkeit von Steuerrückstellungen deutlich einschränken können.[710] Für eine Gesamtbetrachtung sprechen auch praktische Erwägungen, da die endgültige Steuerschuld häufig in Verhandlungen mit den Betriebsprüfern im Rahmen der Schlussbesprechung festgelegt wird. Dabei kann es vorkommen, dass ein Rechtsstandpunkt zugunsten einer anderen strittigen Sachverhaltsbeurteilung aufgegeben wird.[711]

Aus den Erfahrungen mit den Bewertungsvorschriften von FIN 48 resultiert die Empfehlung, dass die Bilanzierenden bei ihrer Ansatzentscheidung weiterhin das Entdeckungsrisiko berücksichtigen sollten, um einer systematischen Überbewertung der Steuerrückstellungen entgegen zu steuern.[712] Zudem sprechen die systemischen Unterschiede zwischen dem deutschen und dem amerikanischen (Selbst-) Veranlagungssystem aufgrund der größeren Bedeutung der Außenprüfung in Deutschland für eine differenzierte Bewertung im Hinblick auf das Entdeckungsrisiko.[713]

Steuerrisiken, die aufgrund von temporären Differenzen zwischen Handels- und Steuerbilanz entstehen, werden aus Vereinfachungsgründen in dem hier abgeleiteten Reformvorschlag nicht erfasst, da sie bereits über die Bilanzierung latenter Steuern vollständig abgebildet werden.[714] Andernfalls würde sich, analog zu IAS 12, nur eine bilanzielle Umgliederung von den

---

709 Vgl. Tax Executive Institute, The Tax Executive 2011, Vol. 63, No. 5, S. 373.

710 Vgl. Tax Executive Institute, The Tax Executive 2011, Vol. 63, No. 5, S. 372; Financial Accounting Foundation, Post-Implementation Review on FASB Interpretation No. 48, Accounting for Uncertainty in Income Taxes, Norwalk 2012, S. 7.

711 Vgl. zu den Schwierigkeiten der Einbeziehung von Verhandlungslösungen nach FIN 48 Dahlke, J., KoR 2007, S. 313 f.

712 Vgl. Tax Executive Institute, The Tax Executive 2011, Vol. 63, No. 5, S. 374; Financial Accounting Foundation, Post-Implementation Review on FASB Interpretation No. 48, Accounting for Uncertainty in Income Taxes, Norwalk 2012, S. 7 f.

713 Vgl. Financial Accounting Standards Board, Response to the Financial Accounting Foundation's Post-Implementation Review Report on FASB Interpretation No. (FIN) 48, Norwalk 2012, S. 4.

714 Vgl. Abschnitt 4.2.2.2.2.

latenten Steuern zu den Steuerrückstellungen ergeben.[715] Teilweise wird in der Literatur zum deutschen Bilanzsteuerrecht eine Berücksichtigung von Betriebsprüfungsrisiken sogar als unzulässig eingestuft, wenn bereits passive latente Steuern gebildet wurden.[716] Auch wenn dieser Ansicht hier nicht gefolgt werden kann, zeigen nicht nur unsere empirischen Ergebnisse, sondern auch die bisherigen Befunde für den Rechtsrahmen der US-GAAP,[717] dass die Implementierungskosten gerade für kleine Unternehmen begrenzt werden sollten, wenn Bilanzierungsvereinfachungen ohne große Informationsverluste für die Bilanzadressaten möglich sind.

Unabhängig von der Passivierungspflicht sind verbindliche Anhangangaben unabdingbar, damit die steuerlichen Bilanzpositionen und deren Entwicklungen für den Bilanzleser interpretierbar sind. Alle wesentlichen Steuerrisiken und deren Ursachen sollten einzeln angegeben werden. Dadurch wird insbesondere vermieden, dass Steuerpositionen, welche die Ansatzvoraussetzungen nicht erfüllen, dem Bilanzleser vorenthalten werden können. Die Offenlegung sollte unabhängig davon erfolgen, ob es sich um Risiken handelt, die relativ wahrscheinlich mit einer zusätzlichen Steuerzahlung verbunden sind (z. B. 40 % Eintrittswahrscheinlichkeit) oder Risiken, mit deren Eintritt der Bilanzierende nicht rechnen muss. Das Kriterium der Wesentlichkeit stellt sicher, dass nur Steuerrisiken, welche von ökonomischer Bedeutung für das Unternehmen sind, ausgewiesen werden.

Aus den Ergebnissen der empirischen Analyse folgt ferner, dass eine Quantifizierung des Risikoumfangs eingefordert werden sollte, um die Voraussetzungen für eine adäquate Beurteilung der steuerlichen Risikoposition zu schaffen. Da die Eintrittswahrscheinlichkeiten jedoch aufgrund der mangelnden Datenverfügbarkeit und der Spezifität steuerlicher Fragestellungen regelmäßig nur geschätzt werden können, würde ein nummerischer Ausweis nur zu einer Scheingenauigkeit führen und ist deswegen abzulehnen. In diesem Zusammenhang sind daher grobe Risikoeinstufungen der Entscheidungsträger ausreichend.

---

715 Beispiel: Im HGB-Abschluss werden Wirtschaftsgüter mit Herstellungskosten von 30 GE über 3 Jahre abgeschrieben. Das Unternehmen beansprucht steuerlich einen sofortigen Abzug. Der Steuersatz betrage 30%. Es ist anzunehmen, dass der Rechtsauffassung des Unternehmens in der Betriebsprüfung nicht gefolgt wird und dagegen der handelsrechtlichen Vorgehensweise der Vorzug gegeben wird. Zunächst ist die Steuerrückstellung um 20*0,3 = 6 GE zu erhöhen. Bei der Auflösung der Rückstellung in einem künftigen Wirtschaftsjahr ergibt sich jedoch ein Umkehreffekt, folglich sind 20*0,3 = 6 GE als aktive latente Steuer zu berücksichtigen. Im Ergebnis gleichen sich Aufwand bei der Passivierung der Steuerrückstellung und Ertrag bei der Aktivierung des latenten Steueranspruchs gerade aus.

716 Vgl. Dahlke, J., KoR 2006, S. 584.

717 Financial Accounting Foundation, Post-Implementation Review on FASB Interpretation No. 48, Accounting for Uncertainty in Income Taxes, Norwalk 2012, S. 10.

Darüber hinaus sollte der zurückgestellte Betrag der steuerlichen Nebenleistungen angegeben werden, da dieser für die Prognose der zukünftigen Cash Flows notwendig ist. Diesbezüglich ist der bisher vorgesehene Ausweis als sonstiger betrieblicher Aufwand (sonstige Rückstellung) in der Gewinn- und Verlustrechnung zu überdenken.[718] Eine vollständige und konsistente Offenlegung der steuerlichen Risikoposition erfordert einen Ausweis als Steueraufwand (Steuerrückstellung).[719] Abschließend wäre es wünschenswert, dass der Bilanzleser zudem über die noch offenen Veranlagungszeiträume in den jeweiligen Jurisdiktionen informiert wird.

Der in Abschnitt 5.2 beschriebene Zielkonflikt zwischen der Informationsversorgung der Aktionäre und den negativen Folgen der Offenlegung für die Wettbewerbsfähigkeit und künftige Betriebsprüfungen kann gelöst werden, indem neben den steuerlichen Risiken adäquate Maßnahmen der Risikobewältigung freiwillig offengelegt werden.[720] Für Unternehmen, die ihre Steuerprozesse organisieren und gegenüber den Bilanzadressaten eine offene Informationspolitik verfolgen, bietet damit der Bereich der Steuerrisikoberichterstattung eine Reihe von Ansatzpunkten für eine über die gesetzlichen Mindestanforderungen hinausgehende Erweiterung des Tax Reporting auf freiwilliger Basis.[721] Diesen Gedanken aufnehmend, sollte der Gesetzgeber im Rahmen des Normgebungsverfahrens den Unternehmen Leitlinien an die Hand geben, wie diese neben den Steuerrisiken adäquat über Risikosteuerungsmaßnahmen berichten können, um den Bilanzadressaten zu signalisieren, dass Steuerrisiken ausschließlich kontrolliert eingegangen worden sind. Darüber hinaus sollte geprüft werden, ob die Betriebsprüfungsordnung im Zuge der Einführung eines sog. kooperativen Steuervollzugs Erleichterungen für Unternehmen vorsehen sollte, die über die gesetzlichen Vorgaben hinaus prüfungsrelevante Sachverhalte und Risikomanagementansätze offenlegen.[722]

5.4 Zwischenfazit und Ausblick

Die Steuerdeklaration ist aufgrund der divergierenden Interessen von Fiskalstaat und Steuerpflichtigen mit der Unsicherheit verbunden, ob die in der Steuererklärung vorgenommenen Wertungen von der Finanzverwaltung akzeptiert werden. Fehlende Vorgaben für die bilanzielle Abbildung von Steuerrisiken eröffnen dabei große Bilanzierungsspielräume. Im Hinblick

---

718 Vgl. Fröschle, G., in: Beck'scher Bilanzkommentar, 8. Auflage, 2012, § 275 Rn. 235; Rainer, G./Heußer, J., in: Münchener Kommentar zum Handelsgesetzbuch, 2. Auflage, München 2008, § 266 Rn. 100.

719 Ein Ausweiswahlrecht wie nach FIN 48 ist aber jedenfalls abzulehnen. So auch Dahlke, J., KoR 2007, S. 317.

720 Vgl. Mammen, A., Die Konzernsteuerquote als Lenkungsinstrument im Rahmen des Risikomanagementsystems börsennotierter Muttergesellschaften, Wiesbaden 2011, S. 474 f.

721 Vgl. Meyer, M., ZfP 2010, S. 366.

722 Vgl vertiefend hierzu nachfolgend Abschnitt 6.

auf die Rechnungslegung in Deutschland hat bislang jedoch keine Diskussion stattgefunden, ob die Bilanzierung von Steuerrisiken angesichts ihrer wachsenden Bedeutung nicht ausdrücklich geregelt und vereinheitlicht werden sollte.

Die Offenlegung von Jahresabschlussinformationen wirkt sich positiv auf Anlageentscheidungen aus und reduziert Interessenskonflikte, ist aber zugleich mit Informationskosten verbunden. Mit Blick auf die Offenlegung von Steuerrisiken sind zudem indirekte Informationskosten in Form von Steuernachzahlungen zu beachten, wenn Unternehmen durch die Publizitätspflicht gezielt für Betriebsprüfungen ausgewählt werden. Dem Kosten-Nutzen-Verhältnis sollte insofern bei der Ausgestaltung neuer Rechnungslegungsvorschriften Aufmerksamkeit geschenkt werden.

Seit Juli 2006 gelten spezifische Vorschriften zur Berücksichtigung unsicherer Steuerpositionen nach US-GAAP (FIN 48). Das IASB hat bislang nur einen Standardentwurf ED/2009/2 zu der gleichen Fragestellung veröffentlicht. Eine zentrale Bedeutung innerhalb der Bilanzierungssystematik des IASB nimmt die Bewertung aller steuerlichen Risiken mit dem Erwartungswert ein. Im Gegensatz zu FIN 48 verzichtet der Standardentwurf des IASB damit konzeptionsbedingt auf eine Ansatzschwelle. Diese wird nach FIN 48 über das More-likely-than-not-Kriterium operationalisiert. Diametral entgegengesetzt zum ED/2009/2 stehen im Fokus der Ansatz- und Bewertungsgrundsätze des FASB jedoch keine Steuerrisiken, sondern erwartete Steuerentlastungen durch eine vorteilhafte Auslegung divergierender Rechtsauffassungen. Die Bewertung entspricht hierbei dem finanziellen Vorteil, der mindestens mit einer kumulierten Wahrscheinlichkeit von 50% erwartet wird. Vor allem vor dem Hintergrund der administrativen Implikationen ist die Ansatz- und Bewertungskonzeption des FIN 48 relativ überzeugend. Die bisherigen Untersuchungen zu den Publizitätspflichten nach FIN 48 deuten aber faktisch auf einen geringen Informationsnutzen der Ausweisvorschriften durch eine systematische Überbewertung der Steuerrückstellungen hin. Die mit der Offenlegung verbundenen Implementierungskosten werden dagegen als vergleichsweise hoch eingeschätzt. Die Regelungen des FIN 48 sollten daher nicht ohne Anpassungen in das deutsche Handelsrecht übernommen werden.

Die Analyse der Anhangangaben zu den Steuerrückstellungen hat dokumentiert, dass die Unternehmen der Untersuchungsstichprobe bis auf wenige Ausnahmen keine Anhangangaben zu Rückstellungen für Steuerrisiken ausweisen und diese im Einzelfall erst dann offenlegen, wenn eine Steuernachzahlung unmittelbar bevorsteht. Daher fehlt es bislang an zeitnahen Informationen zur Abschätzung der zukünftigen Steuerzahlungen.

Obwohl an der Verbindlichkeitsmethode festgehalten werden sollte, bedarf es einer expliziten Passivierungsnorm für Steuerrisiken im HGB. Um eine möglichst informative Darstellung der Risikoposition zu erreichen, wird dafür eingetreten, dass die Steuerrückstellungen weiter mit dem Erfüllungsbetrag unter Berücksichtigung des Entdeckungsrisikos bewertet werden. Steuerrisiken, die mit temporären Unterschieden zwischen Handels- und Steuerbilanz verbunden sind, sollten, um den Kostenaufwand zu reduzieren, weiter über die Bilanzposition Latente Steuern abgebildet werden. Neben genau spezifizierten Bilanzierungsgrundsätzen sind Angaben zu den wesentlichen Steuerrisiken und deren Ursachen im Bilanzanhang vorzusehen. Um präzise Auswertungen der Informationen zu den steuerlichen Risiken zu ermöglichen, ist der Risikoumfang dabei zu quantifizieren. Die Eintrittswahrscheinlichkeiten brauchen jedoch, aufgrund bestehender Schätzprobleme, lediglich grob kategorisiert zu werden.

Auch wenn der Fokus dieses Abschnitts auf der Abbildung von steuerlichen Risiken großer Kapitalgesellschaften liegen soll, scheint ein abschließender Blick auf die IFRS for SMEs von Bedeutung zu sein, weil nun bereits einige Vorschriften zur Abbildung von Steuerrisiken in Anlehnung an ED/2009/2 verbindlich zur Anwendung kommen.[723] Nach IFRS for SMEs 29.24 wird die Bewertung von Steuerunsicherheiten wie im ED.26 über die Erwartungswertmethode operationalisiert. IFRS for SMEs 29.31 Buchst. e fordert darüber hinaus, dass die Erfolgswirkung von Anpassungen der veranlagten Steuerschuld bei künftigen Betriebsprüfungen offengelegt wird. Der Bilanzierende hat dabei nach IFRS for SMEs 29.25 davon auszugehen, dass die Finanzverwaltung über vollständige Informationen hinsichtlich der steuerlichen Verhältnisse des Unternehmens verfügen.

Im Dezember 2011 hat die European Financial Reporting Advisory Group (EFRAG) ein Diskussionspapier veröffentlicht,[724] welches den Gedankenaustausch über den Ansatz und die Bewertung unsicherer Steuerpositionen nach IAS 12 anstößt. Teilweise kann das Papier mit neuen Argumenten für die Erwartungswertmethode nach ED/2009/2 aufwarten. Eine abschließende Bewertung des Standardentwurfs wird allerdings nicht vorgenommen, vielmehr sollen weitere Anhörungen und Stellungnahmen des interessierten Fachpublikums klären, ob der Bewertungskonzeption von FIN 48 oder ED/2009/2 gefolgt werden soll.[725]

---

723 In dem EU-Richtlinienvorschlag zur Änderung der 4. und 7. EG-Richtlinie wird allerdings von der verpflichtenden Anwendung der IFRS for SMEs und der Kodifizierung eines Mitgliedstaaten-Wahlrechts abgesehen. Vgl. Europäische Kommission, KOM (2011) 684 final vom 25.10.2011.

724 Vgl. EFRAG, Improving the Financial Reporting of Income Tax, Discussion Paper, Brüssel 2011. Vgl. hierzu Ruberg, L., Ubg 2012, S. 246 ff.

725 Vgl. EFRAG, Improving the Financial Reporting of Income Tax, Discussion Paper, Brüssel 2011, S. 25 f. (Tz. 2.51-2.59).

6 Tax Risk Management der Finanzverwaltung: Hat Deutschland den Anschluss an die internationale Entwicklung verpasst?[726]

6.1 Einleitung

Die Implementierung von Risikomanagementansätzen in den Unternehmen beeinflusst auch die strukturelle Neuausrichtung der deutschen Finanzverwaltung im Rahmen der elektronischen Steuererhebung. Die Finanzverwaltung als steuererhebende Instanz muss spiegelbildlich zum Steuerpflichtigen ihre Aufkommensrisiken in ausreichendem Umfang kontrollieren. Darüber hinaus haben die normative und ökonometrische Untersuchung des Bilanzausweises von Steuerrisiken im deutschen Handelsrecht gezeigt, dass die gesetzlichen Anforderungen zur Offenlegung von Steuerrisiken bislang unvollständig sind. Weiterreichende Bilanzierungsvorgaben können allerdings, aufgrund der angesprochenen Folgen für die Wettbewerbsfähigkeit und Betriebsprüfungen, nicht alleine sicherstellen, dass Investoren die Bedeutung und die Risiken zukünftiger Steuerzahlungen besser einschätzen können. In diesem Zusammenhang bieten Maßnahmen der Finanzbehörden zur Beschleunigung und Effizienzsteigerung von Betriebsprüfungen verbunden mit der Etablierung eines kooperativen Steuervollzugs Möglichkeiten diesen Zielkonflikt zu entschärfen.

Durch die Aufnahme von § 4 a BpO in die Betriebsprüfungsordnung (BpO) als flankierende Maßnahme[727] des Steuervereinfachungsgesetzes 2011[728] wurde die zeitnahe Betriebsprüfung in den Verwaltungsvorschriften definiert und verankert.[729] Bereits im Koalitionsvertrag hatte sich die Regierungskoalition aus CDU/CSU und FDP zum Ziel gesteckt, den Gedanken einer zeitnahen Betriebsprüfung umzusetzen.[730] Pilotprojekte zur Beschleunigung der Betriebsprüfung werden bereits seit mehreren Jahren in der Praxis erprobt.[731] Eng verknüpft mit einer zeitnahen Betriebsprüfung ist die Etablierung eines Risikomanagementsystems, das auf den

[726] Die Befragungsergebnisse sind Teil eines gemeinsamen Forschungsprojekts der Universität Mannheim, dem Zentrum für Europäische Wirtschaftsforschung (ZEW) und der Ernst & Young GmbH zur Gemeinsamen konsolidierten Körperschaftsteuer-Bemessungsgrundlage (GKKB). Die grundlegenden Analyseergebnisse wurden gemeinsam mit Christoph Spengel (Universität Mannheim und ZEW), Martina Ortmann-Babel (Ernst & Young) und Benedikt Zinn (ZEW) im World Tax Journal 2012, Vol. 4, No. 3, S. 185-221 sowie in Zusammenarbeit mit anderen Autoren als Monographie unter dem Titel Common Corporate Tax Base (CC(C)TB) and Determination of Taxable Income - An International Comparison (Heidelberg 2012) veröffentlicht. Dieses Kapitel basiert auf einer gemeinsamen Veröffentlichung im Rahmen dieses Forschungsprojekts mit Martina Ortmann-Babel und Christoph Spengel in Ubg 2012, S. 466-475.

[727] Vgl. Monatsbericht des BMF Oktober 2011, S. 46.

[728] Vgl. BGBl. I 2011, S. 2131.

[729] Vgl. Allgemeine Verwaltungsvorschrift zur Änderung der Betriebsprüfungsordnung, BStBl. I 2011, S. 710.

[730] Vgl. Koalitionsvertrag zwischen CDU, CSU und FDP, Wachstum. Bildung. Zusammenhalt, 2009, S. 13.

[731] Vgl. Hey, J., WPg 2011, S. I.

Möglichkeiten der elektronischen Datenverarbeitung aufbaut.[732] Seit 2003[733] wird hieran von der Finanzverwaltung gearbeitet.[734] Der Steuervollzug ist neben der effektiven Steuerbelastung als „weicher“ Standortfaktor im internationalen Steuerwettbewerb von Bedeutung. Aktuelle Daten zur Verbreitung von Risikomanagementansätzen in anderen Ländern und daraus ableitbare Reformempfehlungen für die Betriebsprüfungspraxis in Deutschland liegen allerdings in der Steuerliteratur nicht vor.

Vor diesem Hintergrund ist es Ziel dieses Abschnitts der Arbeit, durch einen Vergleich der Betriebsprüfungsansätze in den 27 EU-Mitgliedstaaten, der Schweiz und den USA einen Bedarf weiterer gesetzlicher Maßnahmen aufzuzeigen, um die anvisierte Beschleunigung von Betriebsprüfungen in Deutschland zu erreichen. Die Untersuchungsergebnisse der vergleichenden Analyse wurden auf der Basis einer Befragung von Steuerexperten in den einzelnen Ländern gewonnen.[735] Eine rechtliche Überprüfung des Modells einer zeitnahen Betriebsprüfung[736] oder des § 4 a BpO erfolgt dagegen nicht.[737] Das Kapitel ist wie folgt gegliedert. Abschnitt zwei stellt zunächst das Konzept der Betriebsprüfung in Deutschland und aktuelle Reformüberlegungen vor. Anschließend analysiert Abschnitt drei vergleichend die Betriebsprüfungssysteme in den EU-Mitgliedstaaten, der Schweiz und den USA. Abschnitt vier leitet aus der Gegenüberstellung der Betriebsprüfungsansätze in Abschnitt drei Implikationen für eine Weiterentwicklung der Betriebsprüfungspraxis in Deutschland ab und gibt einen Ausblick auf Weiterentwicklungsmöglichkeiten durch grenzüberschreitende Betriebsprüfungen. Abschließend fasst Abschnitt fünf die zentralen Ergebnisse zusammen.

6.2 Konzept der Betriebsprüfung in Deutschland und Reformvorschläge

Die Vornahme einer Außenprüfung steht nach § 193 Abs. 1 AO grundsätzlich im Ermessen der Finanzbehörde. Für Zwecke der Betriebsprüfung werden Unternehmen in Größenklassen eingeteilt.[738] Nur Großbetriebe und Unternehmen, die unter die Konzernprüfungsregelung in

[732] Risikomanagementsysteme im Bereich der indirekten Steuern sind nicht Gegenstand dieses Beitrags. Vgl. für Deutschland hierzu Europäische Kommission, Leitfaden – Risikomanagement für Steuerverwaltungen, Brüssel 2006, S. 108 f.

[733] Vgl. Risse, R., DB 2011, S. 674.

[734] Die Arbeiten befinden sich allerdings noch am Anfang. Erste Ergebnisse werden erst in 5-6 Jahren erwartet. Vgl. Richter, A./Welling, B., FR 2011, S. 126. Für die Arbeitnehmerveranlagung gibt es bereits einen ersten Risikomanagementansatz. Vgl. Schmidt, E., DStJG 2008, S. 48.

[735] Die Befragungsergebnisse sind Teil einer Studie,die sich in erster Linie mit den Vorschriften zur steuerlichen Gewinnermittlung in den untersuchten Ländern beschäftigt. Vgl. Spengel, C./Zöllkau, Y. (Hrsg.), Common Corporate Tax Base CC(C)TB and Determination of Taxable Income. An International Comparison, Heidelberg 2012.

[736] Vgl. hierzu Risse, R., DB 2011, S. 672.

[737] Die Anordnung einer zeitnahen Betriebsprüfung kann ermessensfehlerhaft sein. Vgl. FG Köln, Urteil vom 7.7.2009, BB 2009, S. 2747. Vgl. hierzu Seer, R., Ubg 2009, S. 678 f.

[738] Vgl. § 3 BpO und BMF-Schreiben vom 20.8.2009, BStBl I 2009, S. 886.

den §§ 13 und 19 BpO[739] fallen, unterliegen der Anschlussprüfung nach § 4 Abs. 2 BpO. Die Prüfungszeiträume schließen aneinander an.[740] Hieraus resultiert eine Fokussierung auf Großbetriebe bei der Betriebsprüfung. In der Praxis finden Außenprüfungen sehr viel seltener statt, als in der Betriebsprüfungsordnung vorgesehen.[741] Empirische Studien zeigen, dass Unternehmen viele offene Steuerjahre aufweisen und dass laufende Betriebsprüfungen sehr langwierig sind.[742] Insbesondere werden die langen Betriebsprüfungsdauern und die großen Abstände zwischen den Betriebsprüfungen bemängelt.[743] Seit 2002 kann die Finanzverwaltung elektronisch in gesetzlich festgelegter Form[744] im Rahmen von Betriebsprüfungen auf die Daten des Steuerpflichtigen zugreifen (sog. digitale Außenprüfung).[745] Die Belegprüfung tritt zugunsten einer maschinellen Auswertung von Steuerdaten mit Hilfe von Prüf- und Analysesoftware zurück.

Eine Verzögerung der Betriebsprüfung durch einen langen Prüfungsturnus und eine ausgedehnte Prüfungsdauer erhöht aus Sicht der Unternehmen steuerliche Risiken,[746] da Unsicherheit über die endgültige Steuerzahllast und über mögliche Nachzahlungszinsen[747] besteht. Durch die Kombination eines hohen Zinssatzes von 6% (§§ 233 a, 238 AO) und der Nichtabzugsfähigkeit von Nachzahlungszinsen von der steuerlichen Bemessungsgrundlage (§ 12 Nr. 3 EStG) können steuerliche Risiken durchaus den Fortbestand des Unternehmens gefährden.[748] Im Durchschnitt führte die letzte abgeschlossene Betriebsprüfung bei Teilnehmern einer Studie aus dem Jahr 2010 zu einer Steuernachzahlung von 49% des durchschnittlichen, jährlichen Steueraufwandes.[749] Wenn der Steuerpflichtige Einwände gegen die festgesetzte Steuernachzahlung hat, kann er darüber hinaus noch ein in der Regel langwieriges Gerichtsverfahren anstreben.

---

739 Vgl. Betriebsprüfungsordnung (BpO), BStBl. I 2000, S. 369.

740 Für Klein- und Mittelbetriebe, die für Zwecke dieser Untersuchung nicht betrachtet werden sollen, gilt ein dreijähriger Regelprüfungsturnus nach § 4 Abs. 3 BpO.

741 Vgl. Abschnitt 2.4.3 und Monatsbericht des BMF September 2011, S. 63.

742 Vgl. Eismayr, R./Schnell, M., IWB 2010, S. 909.

743 Vgl. Wünnemann, M., Ubg 2011, S. 197.

744 Vgl. § 147 Abs. 6 AO.

745 Vgl. BMF-Schreiben vom 16.7.2001, BStBl I 2001, S. 415.

746 Im Zuge der Umsetzung des Sarbanes-Oxley Act (2002) und FIN 48 (2006) in den USA, der Internationalisierung der Kapitalmärkte sowie der Übernahme der IFRS für Konzernabschlüsse (2005) in Europa kam es zu einer Bedeutungszunahme kontrollierter und planbarer Steuerzahlungen sowie aktueller Steuerbilanzwerte zur Berechnung latenter Steuern. Der Schwerpunkt der Arbeit der Steuerabteilung hat sich seitdem von der Steuerplanung zur Steuer-Compliance verschoben. Vgl. Janssen, B., European Taxation 2009, S. 404.

747 Der Zinslauf ist dabei zeitlich unbeschränkt. Neben einer Verzinsung der Steueransprüche drohen Säumnis-, Verspätungs- und Steuerzuschläge. Vgl. vertiefend Loose, M., DStJG 2008, S. 204 ff. Zur Festsetzung von Zwangsgeldern vgl. Buck, R./Klopfer, M., Betriebsprüfung, Wiesbaden 2011, S. 91 ff.

748 Das gilt insbesondere dann, wenn Steuerzahlungen für zurückliegende Gewinnjahre in Verlustperioden anfallen und antizyklisch wirken.

749 Vgl. Eismayr, R./Schnell, M., IWB 2010, S. 909.

Das Besteuerungsverfahren in Deutschland ist gegenwärtig einseitig auf Kontrollen der Finanzbeamten[750] und daraus resultierenden Konflikten mit dem Steuerpflichtigen angelegt. Deswegen steht es seit geraumer Zeit in der Kritik.[751] Aufgrund der konfrontativen Ausgangssituation und erheblichen Nachzahlungszinsen ist die Kooperationsbereitschaft in der Betriebsprüfung bislang eher gering.[752]

Um dieser Kritik zu begegnen, werden unterschiedliche Modelle einer zeitnahen Betriebsprüfung in der Praxis erprobt. Das „Osnabrücker Modell", welches in Niedersachsen getestet wird, nimmt dabei eine Vorreiterrolle ein. Nach dem „Osnabrücker Modell" wird beim Finanzamt für Großbetriebsprüfung[753] zunächst eine nicht unterschriebene Steuererklärung eingereicht. Auf deren Grundlage wird anschließend eine Überprüfung der Besteuerungsgrundlagen durchgeführt.[754] Bei unstreitigen Feststellungen entfällt ein Betriebsprüfungsbericht. Finanzverwaltung und der Steuerpflichtige verzichten auf ein Rechtsschutzverfahren. Am Ende des Veranlagungsprozesses wird die endgültige Steuerzahlung in Abstimmung mit dem Steuerpflichtigen festgelegt und die Steuererklärung unterschrieben.[755] Da die Erklärungen, welche das Unternehmen einreicht, bereits geprüft sind, erfolgt die Veranlagung ohne Vorbehalt der Nachprüfung.

Auch in Nordrhein-Westfalen wurde ein Modell für eine zeitnahe Betriebsprüfung entwickelt und in einem Erlass geregelt.[756] Im Gegensatz zum „Osnabrücker Modell" ist allerdings eine unterschriebene Steuererklärung Voraussetzung für eine beschleunigte Prüfung des Steuerpflichtigen.[757] Auf einen Betriebsprüfungsbericht wird gleichfalls nicht verzichtet. Die Pilotprojekte werden vor allem mit Unternehmen durchgeführt, die in der Vergangenheit ihren steuerlichen Verpflichtungen ohne Beanstandungen nachgekommen sind, vereinzelt aber auch mit Unternehmen, welche hohe steuerliche Risiken für die Steuererhebung aufweisen. Die beteiligten Unternehmen werden aktiv in die Vorbereitungen der Betriebsprüfung eingebunden, in denen Ablauf und Prüfungsschwerpunkte festgelegt werden. Längerfristig soll durch

---

[750] Vgl. Risse, R., DB 2011, S. 667.

[751] Die Einteilung in Größenklassen widerspricht insbesondere aus rechtlicher Sicht den Anforderungen an die Rechtsanwendungsgleichheit (Art. 3 Abs. 1 GG). Vgl. Seer, R., Ubg 2009, S. 674.

[752] Auch eine Umfrage von Deloitte kommt zu dem Ergebnis, dass die Atmosphäre während Betriebsprüfungen verbesserungsbedürftig ist. Vgl. Deloitte, Betriebsprüfung – Belastungstest, München 2011, S. 30 f.

[753] Vgl. Hermenau, C.-J., FR 2011, S. 121.

[754] Dies ähnelt der Vorgehensweise beim Bielefelder Modell. Vgl. Hruschka, F., Stbg 2012, S. 5.

[755] Vgl. Richter, A./Welling, B., FR 2011, S. 124 f.

[756] Vgl. Finanzministerium Nordrhein-Westfalen vom 11.6.2008, S 0401 - 10 - V A 5, BeckVerw 242338.

[757] So auch beim Modell einer zeitnahen Betriebsprüfung der Bayerischen Finanzverwaltung. Vgl. Hruschka, F., Stbg 2012, S. 5. Gleiches gilt für die zeitnahe Betriebsprüfung nach dem Leitfaden der OFD Hannover. Vgl. OFD Hannover, Leitfaden Zeitnahe Betriebsprüfung, Hannover 2009.

eine risikoorientierte Fallauswahl mit Schwerpunktprüfungen eine zeitnahe Betriebsprüfung möglichst für alle Unternehmen erreicht werden.[758]

Die Oberfinanzdirektion Koblenz hat 2008 eine Broschüre veröffentlicht, die sich mit einer zeitnahen Betriebsprüfung beschäftigt.[759] Von der üblichen Praxis einer Prüfung im Mehrjahresrhythmus soll zu einer Prüfung im Jahrestakt übergegangen werden. Um dieses Ziel zu erreichen, müssen allerdings Prüfungsschwerpunkte festgelegt und die Prüfungsabläufe beschleunigt werden. Dies soll unter anderem durch regelmäßige Besprechungen mit dem Steuerpflichtigen erreicht werden. Die herbei vereinbarten Modalitäten der Zusammenarbeit werden in Form einer einvernehmlichen Verfahrensverständigung schriftlich fixiert. Analog zum Modell Nordrhein-Westfalens ist eine unterschriebene Steuererklärung vorzulegen.[760] Das Unternehmen darf den elektronischen Datenzugriff nicht auf den Prüfungszeitraum beschränken.[761]

Die unterschiedlichen Pilotprojekte zeigen,[762] dass eine Beschleunigung der Betriebsprüfung und die damit verbundene Rechts- und Planungssicherheit[763] sich in erster Linie durch eine verbesserte Kooperation (sog. kooperativer Steuervollzug)[764] zwischen Finanzverwaltung und dem Steuerpflichtigen erzielen lässt.[765] Für deren Umsetzung ist ein Verhaltenskodex erforderlich, der auf gegenseitigem Vertrauen, Transparenz, Offenlegung und Verständnis beruht.[766] Der kooperative Steuerstaat tritt damit an die Stelle des konfrontativen Steuerstaates.[767] Der Steuerpflichtige gewährt einhergehend Einsicht in alle relevanten Sachverhalte und Unterlagen und signalisiert damit, dass er einen Vertrauensvorschuss verdient hat. Die Finanzverwaltung gibt ihrerseits vertrauensbildend zeitnahe Auskünfte und gewährt Vollzugserleichterungen bei der Deklaration und der Überprüfung der Steuergrundlagen sowie Informationen zu aus ihrer Sicht streitanfälligen Steuerplanungsmodellen. Darüber hinaus könnten, wie im Kapitel 5.3.4 oben angeregt, Erleichterungen für Unternehmen vorgesehen werden, die

---

758 Vgl. Finanzministerium Nordrhein-Westfalen vom 11.6.2008, S 0401 - 10 - V A 5, BeckVerw 242338.

759 Vgl. OFD Koblenz, Eckpunkte für die Durchführung einer zeitnahen Prüfung von Großbetrieben und Konzernen, Koblenz 2008.

760 Für einen kurzen Überblick weiterer Pilotprojekte vgl. Wünnemann, M., Ubg 2011, S. 199.

761 So auch OFD Hannover, Leitfaden Zeitnahe Betriebsprüfung, Hannover 2009, S. 8.

762 Vgl. Wünnemann, M., Ubg 2011, S. 198.

763 Rechtsunsicherheiten gehen dabei bislang häufig zulasten des Steuerpflichtigen, da sich erst zum Zeitpunkt der Betriebsprüfung zu unklaren Gesetzesformulierungen und unbestimmten Rechtsbegriffen eine herrschende Meinung herausgebildet hat. Vgl. Bolik, A./Günther, J., StuB 2011, S. 382.

764 Unter einem kooperativen Prüfungsansatz soll hier jede Form der Zusammenarbeit zwischen der Finanzverwaltung und dem Steuerpflichtigen verstanden werden, die über die gesetzlichen Mindestanforderungen hinausgeht. Vgl. OECD, Tax Intermediaries Study, Working Paper 6 – The Enhanced Relationship, Paris 2007, S. 15.

765 Vgl. Hey, J., WPg 2011, S. I.

766 Vgl. Meussen, G., FR 2011, S. 115.

767 Vgl. schon Eckhoff, R., StuW 1996, S. 107 ff.

über die gesetzlichen Vorgaben hinaus prüfungsrelevante Sachverhalte und Risikomanagementansätze offenlegen.

Auch im kooperativen Steuervollzug muss allerdings verfahrensrechtlich die Möglichkeit geschaffen werden, unterschiedliche Rechtsstandpunkte von einem Finanzgericht überprüfen zu lassen (sog. kanalisierte Konfrontation).[768] Schließlich müssen Unternehmen im Rahmen einer kooperativen Betriebsprüfung zwar für eine strukturell gesicherte Rechtsbefolgung Sorge tragen, aber nicht der Verwaltungsmeinung in jedem strittigen Sachverhalt folgen.[769] Steuerpflichtiger und Finanzverwaltung sollten indessen einvernehmlich auf ein Verfahren verzichten, wenn der Streitgegenstand die Belastung durch den Rechtsstreit nicht rechtfertigen würde.[770]

Eine zeitnahe Betriebsprüfung hat auch Vorteile für die Finanzverwaltung,[771] da etwaige Steuernachforderungen kurzfristig erhoben werden können[772] und auf Steuerplanungsaktivitäten durch Anpassungen der Steuergesetze und der Verwaltungsvorschriften rechtzeitig reagiert[773] sowie eine Perpetuierung von Fehlern über mehrere Veranlagungszeiträume hinweg vermieden werden kann. Deswegen wird innerhalb der OECD-Staaten in der rechtzeitigen Verfügbarkeit von Steuerdaten ein entscheidender Faktor zur Bekämpfung von aggressiver Steuerplanung gesehen.[774] Die Volatilität der Steuereinnahmen und damit die Unsicherheit der Aufkommensdaten für den Staatshaushalt lässt sich gleichfalls reduzieren. Das Risiko sinkt, dass ein Unternehmen in der Zeit zwischen dem steuerlichen Veranlagungszeitraum und der endgültigen Steuerfestsetzung keine Mittel zur Begleichung von Steuerforderungen hat oder Insolvenz anmelden muss.[775] Steuerpflichtiger und Steuerverwaltung profitieren von einer kostensenkenden steuerlichen Ressourcenbeanspruchung,[776] weil weniger Daten und Dokumentation vorgehalten werden müssen[777] und weniger Personal erforderlich ist.[778]

---

768 Vgl. Drüen, K.-D., FR 2011, S. 113.

769 Vgl. Seer, R., Tax Compliance und Außenprüfung, Köln 2011, S. 415.

770 Vgl. Eckhoff, R., StuW 1996, S. 113.

771 Vgl. HM Revenue & Customs, Modernising powers, deterrents and safeguards, London 2006, S. 16.

772 Vgl. zu den verfassungsrechtlichen Grenzen einer Kooperation im Besteuerungsverfahren Drüen, K.-D., FR 2011, S. 101 ff.

773 Vgl. OECD, Tax Intermediaries Study, Working Paper 6 – The Enhanced Relationship, Paris 2007, S. 13 f.

774 Vgl. Pross, A./Czakert, E., IStR 2011, S. 277.

775 Vgl. Huber, E./Seer, R., StuW 2007, S. 361 f.; Hermenau, C.-J., FR 2011, S. 121.

776 Die Mitwirkungskosten können allerdings bei einer in kürzeren Intervallen erfolgenden Betriebsprüfung höher ausfallen. Vgl. Seer, R., Ubg 2009, S. 678.

777 Die verfassungsrechtlichen Bedenken gegenüber dem elektronischen Datenzugriff wiegen hierdurch weniger schwer. Vgl. einführend Kerssenbrock, O.-F./Riedel, O./Strunk, G., DB 2002, Beilage zu Heft 49, S. 1 ff.

778 Durch die hohe Mitarbeiterfluktuation ist es oftmals schwer, Angaben in der Steuererklärung und die zugehörigen Sachverhalte zu rekonstruieren. Vgl. Seer, R., Ubg 2009, S. 674.

Einen weiteren Schritt in Richtung einer zeitnahen Betriebsprüfung bedeutet die Aufnahme des § 4 a in die Betriebsprüfungsordnung, der erstmals für Außenprüfungen anzuwenden ist, die nach dem 1. Januar 2012 angeordnet werden. Demnach kann die Finanzbehörde den Steuerpflichtigen für eine zeitnahe Betriebsprüfung auswählen, wenn der Steuerpflichtige eine Steuererklärung einreicht und die Auswahl des Steuerpflichtigen für eine zeitnahe Betriebsprüfung dem Bundeszentralamt für Steuern kenntlich gemacht wird (§ 4 a Abs. 2 BpO). Grundlage für die zeitnahe Betriebsprüfung ist eine Vereinbarung zwischen Finanzverwaltung und dem Steuerpflichtigen, in der ein Zeitplan und die voraussichtlichen Prüfungsschwerpunkte festgelegt werden.[779] Durch die Aufnahme des § 4 a BpO, der eine unterschriebene Steuererklärung voraussetzt, wurde dem „Osnabrücker Modell“ in seiner jetzigen Form eine Absage erteilt. Allerdings sieht die Abgabenordnung auch vor, dass der Prüfungszeitraum während einer Außenprüfung um spätere Veranlagungszeiträume erweitert werden kann.

6.3 Vergleich der Betriebsprüfungsansätze in der EU, der Schweiz und den USA

6.3.1 Untersuchungsmethode

Im folgenden Abschnitt werden die Betriebsprüfungsansätze in den EU-Mitgliedstaaten, der Schweiz und den USA verglichen. Hierzu wurden Steuerexperten im internationalen Ernst & Young Firmennetzwerk in den 29 analysierten Ländern zu ihren Erfahrungen in der Betriebsprüfungspraxis auf der Grundlage eines Fragebogens konsultiert. Die Schweiz wurde aufgrund ihrer zentralen Lage und ökonomischen Bedeutung als Finanzplatz für Europa berücksichtigt. In den USA wird bereits seit Langem ein risikoorientierter Prüfungsansatz[780] praktiziert.[781] In einer zweiten Befragungsrunde wurden nach einem Abgleich der erhaltenen Antworten mit einschlägiger Fachliteratur verbleibende Detailfragen geklärt. Die vergleichende Analyse bezieht sich dabei auf die Kernelemente eines risikoorientierten Besteuerungsverfahrens.

6.3.2 Untersuchungsergebnisse

In 25 der betrachteten 29 Länder können Steuererklärungen schon elektronisch übermittelt werden oder eine elektronische Übermittlung soll, wie in Deutschland, kurzfristig eingeführt werden (siehe Abbildung 1). In einigen untersuchten Ländern, darunter Frankreich und die USA, sind nur Unternehmen, die gewisse Größenkriterien überschreiten, zu einer elektroni-

---

779 Vgl. Hrschuka, F., Stbg 2012, S. 5 f.

780 Seit 2005 kann in den USA im Rahmen des sog. Compliance Assurance Process geprüft werden. Die Überprüfung des Steuerpflichtigen setzt herbei bereits vor Abgabe der Steuererklärung ein. Vgl. hierzu Seer, R., Ubg 2009, S. 677.

781 Zudem kann die Kooperation der Steuerbehörden der amerikanischen Bundesstaaten als Vorbild für eine Zusammenarbeit der europäischen Finanzbehörden dienen.

schen Übermittlung verpflichtet. Begleitdokumente wie Handelsbilanzen (u. a. Österreich) müssen teilweise aber weiterhin als Ausdruck übermittelt werden. In 4 von 29 untersuchten Ländern können Steuererklärungen nach wie vor nur in Papierform bei den Steuerbehörden eingereicht werden.

Abbildung 1: Übermittlungsformen der Steuererklärung

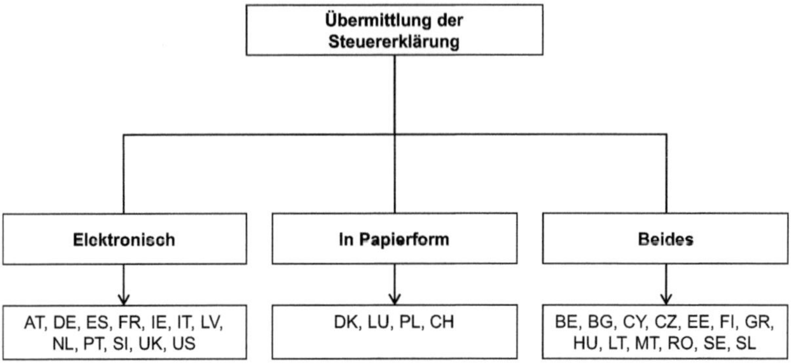

Ein Problemfeld bei der elektronischen Datenübermittlung ist die Authentifizierung. In Estland erfolgt die Authentifizierung über Internetbanking oder den elektronischen Personalausweis. Häufig werden Steuererklärungen zwar elektronisch ausgefüllt und übermittelt, aber anschließend ausgedruckt und unterschrieben (u. a. Slowakei). In fast allen Ländern kann man bislang die Bezahlung der Steuerschuld nicht elektronisch vornehmen.[782]

Abbildung 2: Tax Compliance Modelle / kooperativer Steuervollzug für große Kapitalgesellschaften[783]

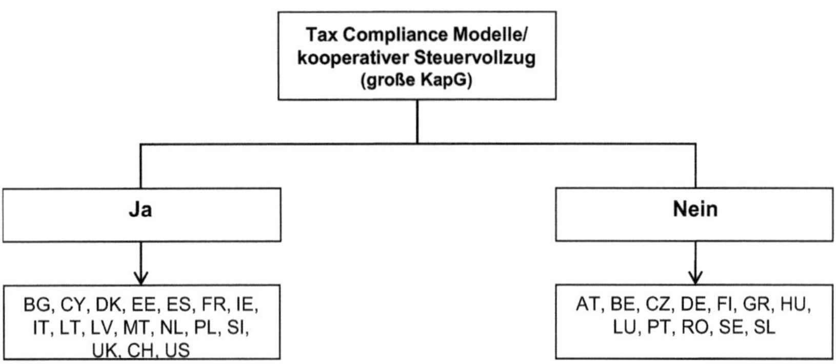

[782] Vgl. auch OECD, Tax Administration in OECD and Selected Non-OECD Countries: Comparative Information Series, Paris 2011, S. 185 ff.

[783] Für Zwecke dieses Kapitels sollen hierunter Kapitalgesellschaften mit einer Bilanzsumme von mehr als 20.000.000 Euro verstanden werden.

Abbildung 2 zeigt, dass in 17 von 29 untersuchten Ländern ein kooperativer Steuervollzug für große Kapitalgesellschaften etabliert wurde. Ein kooperatives Besteuerungsverfahren bzw. ein Tax Compliance Modell mit einer freiwilligen oder verbindlichen Offenlegung von prüfungsrelevanten Sachverhalten ist im Leitbild der zeitnahen Betriebsprüfung zwar angelegt, aber nicht explizit in § 4 a BpO verankert. Die Kooperationsform zwischen Finanzverwaltung und dem Steuerpflichtigen in den Niederlanden im Rahmen der Horizontaal Toezicht und beim Compliance Assurance Process der USA ähnelt dem „Osnabrücker Modell", weil Steuererklärungen ebenfalls ohne Unterschrift eingereicht werden.[784] Die Steuerbehörde[785] schließt Vereinbarungen mit den Unternehmen (so auch beispielsweise in Irland und den USA), in denen vorzunehmende Kontrollen, die eine pünktliche und korrekte Steuerzahlung sicherstellen sollen, sowie Compliancegrundlagen festgelegt werden.[786] Die niederländische Finanzverwaltung orientiert sich an Prinzipien, die eine gute Governance gewährleisten sollen. In Estland wird eine kooperative Betriebsprüfung sogar im Steuergesetz festgeschrieben.

In Großbritannien erhalten Großunternehmen in Bezug auf ihre Rechtsanfragen vor bedeutenden Investitionen[787] eine verbindliche Auskunft der Finanzbehörden innerhalb von 28 Tagen.[788] Außerdem wird jedem Unternehmen ein verantwortlicher Finanzbeamter zugewiesen (sog. Single-window-focus).[789] In Frankreich und den Niederlanden übernehmen große Unternehmen Teams von Spezialisten. Auch andere Länder haben sich speziell auf die Bedürfnisse großer Unternehmen eingestellt und Abteilungen eingerichtet, welche die Beziehungen zu diesen Unternehmen verbessern sollen (u. a. Bulgarien, Lettland, Polen und Slowenien). In Portugal können Unternehmen vorgezogene Betriebsprüfungen beantragen, die innerhalb von sechs Monaten abgeschlossen werden müssen.

In zahlreichen untersuchten Ländern, zum Beispiel in Frankreich, Irland und den USA,[790] können Unternehmen Vorabauskünfte erhalten. In einigen untersuchten Ländern, zum Beispiel in den Niederlanden und den USA, besteht zudem die Möglichkeit, eine Mediation in Anspruch zu nehmen, oder es ist wie in der Schweiz vorgesehen, sämtliche Problemlösungs-

---

784 Bevor der Steuerpflichtige für die Horizontaal Toezicht optieren kann, müssen alle Rechtsstreitigkeiten zwischen den Steuerbehörden und dem Unternehmen ausgeräumt werden.

785 Für ein konkretes Beispiel einer Compliance-Vereinbarung vgl. OECD, Study in the Role of Tax Intermediaries, Paris 2008, S. 81 f.

786 Vgl. hierzu auch Meussen, G., FR 2011, S. 114.

787 Anhaltspunkte hierfür sind die eingesetzten Investitionsmittel und die Bedeutung des Risikovolumens im Verhältnis zur Vermögensausstattung des steuerpflichtigen Unternehmens.

788 Vgl. zur Umsetzung des Auskunftsverfahrens HM Revenue & Customs, Giving Certainty to Businesses Through Clearance and Advance Agreements, London 2007, S. 7 ff.

789 Es handelt sich um einen sog. Customer Relationship Manager, der als erste Anlaufstelle für die Unternehmen dient und einen reibungslosen und zeitnahen Informationsaustausch gewährleistet.

790 Die Zufriedenheit der Steuerpflichtigen mit dem Angebot der amerikanischen Steuerverwaltung (Internal Revenue Service) liegt momentan bei beeindruckenden 80%.

möglichkeiten auszuschöpfen, um einen Gerichtsprozess zu vermeiden. Kooperation zwischen Finanzverwaltung und Steuerpflichtigen ist somit als ein wichtiger Bestandteil einer umfassenden Strategie zur Umsetzung einer zeitnahen Betriebsprüfung anzusehen.

Besonders weitgehend sind die Offenlegungspflichten des amerikanischen Tax Compliance Modells. Steuerpflichte müssen sog. Reportable Transactions gegenüber den Finanzbehörden offenlegen (Form 8886). Bei den Reportable Transactions handelt es sich entweder um von den Finanzbehörden jährlich in einer Liste veröffentlichte Steuerplanungsmodelle oder um Sachverhalte, die potenziell als missbräuchlich eingestuft werden könnten.[791] Steuerpflichtige, die nach IFRS, US-GAAP oder anderen Rechnungslegungsvorschriften bilanzieren, werden zudem verpflichtet, jeden unsicheren steuerlichen Sachverhalt knapp und präzise zu beschreiben und dessen Auswirkung auf die Steuerbelastung des Unternehmens einzeln anzugeben.[792] Darüber hinaus sind Angaben zu den einschlägigen US-Normen und Angaben zur verwaltungsseitigen Bearbeitung erforderlich und es ist eine zusammenfassende Beschreibung jedes Steuerrisikos verpflichtend anzugeben.[793]

In vielen anderen untersuchten Ländern gibt es vergleichbare Initiativen, um die Offenlegung von relevanten Steuerinformationen im Vorfeld von Betriebsprüfungen zu erreichen, auch wenn im Detail starke Unterschiede bestehen.[794] Auch in Deutschland gibt es immer wieder Stimmen, die eine Anzeigepflicht für Steuergestaltungen fordern. Dieses Ansinnen hatte sogar Eingang in das Gesetzgebungsverfahren zum Jahressteuergesetz 2008 gefunden. Die Begründung zum damaligen Gesetzesentwurf stützte sich u. a. auf vergleichbare Meldepflichten in Großbritannien und den USA. Der Vergleich und die Adaption entsprechender Instrumente verkennen aber den Umstand eines deutschen Veranlagungssystems und die darin liegende Bedeutung der deutschen Außenprüfung. In den USA wird die Steuer im Wege der Selbstveranlagung festgelegt. Dabei finden die Betriebsprüfungen in einem wesentlich geringeren Umfang als in Deutschland statt. Zudem darf nicht übersehen werden, dass Deutschland bereits eine allgemeine Missbrauchsnorm hat (§ 42 AO), die zusätzliche Anzeigepflichten überflüssig macht. Die griechische Finanzverwaltung bedient sich des Berufstands der Wirtschaftsprüfer, die verpflichtet werden, Unternehmen auch steuerlich zu prüfen und die Feststellungen offen-

---

791 Vgl. IRS, Instructions for Form 8886, Rev. March 2011.

792 Vgl. IRS, Draft 4/19/2010, Instructions for Uncertain Tax Positions – Announcement 2010-30, Washington D.C. 2010, S. 5 f.; IRS, Requirement of a Statement Disclosing Uncertain Tax Positions. 26 CFR Part 1 TD 9510, Washington, D.C. 2010.

793 Einige Erleichterungen gegenüber dem ursprünglichen Entwurf wurden in die endgültige Fassung noch eingearbeitet. Die Offenlegungspflichten sind für große Unternehmen in ihren Steuererklärungen seit 2010 zu erfüllen. Vgl. Nevius, A.M., Journal of Accountancy 2010, Vol. 210, No. 5, S. 26 ff.

794 Vgl. hierzu auch Pross, A./Czakert, E., IStR 2011, S. 279 ff.

zulegen. Dementsprechend werden Unternehmen, bei denen es zu keinen steuerlichen Beanstandungen kommt, regelmäßig nicht weiter von den Steuerbehörden überprüft.

Abbildung 3: Maschinelles Risikomanagement

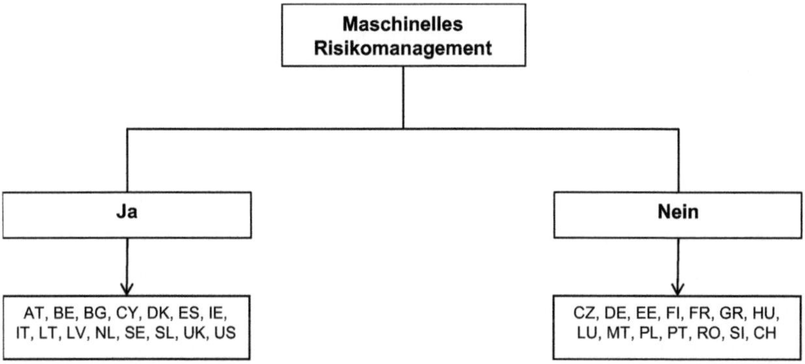

Aus Abbildung 3 wird deutlich, dass die Steuerverwaltungen in mehr als der Hälfte der untersuchten Länder (15 von 29 Ländern) bereits über maschinelle Risikomanagementsysteme verfügen.[795] Diese divergieren allerdings im Detail mitunter erheblich. Dies betrifft etwa die konkrete Definition der Risikoklassen und die Zuweisungsmodi zu diesen. In Großbritannien,[796] Irland, den Niederlanden[797] und beispielsweise in Österreich wird ein Punktesystem verwendet, um jeden Steuerpflichtigen einer Risikoklasse zuzuordnen. Darüber hinaus nehmen Estland, Polen, Portugal und Ungarn eine manuelle Risikoeinstufung vor. Die Risikosysteme dieser Länder ordnen Unternehmen zwar bestimmten Risikogruppen zu, die Klassifizierung erfolgt aber fallabhängig im Rahmen der Steuerveranlagung ohne ein fest vorgegebenes Bewertungsschema.

Ein maschinelles Risikomanagement, das auf einem System mit fest vorgegebenen automatisch ablaufenden Methoden und Instrumenten zur Risikoerkennung basiert,[798] hat gegenüber einer manuellen bzw. personellen Risikoeinschätzung bei der Veranlagung den Vorteil, dass

[795] In Griechenland ist ein Risikomanagementsystem gesetzlich vorgesehen; bislang fehlt es allerdings an einer entsprechenden Ermächtigung des Finanzministeriums.

[796] Vgl. hierzu HM Revenue & Customs, Modernising powers, deterrents and safeguards, London 2006. In der Praxis wird aber vor allem zwischen "low risk" und "higher risk" unterschieden. Vgl. Freedman, J./Loomer, G./Vella, J., British Tax Review 2009, S. 80.

[797] Vgl. hierzu auch Europäische Kommission, Leitfaden – Risikomanagement für Steuerverwaltungen, Brüssel 2006, S. 65 ff.

[798] Die Risikoindikatoren beruhen teilweise auf rein quantitativen Größen und teilweise auf den Erfahrungen mit der Compliance des Steuerpflichtigen (sog. Subjektrisiko) und sollen die Wahrscheinlichkeit eines Steuerausfalls abbilden.

die Risikoeinstufung auf eine formelle und systematische Grundlage gestellt wird.[799] In Großbritannien werden inhärente Risikoindikatoren verwendet, wie Komplexität der Transaktionen, Veränderungen in der Konzernstruktur und internationale Ausrichtung, sowie verhaltensabhängige Risikokriterien wie Corporate Governance, Abgabe- und Zahlungsverhalten.[800] Auch große Unternehmen, die komplexe steuerliche Sachverhalte verwirklichen, können als Steuerpflichtige mit geringem Risiko eingestuft werden.[801] Wird ein in Abhängigkeit von den verfügbaren Ressourcen festgelegter Punktwert überschritten, erfolgt eine Überprüfung der Besteuerungsgrundlagen vor Ort. Eine weitere Ländergruppe (u. a. Belgien) setzt insbesondere Data-Mining ein, um Unternehmen Risikokategorien zuzuordnen. Die Auswahlkriterien werden dabei laufend überprüft und können daher von Jahr zu Jahr modifiziert werden, um sich an veränderte Steuerrisiken anzupassen. Die meisten Länder (u. a. Lettland und Litauen) veröffentlichen keine Details über die von ihnen vorgenommene Risikokategorisierung, um ein strategisches Verhalten der Steuerpflichtigen zu verhindern. Dieser Zusammenhang zeigt zum einen, dass Unternehmen, wie im Kapitel 5.2 angenommen, durch Offenlegung von Steuerrisiken oder anderen Risikoindikatoren gezielt für Betriebsprüfungen ausgewählt werden und lässt zum anderen vermuten, dass Ausweisweichreaktionen der Steuerpflichtigen die Berichtsqualität im Hinblick auf die Bilanzierung steuerlicher Risiken und latenter Steuern unter Umständen beeinflussen könnten.

Abbildung 4: Zentrale Steuerdatenbank

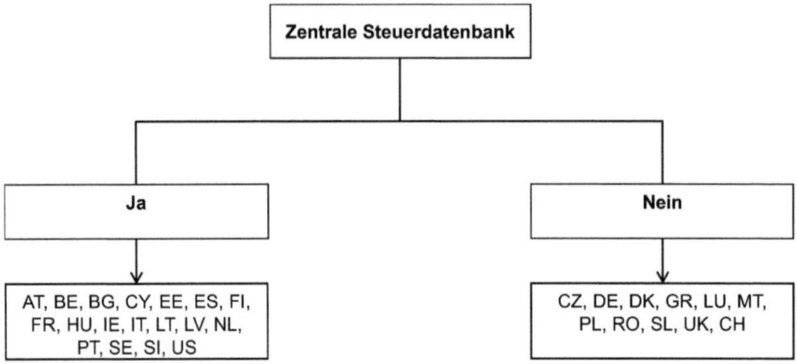

Ohne umfassende EDV-Unterstützung sind moderne Risikomanagementsysteme nicht operabel. Aus Abbildung 4 geht hervor, dass 18 von 29 untersuchten Ländern inzwischen eine zent-

799 Vgl. Black, J., Law & Policy 2006, S. 22.

800 Vgl. hierzu auch MacPherson, A./Kennedy, M./Egert, J./Lucas, B., United Kingdom, Amsterdam 2010, S. 409 ff.; Freedman, J./Loomer, G./Vella, J., British Tax Review 2009, S. 81.

801 Vgl. hierzu Freedman, J./Loomer, G./Vella, J., British Tax Review 2009, S. 82, 88.

rale Steuerdatenbank aufgebaut haben. Diese[802] gestattet der Finanzverwaltung nicht nur Vergleiche über eine große Zahl von Steuerpflichtigen vorzunehmen, sondern auch über mehrere Veranlagungszeiträume hinweg.[803] Nur durch eine effiziente Informationsübermittlung können Steuerbehörden zeitnah auf erkannte Risiken reagieren.[804] In einigen Ländern, darunter Belgien, Schweden und Spanien, werden nicht nur interne, sondern auch externe Informationen über den Steuerpflichtigen gespeichert.

Abbildung 5: Prüfungsturnus großer Kapitalgesellschaften

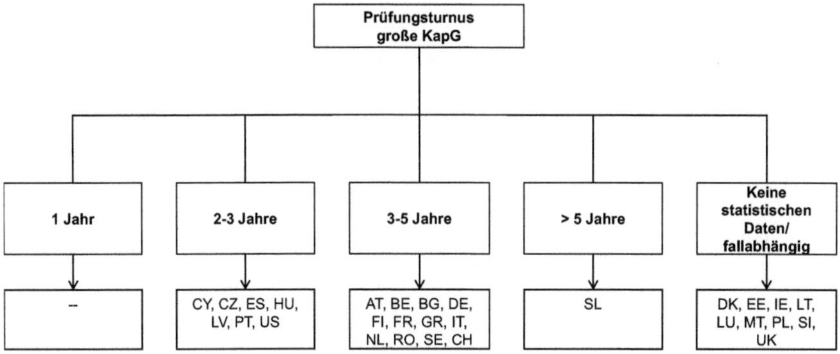

Abbildung 5 zeigt, dass der Prüfungsturnus in Deutschland durchaus mit der internationalen Praxis übereinstimmt. Lettland, Portugal, Spanien, die Tschechische Republik, Ungarn, Zypern und die USA haben allerdings den Abstand zwischen den Außenprüfungen deutlich verringern können. Nur die Slowakei weist einen Prüfungsturnus von mehr als fünf Jahren auf. In Dänemark, Estland, Großbritannien, Irland, Litauen und Polen ist der Abstand zwischen den Außenprüfungen aufgrund einer risikoorientieren Prüfungsauswahl sehr stark fallabhängig. Für Luxemburg, Malta und Slowenien waren keine belastbaren statistischen Daten zum Zeitpunkt der Untersuchung verfügbar.

Betriebsprüfungen werden in den Vergleichsländern teilweise deutlich schneller abgeschlossen als in Deutschland. In Belgien, Bulgarien, Dänemark, Estland, Polen und Ungarn werden Betriebsprüfungen regelmäßig in sechs Monaten abgeschlossen. In Lettland gilt sogar eine Vorgabe von nur drei Monaten. In weiteren sechs Ländern werden Betriebsprüfungen großer Kapitalgesellschaften innerhalb von zwölf Monaten abgeschlossen. Nur Großbritannien weist

802 Der Austausch von Steuerdaten zwischen deutschen Steuerbehörden begegnet keinen verfassungsrechtlichen Bedenken. Vgl. Drüen, K.-D., Die Zukunft des Steuerverfahrens, Heidelberg 2009, S. 11.
803 Vgl. hierzu auch Pestke, A., Stbg 2011, S. 3.
804 Vgl. Huber, E./Seer, R., StuW 2007, S. 365.

eine vergleichbar lange Prüfungsdauer wie Deutschland von durchschnittlich mehr als 24 Monaten auf.

Abbildung 6: Betriebsprüfungsdauer großer Kapitalgesellschaften

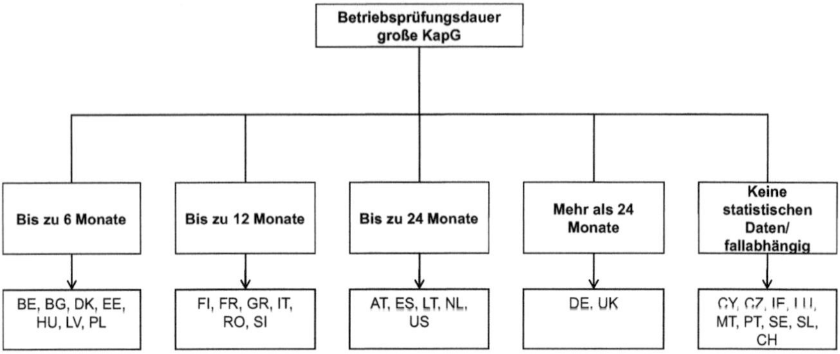

In Irland, Schweden, der Slowakei und auf Zypern orientiert sich die Betriebsprüfungsdauer ausschließlich am Kontrollbedürfnis des Steuerpflichtigen. Für alle anderen Länder waren zum Zeitpunkt der Erhebung keine belastbaren statistischen Auswertungen zugänglich.

Abbildung 7: Festsetzungsverjährung

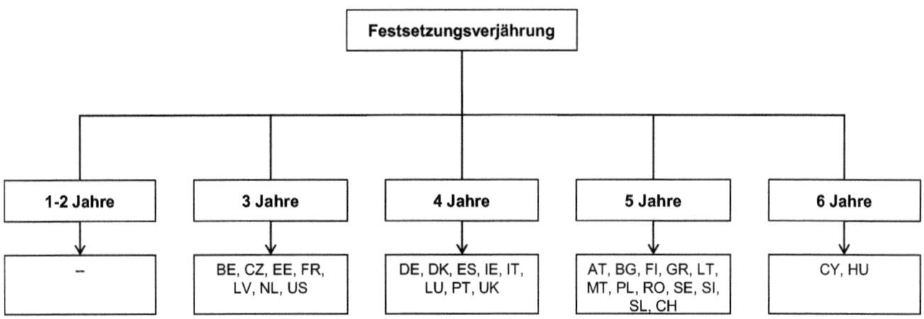

Abbildung 7 veranschaulicht, dass die Festsetzungsfrist des deutschen Steuerrechts im Grundsatz mit der Praxis der untersuchten Steuersysteme übereinstimmt. Das Zusammenspiel mit der An- und Ablaufhemmung (§§ 170, 171 AO) kann die Festsetzungsfristen allerdings unverhältnismäßig verlängern.[805] Neben Deutschland kommt es auch in Bulgarien, Griechenland, Luxemburg, Österreich, Spanien, der Tschechischen Republik und der Schweiz zu einer Verlängerung der Festsetzungsverjährung, wenn eine Betriebsprüfung begonnen wird. Eine Reihe von Ländern wenden längere Verjährungsfristen an, wenn der Steuerpflichtige steuerli-

[805] Vgl. Seer, R., StbJb 2004/2005, S. 74.

che Verluste (u. a. Tschechische Republik) deklariert oder wenn Doppelbesteuerungsabkommen zur Anwendung gelangen (u. a. Slowakei). Übereinstimmend gelten für Steuerpflichtige, die keine Steuererklärung abgeben oder unzureichend mitwirken und für Unternehmen, die Steuern hinterziehen oder verkürzen, deutlich längere Verjährungsfristen in fast allen untersuchten Ländern.

6.4 Reformoptionen für die Betriebsprüfungspraxis in Deutschland

6.4.1 Vergleich der Betriebsprüfungsansätze und Ableitung von Reformoptionen

Aus dem Vergleich der Betriebsprüfungsansätze in den EU-Mitgliedstaaten, der Schweiz und den USA sollen im Folgenden Reformoptionen für Deutschland abgeleitet werden. Um im internationalen Standortwettbewerb bestehen zu können, sollte Deutschland auch im Bereich des Steuervollzugs im Sinne eines „Best Practice“ konkurrenzfähig sein. Reformbedarf besteht danach in den in Tabelle 17 wiedergegebenen kurz- und mittelfristigen sowie langfristigen Bereichen, die nachfolgend ausführlicher erörtert werden.

Der internationale Vergleich der Betriebsprüfungspraxis zeigt den weiteren Reformbedarf für die steuerliche Betriebsprüfung in Deutschland auf, auch wenn erste Schritte in Richtung einer zeitnahen Betriebsprüfung bereits unternommen worden sind. Insbesondere die Prüfungsdauer ist in Deutschland im Vergleich zu den untersuchten Ländern sehr ausgedehnt, womit die Kosten für die Unternehmen vergleichsweise hoch ausfallen. Eine zeitnahe Betriebsprüfung lässt sich aber nur durch eine vertrauensvolle Kooperation mit den Steuerpflichtigen erreichen. Finanzverwaltung und Unternehmen müssen Informationen unmittelbar austauschen und bewerten, damit eine Betriebsprüfung ohne Verzögerungen begonnen und abgeschlossen werden kann.[806] Für Unternehmen, die bei der Betriebsprüfung mitwirken, bedeuten eine schnelle Bearbeitung von Anträgen und zeitnahe Auskünfte[807] eine Verfahrenserleichterung und damit einen systemimmanenten Anreiz für eine Kooperation mit der Finanzverwaltung. Unbeabsichtigte Fehler, die dem Unternehmen trotz des Aufbaus eines internen Kontrollsystems unterlaufen, dürfen nicht undifferenziert Strafgebühren nach sich ziehen.[808] Spiegelbildlich muss unehrliches Verhalten zuverlässiger als bisher unterbunden und sanktioniert werden.[809] Der Ländervergleich lässt aber auch weiteren Modernisierungsbedarf an anderen Stellen der Betriebsprüfungspraxis erkennen.

---

806 Vgl. OECD, Compliance Management of Large Business Task Group, Paris 2009, S. 27 ff.

807 Zu denken ist hier an den Ausbau der Dienstleistungsangebote der Finanzverwaltung im Bereich der verbindlichen Auskunft und der tatsächlichen Verständigung. Vgl. Seer, R., StbJb 2004/2005, S. 75 f.

808 Vgl. für die Neuordnung der Steuerbußgelder in Großbritannien MacPherson, A./Kennedy, M./Egert, J./Lucas, B., United Kingdom, Amsterdam 2009, S. 411 ff.

809 Vgl. Schmidt, E., DStJG 2008, S. 42.

Tabelle 17: Reformbedarf für die Betriebsprüfungspraxis in Deutschland

Untersuchte Merkmale der Betriebsprüfungspraxis	Status quo in Deutschland	Verbesserungspotential
	Kurz- und mittelfristige Maßnahmen	
Prüfungsdauer	Ausgedehnte Prüfungsdauer, vergleichsweise hohe Kosten für die Unternehmen	Zeitnahe Betriebsprüfung durch vertrauensvolle Kooperation mit dem Steuerpflichtigen
Prüfungsauswahl	Einteilung in Größenklassen (§ 4 BpO)	Risikoorientierte Prüfungsauswahl mit Indikatoren, die aus Aufkommensrisiken abgeleitet werden
	Risikoeinstufung bei der Steuerveranlagung durch den Steuerbeamten	Einsatz maschineller Risikomanagementsysteme
Prüfungssystematik	Überprüfung aller relevanten Sachverhalte	Systemprüfungen mit ausgewählten Prüfungsschwerpunkten
	Erneute Detailüberprüfung der aufgedeckten Risiken	Gemeinsame Erarbeitung von Fehlervermeidungsmaßnahmen
Serviceangebote	Unterstützung der Steuerpflichtigen in den Finanzämtern	Verbesserte Servicequalität durch zusätzliche Onlineangebote und -informationen
Zentrale Steuerdatenbank	Kein Datenaustausch zwischen den Bundesländern	Zentrale bundeseinheitliche Steuerdatenbank
Bundesländerübergreifende Zusammenarbeit bei Betriebsprüfungen	Schwierige und zeitintensive Abstimmungsprozesse	Zentrale Koordination von gemeinsamen Prüfungen der Länderfinanzbehörden
	Sonderprüfungen sind verfahrensmäßig nicht abgestimmt	Synchronisierung der Sonderprüfungen
Festsetzungsfrist	Lange Verjährungsfrist mit verzögernder An- und Ablaufhemmung	Kürzere Verjährungsfrist, Abschaffung der An- und Ablaufhemmung[810]

810 Wenn eine Beschleunigung von Betriebsprüfungen aufgrund verkürzter Verjährungsfristen realisiert wird, ist die zehnjährige Aufbewahrungsfrist für Bücher und Buchungsbelege des § 147 Abs. 3 S. 1 AO entbehrlich. Sie sollte daher deutlich verkürzt werden.

Langfristige Maßnahmen		
Grenzüberschreitende Betriebsprüfung	Informationsaustausch auf Gesuch der Steuerbehörden	Automatische Auskünfte
	Keine grenzüberschreitende Betriebsprüfungspraxis	Gemeinsame Prüfung in Europa tätiger Unternehmen
	Steuerbehörden mit lokaler Zuständigkeit für die Ländergesellschaften	Zentrale Hauptsteuerbehörde übernimmt Aufsicht über die Unternehmensgruppe

Die starre Größenklasseneinteilung und die daraus folgende Prüfungsauswahl der Betriebsprüfungsordnung wurde im Zuge der Aufnahme des § 4 a BpO nicht zugunsten einer risikoorientierten Auswahl der zu prüfenden Unternehmen abgeschafft.[811] § 4 Abs. 2 BpO ordnet weiterhin eine Anschlussprüfung bei Großbetrieben an und erstreckt diese damit undifferenziert auf Steuerpflichtige, die nur geringe Risiken aufweisen.[812] Die Durchführung von Betriebsprüfungen ist somit weiterhin stark an die fiskalische Bedeutung des Steuerpflichtigen[813] geknüpft und nicht an Indikatoren,[814] die auf eine Nichtbefolgung der Steuervorschriften hindeuten.[815]

Aus der Steuervita des Unternehmens kann beispielsweise ein Compliance-Faktor entwickelt werden, der steuerliche Risiken abbilden kann.[816] Hier besteht mit Blick auf die Praxis in den untersuchten Ländern weiterer Reformbedarf für Deutschland im Hinblick auf eine Ausrichtung der Prüfungsauswahl am Kontrollbedürfnis.[817] Der Prüfungsaufwand der Finanzverwaltung sollte sich an der Wahrscheinlichkeit ausrichten, dass Erklärungen und Unterlagen falsch oder unvollständig sind. Das Risikomanagementsystem ist dabei an dem Risikopotenzial der

811 Der Referentenentwurf des BMF zur Zweiten Verordnung zur Änderung steuerlicher Verordnungen vom 5.8.2011 sah die Einführung normativer Vorgaben für den Einsatz automatisierter Risikomanagementsysteme in der Finanzverwaltung in einer Steuer-Ermittlungs-Verordnung vor. Vgl. hierzu Modlinger, F., Stbg 2011, S. 515 f. Dieser Regelungsbereich wurde allerdings nicht in der endgültigen Fassung übernommen. Vgl. Zweite Verordnung zur Änderung steuerlicher Verordnungen, BGBl. I 2011, S. 2416.

812 Damit wird nur auf das Schadensausmaß, nicht aber auf die Eintrittswahrscheinlichkeit abgestellt. Vgl. Schmidt, E., DStJG 2008, S. 43.

813 Die Größenkriterien mögen ein grober Indikator für das steuerliche Risikopotenzial sein, können allerdings die äußerst heterogene Prüfungsdichte nicht erklären. Vgl. Seer, R., StuW 2003, S. 43. Zudem können Steuerpflichtige die Größenkriterien gerade deshalb nicht überschreiten, weil sie in nicht unerheblichem Ausmaß Einkünfte verschweigen. Vgl. Seer, R., FR 1997, S. 561.

814 Daneben sollten einige zu prüfende Unternehmen per Zufallsauswahl bestimmt werden, um alle Risikobereiche abzudecken und Anpassungen bei den Kriterien der Prüfungsauswahl vornehmen zu können. Vgl. Hampton, P., Reducing Administrative Burdens, London 2005, S. 32.

815 Vgl. Pestke, A., Stbg 2011, S. 2.

816 Vgl. Geuenich, M./Kiesel, H., BB 2012, S. 156.

817 Einschränkend ist allerdings anzumerken, dass auch die Einführung eines Risikomanagements in der Finanzverwaltung nicht alle strukturellen Probleme lösen kann. Zudem können Aufkommensrisiken nicht vollumfänglich reduziert werden. Vgl. hierzu Black, J., Law & Policy 2006, Vol. 28, No. 1, S. 22 ff.

zu prüfenden Unternehmen und nicht an den vorhandenen Personalkapazitäten zu orientieren.[818]

Neben die Einzelüberprüfung von Sachverhalten sollten Systemprüfungen mit ausgewählten Prüfungsschwerpunkten treten.[819] Die Anschlussbetriebsprüfung sollte durch ein Konzept planvoller Schwerpunktprüfungen im Rahmen einer risikoorientierten Betriebsprüfung ersetzt werden.[820] Effizienzsteigerungen lassen sich erzielen, wenn die Betriebsprüfung auf den vorhandenen Risikomanagementsystemen und der Corporate Governance[821] des Unternehmens aufbaut und die Unternehmensprozesse im Rahmen von Systemprüfungen auf Steuerrisiken analysiert werden (sog. Meta-Risikomanagement[822]).[823] Durch prozessorientierte Prüfungen des Systems der steuerlichen Selbstkontrolle kann auf die Zuverlässigkeit der übrigen Angaben des Unternehmens in der Steuererklärung geschlossen werden. Der Steuerpflichtige übernimmt auf diese Weise Kontrollaktivitäten von der Finanzverwaltung.[824] Die im Kapitel drei abgeleiteten Gestaltungsempfehlungen zur Reorganisation der Steuerabteilung im Zuge der Einführung eines institutionalisierten Steuerrisikomanagements, insbesondere im Hinblick auf die Unternehmensprozesse (Kapitel 3.5) ermöglichen dem Steuerpflichtigen somit nicht nur die Beherrschung seiner Steuerrisiken, sondern können diese durch eine Reduzierung des Kontrollbedürfnisses im Rahmen einer risikoorientierten Außenprüfung sogar deutlich reduzieren.

Wird diese Prüfungskonzeption konsequent zu Ende gedacht, sollten Unternehmen und Betriebsprüfer im Anschluss an die Betriebsprüfung gemeinsam Fehlervermeidungsmaßnahmen diskutieren und vereinbaren. Eine weitere Maßnahme auf dem Weg zu einem funktionierenden Meta-Risikomanagement kann die Vorgabe von Anforderungen und die Lizenzierung von Tax Accounting- und Tax Risk Management Software bilden.[825] Die Einführung eines Risikomanagementsystems sollte darüber hinaus durch einen Ausbau des Kontrollmitteilungssystems (§ 194 Abs. 3 AO) und der Mitteilungspflichten Dritter begleitet werden.[826]

---

818 Vgl. Der Präsident des Bundesrechnungshofes als Bundesbeauftragter für Wirtschaftlichkeit in der Verwaltung, Probleme beim Vollzug der Steuergesetze, Stuttgart 2006, S. 150.

819 Vgl. Ernst & Young, Stellungnahme zum Regierungsentwurf zu den Rahmenbedingungen einer zeitnahen Betriebsprüfung, April 2011, S. 3.

820 Vgl. Drüen, K.-D., FR 2011, S. 109.

821 Vgl. OECD, Corporate Governance and Tax Risk Management, Paris 2009, S. 9 ff.

822 Vgl. Braithwaite, J., Law & Policy 2003, Vol. 25, No. 1, S. 1 ff.

823 Vgl. zur Vorgehensweise der niederländischen Steuerbehörden Enden, E. van der/Groot, J. de/Stroom, E. van der, Netherlands, Amsterdam 2010, S. 333 ff.

824 Vgl. Liu, J./Yao-Hua, T./Hulstijn, J., IT Enabled Risk Management for Taxation and Customs: The Case of AEO Assessment in the Netherlands, Heidelberg 2009, S. 378.

825 Vgl. Braithwaite, J., Law & Policy 2003, S. 3 ff.

826 Vgl. Seer, R., StbJb 2004/2005, S. 65 f.

Die zur Verfügung stehenden Kapazitäten der Betriebsprüfung können durch den Einsatz eines standardisierten Risikomanagementsystems auf tatsächlich kontrollbedürftige Steuerpflichtige mit hohem Risikoprofil konzentriert werden.[827] Steuerrisiken sind aus Sicht der Finanzverwaltung mit Steuerpflichtigen verbunden, die mit relativ hoher statistischer Wahrscheinlichkeit steuerlich relevante Sachverhalte in der Steuererklärung nicht angeben oder einen Rechtsstandpunkt vertreten, der nicht der Verwaltungsmeinung entspricht. Unternehmen, die geringe steuerliche Risiken aufweisen, werden im Gegensatz dazu weniger häufig und weniger intensiv geprüft. Die Kontrolle kann hier stichprobenhaft erfolgen.[828] Ein nach den Vorschlägen des Kapitels drei in der Unternehmenspraxis implementiertes Risikomanagementsystem sollte bei der Festlegung der steuerlichen Risikoneigung im Rahmen der strategischen Ausrichtung der Steuerabteilung diese Zusammenhänge berücksichtigen.[829] Unternehmen, die hohe Risiken aufweisen, profitieren gleichwohl von einer effektiveren Betriebsprüfung,[830] die zielgerichteter auf die identifizierten Risikofelder abzielt.[831]

Neben der standardisierten Risikoanalyse[832] sollte weiterhin die Verwaltungserfahrung der Finanzbeamten genutzt werden,[833] insbesondere um Risikoindikatoren auf sich verändernde Risiken abzustimmen.[834] Frei werdende Kapazitäten durch die Einführung eines Risikomanagements werden benötigt, um Ermittlungsaufgaben wahrzunehmen und die Servicequalität in Zusammenarbeit mit den Unternehmen zu verbessern,[835] indem beispielsweise die Onlineangebote und -informationen der Finanzverwaltung erweitert werden.[836] Die Mitwirkungsbereitschaft der Steuerpflichtigen ließe sich durch diese Maßnahmen erhöhen.[837]

Um eine effiziente Auswahl der zu prüfenden Unternehmen vorzunehmen, muss die Finanzverwaltung über eine entsprechende Datengrundlage verfügen. Risikomanagement verlangt nach möglichst fundierten Informationen über das Risikoobjekt, also über den Steuerpflichti-

827 Vgl. Pross, A./Czakert, E., IStR 2011, S. 282 f.
828 Vgl. Seer, R., DStR 2008, S. 1555.
829 Vgl. Abschnitt Abschnitt 3.3.
830 Vgl. HM Revenue & Customs, 2006 Review of Links with Large Business, London 2006, S. 16.
831 So auch die Erfahrungen in Großbritannien. Vgl. Freedman, J./Loomer, G./Vella, J., British Tax Review 2009, S. 110 f.
832 Die in Kapitel vier angesprochene Risikoanalyse von Zielgesellschaften im Rahmen der Tax Due Diligence bzw. basierend auf Bilanzinformationen handelsrechtlicher Jahresabschlüssen unterscheidet sich grundsätzlich nicht von der Bestimmung von Risikofaktoren durch den Veranlagungsbeamten, der aber zusätzlich auf originäre Steuerinformationen zurückgreifen kann.
833 Vgl. Camp, B.T., Theory and Practice in Tax Administration, Virginia Tax Law Review 2009, Vol. 29, No. 2, S. 264 ff.; Drüen, K.-D., Die Zukunft des Steuerverfahrens, Heidelberg 2009, S. 14.
834 Vgl. Der Präsident des Bundesrechnungshofes als Bundesbeauftragter für Wirtschaftlichkeit in der Verwaltung, Probleme beim Vollzug der Steuergesetze, Stuttgart 2006, S. 166.
835 Für konkrete Vorschläge vgl. Seer, R., StuW 2003, S. 53 f.
836 Vgl. etwa zum Dienstleistungsangebot der spanischen Finanzverwaltung Ahrens, S./Nagel, S., FR 2002, S. 266.
837 Vgl. Seer, R., DStR 2008, S. 1554.

gen. In diesem Zusammenhang muss auch die verpflichtende elektronische Übermittlung von Bilanzen und Gewinn- und Verlustrechnungen nach § 5 b EStG ab dem Veranlagungszeitraum 2012 gesehen werden.[838] Letztlich geht es dabei langfristig um die Entwicklung zu einer elektronischen Finanzverwaltung und die Einführung eines Tax Risk Management. Die in Kapitel drei angestellten Überlegungen zur Etablierung eines institutionalisierten Tax Risk Management auf der Unternehmensseite sind dabei grundsätzlich auf das Risikomanagement der öffentlichen Verwaltung übertragbar.[839] Durch ein Risikomanagement der Finanzverwaltung kann die Prüfungsdauer deutlich reduziert werden,[840] da digital eingehende Steuerdaten vorab maschinell einer Risikoanalyse unterzogen werden können.

Durch eine bundesländerübergreifende zentrale Steuerdatenbank ließe sich die risikoorientierte Prüfungsauswahl verbessern und vereinheitlichen. Damit würde man auch dem Grundsatz der gleichmäßigen Besteuerung besser genügen.[841] Nur mit einer zentralen Steuerdatenbank könnte man ein weitgehend identisches Entdeckungsrisiko für alle Steuerpflichtigen sicherstellen.[842] Mit der Zuweisung einer bundeseinheitlichen Steuernummer ist eine wesentliche Voraussetzung bereits geschaffen worden, dass Finanzbehörden länderübergreifend kommunizieren können und Datenabgleiche ermöglicht werden.[843] Die Fiscus GmbH, die ein bundesweit einheitliches Datenverarbeitungssystem entwickeln sollte, wurde 2005 liquidiert. Aus dem Nachfolgeprojekt Konsens ging eine weiterentwickelte Verwaltungssoftware des „EOSS-Verbundes“[844] hervor, die seit Ende 2011 in fast allen Bundesländern Anwendung findet[845] und einen wichtigen Schritt auf dem Weg zu einer bundeseinheitlichen Softwarelösung darstellt.[846]

Eine Zusammenarbeit der Finanzbehörden ist auch hinsichtlich der Betriebsprüfungen bei Unternehmen notwendig, die in verschiedenen Bundesländern geprüft werden. In der Praxis ist zu beobachten, dass der Abstimmungsprozess zwischen den Finanzbehörden der Länder oft schwierig und zeitintensiv ist. Neben den Problemen bei der sachlichen Zuständigkeit bestehen häufig Probleme bei der fachlichen Zuständigkeit der Betriebsprüfer. Die vielfältigen

---

838 Vgl. Risse, R., FR 2011, S. 117.

839 Vgl. Trips, M., NVwZ 2003, S. 804 ff.

840 Vgl. Risse, R., FR 2011, S. 119.

841 Vgl. Richter, A./Welling, B., FR 2011, S. 125.

842 Im Bereich der Arbeitnehmerveranlagung ist es schon gelungen, bundeseinheitliche Risikoindikatoren festzulegen. Vgl. Schleicher, K., DStJG 2008, S. 76.

843 Vgl. Seer, R., DStR 2008, S. 1557.

844 EOSS steht für Evolutionär orientierte Steuersoftware.

845 Diese Entwicklung wurde durch die Änderung von § 20 Abs. 1 FVG auch gesetzlich untermauert. Vgl. Schmitt, M., DStJG 2008, S. 120 f.

846 Vgl. Beschluss der Finanzministerkonferenz vom 9.5.2008, im Einvernehmen mit dem Bundesfinanzministerium.

Sonderprüfungen, denen Unternehmen unterzogen werden, sind verfahrensmäßig nicht aufeinander abgestimmt. Nicht selten werden Sachverhalte, die bereits Gegenstand einer Sonderprüfung waren, nochmals intensiv einer anderen Sonderprüfung unterzogen. Eine Synchronisierung der Sonderprüfungen ist daher dringend notwendig.

Auch die vierjährige Festsetzungsfrist des § 169 Abs. 2 Nr. 2 AO, insbesondere im Zusammenspiel mit der An- und Ablaufhemmung, fällt im internationalen Vergleich eher lange aus und sollte verkürzt werden.[847] Kurze Verjährungsfristen tragen mittelbar zu einer Beschleunigung der Prüfungsabläufe bei, weil damit Druck auf einen zeitnahen Beginn von Außenprüfungen erzeugt werden kann.[848]

Bei der Umsetzung der zeitnahen Betriebsprüfung dürfen die Steuerberater der Unternehmen nicht außer Acht gelassen werden. Sie können wesentlich zur erfolgreichen Etablierung kooperativer Besteuerungsverfahren beitragen. Sie müssen daher bei der Reformierung der Betriebsprüfungspraxis eingebunden werden.[849] Beispielsweise können die Risikoindikatoren zur Einteilung der Steuerpflichtigen in die Risikokategorien zusammen mit den steuerberatenden Berufen entwickelt werden.[850] Eine stärkere Ausrichtung der Konzernbetriebsprüfung nach Wirtschaftszweigen könnte die deutsche Betriebsprüfung auch nach Einführung der zeitnahen Betriebsprüfung durch Aufbau von branchenspezifischem Fachwissen effizienter machen.[851]

6.4.2 Weiterentwicklungsmöglichkeiten durch grenzüberschreitende Betriebsprüfungen

Weiterentwicklungsmöglichkeiten für die deutsche Betriebsprüfungspraxis sind zudem in einer stärkeren Kooperation mit internationalen Steuerbehörden zu sehen. Der Informationsaustausch zwischen den Steuerverwaltungen hat sich bereits deutlich verbessert,[852] auch wenn fehlende Fristen den Auskunftsverkehr beeinträchtigen.[853] Automatische Auskünfte ausländischer Finanzbehörden könnten hierbei in Zukunft den Anstoß für ein grenzüberschreitendes

[847] Die An- und Ablaufhemmung gemäß §§ 170 und 171 AO darf die Verkürzung der Verjährungsfrist nicht konterkarieren und muss demensprechend mit angepasst werden.
[848] Vgl. BDI-Positionen, Reformvorschläge zur zeitnahen Betriebsprüfung, Juli 2011, S. 3.
[849] Vgl. grundlegend OECD, Study in the Role of Tax Intermediaries, Paris 2008.
[850] Vgl. Seer, R., DStR 2008, S. 1555 f.
[851] Vgl. OECD, Study in the Role of Tax Intermediaries, Paris 2008, S. 69 f.
[852] Vgl. Pross, A./Czakert, E., IStR 2011, S. 277; Czakert, E., IStR 2010, S. 567 ff.
[853] Vgl. Seer, R./Gabert, I., StuW 2010, S. 22.

Risikomanagementsystem der Finanzverwaltung geben.[854] Länder wie Frankreich, Großbritannien, Italien und die USA machen hiervon bereits Gebrauch.[855]

Ein weiterer Entwicklungsschritt, der in der neuen Richtlinie über die Zusammenarbeit der Verwaltungsbehörden im Bereich der Besteuerung[856] vorgesehen (Artikel 11 und 12) und für den eine Anpassung der Prüfungsdauer an den europäischen Durchschnitt notwendige Voraussetzung ist,[857] besteht in einer gemeinsamen europäischen Prüfung von grenzüberschreitend tätigen Unternehmen. Erfahrungen aus dem Bereich der Umsatzsteuer zeigen allerdings, dass die grenzüberschreitende Zusammenarbeit von Steuerbehörden aufgrund der Unterschiede im nationalen Verfahrensrecht und in den Prozessen bei der Betriebsprüfung gegenwärtig noch nicht reibungslos funktioniert.[858]

Auch die Steuerpflichtigen profitieren grundsätzlich von einer grenzüberschreitenden Kooperation der Steuerbehörden. Eine internationale Kooperation mit ausländischen Betriebsprüfern kann aber nur dann funktionieren, wenn sichergestellt ist, dass die Anreizsysteme für Betriebsprüfer im internationalen Vergleich nicht divergieren. So lange es wirtschaftlich bedeutende Länder gibt, in denen das Einkommen der Betriebsprüfer (zum Teil) nach dem Mehrergebnis aus einer Betriebsprüfung bemessen wird, ist eine Kooperation nur schwer möglich, da das Interesse des einzelnen Betriebsprüfers gegen das Interesse der Gesamtbetriebsprüfung stehen könnte. Zunehmende Transparenz durch grenzüberschreitende Betriebsprüfungen kann somit für die Unternehmen auch dazu führen, dass sich Betriebsprüfungen in Deutschland noch mehr verzögern, da erst in langwierigen Prozessen eine Einigung mit ausländischen Steuerbehörden herbeigeführt werden muss.

Weitere Impulse für eine europaweite Kooperation der Steuerverwaltungen würden von einer Umsetzung des Richtlinienvorschlags über eine gemeinsame konsolidierte Körperschaftsteuer-Bemessungsgrundlage (GKKB) ausgehen.[859] Die Aufsicht über die Gruppe übernimmt demnach eine Hauptsteuerbehörde (Art. 4 (22) RL-Vorschlag) als einzige Anlaufstelle (sog. One-stop-shop) mit zentraler Zuständigkeit. Dadurch sollen Zusatzkosten entfallen, die aus dem Umgang mit mehreren verantwortlichen Steuerverwaltungen entstehen.[860] Die Hauptsteuerbehörde bestimmt gemeinsam mit den anderen involvierten Finanzbehörden den Umfang und den Inhalt der Steuerprüfungen. Diese koordiniert darüber hinaus die Prüfungsakti-

854 Vgl. Seer, R., IWB 2009, S. 960.
855 Vgl. Ernst & Young, Tax Administration goes Global, London 2007, S. 4.
856 Vgl. Richtlinie 2011/16/EU des Rates vom 15.2.2011, Abl. 2011 Nr. L 64, S. 1.
857 Vgl. Seer, R., Ubg 2009, S. 674.
858 Vgl. Hel-van Dijk, E.C.J.M. van der, Bulletin for International Taxation 2011, S. 161 ff.
859 Vgl. Europäische Kommission, KOM(2011) 121/4 vom 16. 3. 2011.
860 Vgl. Europäische Kommission, KOM(2011) 121/4 vom 16. 3. 2011, S. 9.

vitäten und trägt im Nachgang zu den Steuerprüfungen die Ergebnisse zusammen (Art. 122 RL-Vorschlag). Insofern würde eine gemeinsame Betriebsprüfung der europäischen Steuerverwaltungen gängige Verwaltungspraxis im Hinblick auf Unternehmensgruppen, die für die Regelungen der GKKB optieren.

6.5 Zwischenfazit

Die Außenprüfung in Deutschland fokussiert gegenwärtig noch stark auf Großunternehmen, auch wenn eine zeitnahe Betriebsprüfung durch die Aufnahme von § 4a BpO in den Verwaltungsvorschriften definiert und verankert wurde. Die Mehrheit der untersuchten Länder hat inzwischen ein Tax Compliance Modell für einen kooperativen Steuervollzug etabliert und damit einhergehend die Serviceangebote für die Steuerpflichtigen verbessert. In der internationalen Betriebsprüfungspraxis werden mehrheitlich maschinelle Risikomanagementsysteme eingesetzt. Dazu gehört der Aufbau einer zentralen Steuerdatenbank. Im Detail bestehen aber starke Unterschiede. Betriebsprüfungen werden in den untersuchten Ländern teilweise erheblich früher abgeschlossen als in Deutschland. Nur Großbritannien weist eine vergleichbar lange Prüfungsdauer aus. Durch das Zusammenspiel von An- und Ablaufhemmung kann es in Deutschland im Vergleich zu den untersuchten Ländern zu einer unverhältnismäßigen Verlängerung der Verjährungsfrist kommen. Mit Blick auf die Betriebsprüfungspraxis der untersuchten Steuersysteme besteht für Deutschland die Notwendigkeit, die Prüfungsauswahl stärker an dem unternehmensspezifischen Kontrollbedürfnis auszurichten. Effizienzsteigerungen verspricht dabei eine Analyse von Steuerrisiken im Rahmen von Systemprüfungen. Eine Verkürzung der Verjährungsfristen im deutschen Steuerrecht würde dazu beitragen, dass Betriebsprüfungen zeitnah begonnen werden. Durch eine bundeseinheitliche zentrale Steuerdatenbank könnte die risikoorientierte Fallauswahl vereinheitlicht und verbessert werden. Eine Zusammenarbeit der Länderfinanzbehörden bei Betriebsprüfungen und die Synchronisierung von Sonderprüfungen sollten sich daran anschließen. Langfristig sind durch eine stärkere Kooperation der internationalen Steuerbehörden bei grenzüberschreitenden Betriebsprüfungen und den automatischen Informationsaustausch weitere Impulse für die deutsche Betriebsprüfungspraxis zu erwarten.

7 Thesenförmige Zusammenfassung

(1) Steuerrisiken verursachen Abweichungen von den Zielgrößen des Unternehmens und resultieren aus den mit zukünftigen Steuerzahlungen verbundenen Unsicherheiten. Bei der Systematisierung von steuerlichen Risiken auf der Basis der unmittelbaren Kausalfaktoren konnten vier eindeutig abgrenzbare Risikokategorien identifiziert werden: Compliance Risiken, Operative Steuerrisiken, Strategische Steuerrisiken und Tax Accounting-Risiken.

(2) Die Kernaufgaben der Steuerabteilung, wie die Erstellung der Steuererklärung, werden zunehmend von weiteren Erklärungs- und Zahlungspflichten überlagert. Die Art der unternehmerischen Betätigung, die Organisationsstruktur und die Standorte der Tochtergesellschaften ergeben ein unternehmensspezifisches Risikoprofil. Der Umfang der Risikoposition ist dabei abhängig von der Größe und dem Internationalisierungsgrad des Unternehmens.

(3) Eine zielgerichtete Risikosteuerung wird durch die hohe Dynamik von gesetzlichen und verwaltungsseitigen Vorschriften erschwert. Wesentliche Bilanzierungsfehler bei der Abbildung steuerlicher Informationen im Jahresabschluss machen Bilanzkorrekturen erforderlich, die zu einem Vertrauensverlust der Anteilseigner und negativen Kursreaktionen führen können. Steuerliche Risiken implizieren nicht nur finanzielle Belastungen, sondern können auch die Unternehmensreputation und die Markenintegrität negativ beeinflussen.

(4) Ein adäquates Steuerrisikomanagement hat sich aufgrund der institutionellen und regulatorischen Rahmenbedingungen zu einem kritischen Erfolgsfaktor entwickelt. Gestaltungsempfehlungen zur Reorganisation der Steuerabteilung infolge der Etablierung eines institutionalisierten Tax Risk Managements lassen sich durch eine vergleichende Analyse des betrieblichen Risikomanagements gewinnen. Die prozessualen Implikationen des steuerlichen Risikomanagements können aus dem Sarbanes-Oxley Act und dem KonTraG abgeleitet werden.

(5) Die steuerliche Risikopolitik und die Risikokultur sind nicht nur integraler Bestandteil der Gesamtunternehmensstrategie, sondern bilden auch den Rahmen des steuerlichen Risikomanagements. Risikorelevante Arbeitsgebiete und Unterneh-

mensbereiche können in das steuerliche Risikomanagement integriert werden, indem die fachlichen und disziplinarischen Weisungsbefugnisse separiert werden.

(6) Automatische Prozesskontrollen und die Integration des Tax Accounting in die Informationssysteme des Finanz- und Rechnungswesens reduzieren nachhaltig die Fehleranfälligkeit des Risikomanagements. Die Analyse zeigt ferner, dass der Informationsfluss dabei interdependent definiert werden sollte. Bei der Umsetzung der Gestaltungsempfehlungen bedarf es nicht nur finanzieller, sondern auch struktureller Unterstützung durch das Controlling und die Interne Revision.

(7) Der Hauptteil der vorliegenden Arbeit stellt – soweit ersichtlich – die erste empirische Analyse der Bilanzierungspraxis und des Informationsgehaltes latenter Steuern in handelsrechtlichen Einzelabschlüssen nach BilMoG dar. Den Ausgangspunkt der Analyse bilden die zur Erläuterung der temporären Differenzen erforderlichen Anhangangaben nach § 285 Nr. 29 HGB. Diese versprechen eine erste empirische Annäherung an die Ursachen der Wertdifferenzen zwischen Handels- und Steuerbilanz und deren Implikationen für die steuerliche Risikoposition.

(8) Risiken aufgrund einer strittigen Beurteilung steuerlicher Rechtsfragen müssen im Handelsrecht rückgestellt werden, wenn mehr Gründe für eine Inanspruchnahme sprechen als dagegen. Die Unternehmen der Ausgangsstichprobe weisen bis auf wenige Ausnahmen keine Anhangangaben zu den Rückstellungen für Steuerrisiken aus und legen diese im Einzelfall erst dann offen, wenn eine Steuernachzahlung unmittelbar bevorsteht. Die empirische Analyse fokussiert daher auf steuerliche Risiken, die mit Wertdifferenzen zwischen Handels- und Steuerbilanz verbunden sind.

(9) Die händische Auswertung und statistische Analyse von 465 Einzelabschlüssen zeigt, dass steuerliche Einzelrisiken nicht aus den Informationen berechnet werden können, die der Jahresabschluss bereitstellt. Allerdings lässt sich die Bedeutung der Steuerlatenzierung für die Bilanzpolitik einschätzen und die mit den temporären Differenzen verbundenen Risiken approximieren.

(10) Um einen kausalen Zusammenhang zwischen einzelnen Bilanzgliederungspositionen und mit den temporären Differenzen verbundenen Steuerrisiken zu identifizieren, wurden die ausgewiesenen Gesamtdifferenzen zwischen beiden Gewinnermittlungssystemen disaggregiert. Erwartungsgemäß konnten vor allem für den Bereich der Rückstellungen Unterschiede zwischen den handelsrechtlichen und der steuerlichen Bilanzansätzen identifiziert werden, wird doch bereits in der normativen Steuerforschung ein eigenständiges steuerliches Rückstellungsrecht diskutiert. Darüber hinaus werden von den Unternehmen, auf denen der Datensatz basiert, in bemerkenswerten Umfang latente Steuern für Verlustvorträge ausgewiesen. Dieses Ergebnis hat wichtige Implikationen für die Risikoanalyse. Denn eine Fehleinschätzung der Verrechenbarkeit von Verlustvorträgen kann eine endgültige finanzielle Belastung zu Folge haben, während temporäre Wertdifferenzen zwischen Handels- und Steuerbilanz nur negative Zinseffekte implizieren.

(11) Für ein Subsample von 158 Unternehmen, die über die gesetzlichen Vorgaben hinaus steuerliche Informationen offenlegen, konnten die temporären Differenzen und die damit verbundenen Risiken quantifiziert werden. Die erwarteten Implikationen bei der Umkehrung der temporären Differenzen und Verlustvorträge auf die Ertragslage der Unternehmen verdeutlicht deren Bedeutung für die Bilanzpolitik und die steuerliche Risikoposition.

(12) Trotz der weitreichenden ökonomischen Bedeutung temporärer Differenzen für den handelsrechtlichen Erfolgsausweis fehlen hinreichend spezifizierte Vorgaben für den Ausweis latenter Steuern in Bilanz und Anhang. Insbesondere das Bilanzierungswahlrecht bei der Ansatzentscheidung für einen Aktivüberhang und die unzureichenden Anhangangaben führen zu einem rechnungspolitischen Ermessens- und Gestaltungspotential, das zu einer Bilanzpolitik führen kann, die eine Beeinflussung des handelsrechtlichen Gewinns intendiert. Dies beeinträchtigt nicht nur die zuverlässige Bewertung der erwarteten zukünftigen Steuerzahlungen, sondern konterkariert außerdem die anvisierte Stärkung der Informationsfunktion durch das BilMoG.

(13) Basierend auf dem deskriptiv ausgewerteten Datensatz und den daraus resultierenden Analyseergebnissen wird mittels multivariater Regression untersucht, welche Einflussfaktoren die Berichtsqualität in der Untersuchungsstichprobe determinieren. Die Qualität der Unternehmenspublizität wird dabei über ein Scoring-Modell operationalisiert. Die Schätzergebnisse auf Basis eines Tobit-Modells zeigen, dass neben der Unternehmensgröße der Bilanzausweis latenter Steuern und die mit dem BilMoG verbundenen Implementierungskosten die Berichtsqualität der Stichprobenunternehmen signifikant prägen. Die Bedeutung der Unternehmensgröße deutet in dem Untersuchungskontext darauf hin, dass der Spezialisierungsgrad der Steuerabteilung und die Kommunikationsprozesse zwischen Rechnungswesen und Steuerabteilung zu einem relativ großen Anteil die Variation der Verteilung der Berichtsqualität erklären.

(14) Nach den Ergebnissen der deskriptiven und multivariaten Analyse müssen die handelsrechtlichen Berichtspflichten als reformbedürftig eingestuft werden. Gleichzeitig sollten die zu erwartenden Implementierungskosten zukünftiger Gesetzgebungsvorhaben aufgrund des negativen Zusammenhangs mit der Berichtsqualität stärker in den Fokus rücken.

(15) Darauf aufbauend hat die vergleichende Analyse der Publizitätsvorschriften für latente Steuern des BilMoG mit den US-GAAP und den IFRS demonstriert, dass die grundlegende Erfassungskonzeption und die Bewertungsvorschriften in das deutsche Handelsrecht übernommen wurden. Gleichwohl bestehen Abweichungen, die als wesentlich identifiziert wurden. De lege ferenda sollte nicht nur das Bilanzierungswahlrecht für aktive latente Steuern zu einer Aktivierungspflicht umgestaltet werden, sondern auch die Wertdifferenzen auf Basis der Bilanzierungsgliederungspositionen und der Umfang der nicht aktivierten abzugsfähigen Differenzen und Verlustvorträge quantifiziert werden.

(16) Die bilanzielle Abbildung von Steuerrisiken offeriert große Bilanzierungsspielräume, wenn gesetzliche Vorgaben fehlen oder defizitär sind. In der deutschen Rechnungslegungsforschung hat bislang keine Diskussion stattgefunden, ob die Bilanzierung von Steuerrisikorückstellungen angesichts deren ökonomischen Bedeutung nicht ausdrücklich geregelt und vereinheitlicht werden sollte.

(17) Sowohl noch US-GAAP als auch nach IFRS gibt es bereits ein konkretes Regelwerk (FIN 48) bzw. erste detaillierte Überlegungen (ED/2009/2) zur Berücksichtigung von Steuerrisiken in der Rechnungslegung. Eine zentrale Bedeutung innerhalb der Bilanzierungssystematik des IASB nimmt die Bewertung aller steuerlichen Risiken mit dem Erwartungswert ein. Während das FASB die Ansatzschwelle über das More-likely-then-not Kriterium operationalisiert, verzichtet das IASB konzeptionsbedingt hierauf. Diametral entgegengesetzt zum ED/2009/2 stehen im Fokus der Ansatz- und Bewertungsvorschriften des FIN 48 darüber hinaus keine Steuerrisiken, sondern erwartete Steuereffekte durch eine vorteilhafte Auslegung divergierender Rechtsauffassungen. Die Ansatz- und Bewertungskonzeption des FIN 48 konnte hauptsächlich infolge der administrativen Implikationen mehr überzeugen.

(18) Nach der kostenintensiven Umsetzung der Ausweisvorschriften deutet allerdings die Evidenz in der empirischen Steuerliteratur auf einen geringen Informationsnutzen für die Abschlussadressaten durch eine systematische Überbewertung der bilanzierten Steuerrückstellungen hin. Das Regelwerk der US-GAAP kann daher nicht ohne strukturelle Modifikationen in das deutsche Handelsrecht übernommen werden.

(19) Im Zentrum der ausgearbeiteten Reformvorschläge steht die Empfehlung, das deutsche Handelsrecht um eine explizite Passivierungsnorm für Steuerrisiken zu ergänzen. Dagegen sollte sowohl an der Verbindlichkeitsmethode, als auch an der Bewertung mit dem Erfüllungsbetrag festgehalten werden. Steuerrisiken, die durch temporäre Unterschiede zwischen Handel- und Steuerbilanz entstehen, werden nicht von der Passivierungspflicht erfasst, sondern weiter vollständig über die Steuerlatenzierung bewertet und abgebildet. Der Bilanzausweis sollte um Anhangangaben zu den wesentlichen Steuerrisiken und deren Ursachen ergänzt werden.

(20) Darüber hinaus gehende Reformvorschläge, die eine exakte Einschätzung zukünftiger Steuerzahlungen ermöglichen, können allerdings, aufgrund des Zielkonflikts zwischen der Offenlegung von Steuerinformationen und den Implikationen für die Wettbewerbsfähigkeit und Betriebsprüfungsrisiken nicht realisiert werden. In diesem Zusammenhang bieten Risikomanagementansätze der Finanzverwaltung verbunden mit der Etablierung eines kooperativen Steuervollzugs Möglichkeiten diesen Zielkonflikt zu entschärfen. Darüber hinaus beeinflusst die Implementierung von Risikomanagementansätzen in den Unternehmen die strukturelle Neuausrichtung der deutschen Finanzverwaltung im Rahmen der elektronischen Steuererhebung. Vor diesem Hintergrund untersucht das sechste Kapitel die Risikomanagementansätze ausgewählter Länder, um Impulse für eine Neuordnung der Betriebsprüfungspraxis in Deutschland zu gewinnen.

(21) Die steuerliche Außenprüfung fokussiert bislang fast ausschließlich auf Großunternehmen, auch wenn ein Umdenken durch die Aufnahme des § 4a in die Betriebsprüfungsverordnung bereits eingesetzt hat. Dagegen werden in der internationalen Betriebsprüfungspraxis mehrheitlich maschinelle Risikomanagementsysteme eingesetzt, um Steuerpflichtige gezielt für Betriebsprüfungen auszuwählen. Parallel sollte sich eine zentrale Steuerdatenbank etablieren.

(22) Auch wenn im Detail starke Unterschiede in den internationalen Betriebsprüfungsansätzen bestehen, zeigt eine Befragung von Steuerexperten in 29 Ländern, dass die untersuchten Länder größtenteils ein Tax Compliance Modell für einen kooperativen Steuervollzug etabliert haben. Betriebsprüfungen werden von den Steuerverwaltungen der Vergleichsländer teilweise erheblich früher abgeschlossen als in Deutschland. Darüber hinaus kann es durch das Zusammenspiel von An- und Ablaufhemmung zu einer unverhältnismäßigen Ausweitung der Verjährungsfristen im deutschen Steuerrecht kommen.

(23) Die Umfrageergebnisse zeigen, dass die Prüfungsauswahl stärker an dem unternehmensspezifischen Kontrollbedürfnis ausgerichtet werden sollte. Effizienzsteigerungen lassen sich dabei erzielen, wenn Steuerrisiken auf der Grundlage von Systemprüfungen analysiert werden. Eine bundeseinheitliche Steuerdatenbank verspricht nicht nur eine Vereinheitlichung der risikoorientieren Fallauswahl, sondern auch eine verbesserte Zusammenarbeit der Länderfinanzbehörden. Perspektivisch sind durch eine professionale Kooperation der internationalen Steuerbehörden bei grenzüberschreitenden Betriebsprüfungen weitere Impulse für die deutsche Betriebsprüfungspraxis zu erwarten.

Literaturverzeichnis

Ahmed, A.S./Kilic, E./Lobo, G.J., Does recognition versus Disclosure Matter? Evidence from Value-Relevance of Banks' Recognized and Disclosed Derivative Financial Instruments, Accounting Review 2006, Vol. 81, No. 3, S. 567-588

Ahmed, K./Courtis, J.K., Associations between corporate characteristics and disclosure level in annual reports: A meta-analysis, British Accounting Review 1999, Vol. 31, No. 1, S. 35-61

Ahrens, S./Nagel, S., Selbstveranlagung, ein Instrument zur Verwaltungsvereinfachung und zur Steigerung der Effizienz der Steuerverwaltung?, FR 2002, S. 261-269

Aktay, T./Ries, C., Konzernsteuerquote und steuerliche Überleitungsrechnung als Instrumente zur Beurteilung betrieblicher Steuerpolitik – Eine empirische Auswertung von Konzernabschlüssen, WPg 2008, S. 61-68

Akerlof, G. A., The Market for "Lemons": Quality Uncertainty and the Market Mechanism, Quarterly Journal of Economics 1970, Vol. 84, No. 3, S. 488-500

Amadieu-Le Claire, C., France, in: Bakker, A./Kloosterhof, S. (Hrsg.), Tax Risk Management. From Risk to Opportunity, Amsterdam 2010, S. 227-254

Amir, E./Sougiannis, T., Analysts' Interpretation and Investors' Valuation of Tax Carryforwards, Contemporary Accounting Research 1999, Vol. 16, No. 1, S. 1-33

Anderson, J.M./Grave, K.D./Moore, J.M., Tax Accounting, in: Bakker, A./Kloosterhof, S. (Hrsg.), Tax Risk Management. From Risk to Opportunity, Amsterdam 2010, S. 73-110

Anderson, P./Miall, R., How to manage transfer pricing risks, International Tax Review 2003, Vol. 15, No. 1, S. 36-38

Andrejewski, K.C./Mielke, O., Bilanzierung von „Non-Financial Liabilities" nach ED IAS 37, DK 2005, S. 581-591

Arbeitskreis Externe und Interne Überwachung der Unternehmen der Schmalenbach-Gesellschaft für Betriebswirtschaft e. V., Compliance: 10 Thesen für die Unternehmenspraxis, DB 2010, S. 1509-1518

Arlinghaus, B.P., Goal Setting and Performance Measures, Tax Executive 1998, Vol. 50, No. 6, S. 434-442

Arlinghaus, B.P., Tax department trends: Organization, outsourcing, and the use of consultants, Tax Executive 1999, Vol. 51, No. 1, S. 29-34

Arlinghaus, B.P., The Effect of SOX and the Increased Focus on Accounting for Income Taxes: Survey Results, Tax Executive 2007, Vol. 59, No. 2, S. 149-161

Armstrong, C.S./Guay, W.R./Weber, J.P., The Role of Information and Financial Reporting in Corporate Governance and Debt Contracting, SSRN Working Paper No. 1571138

Atwood, T.J./Omer, T.C./Shelley, M.K., Pre-Tax Versus After-Tax Earnings As Performance Measures In Compensation Contracts, Managerial Finance 1998, Vol. 24, No. 11, S. 29-44

August, J. D., The Uncertain State of Uncertain Tax Positions, Corporate Taxation, Vol. 38, No. 6, S. 18-34

Australian Taxation Office, Large business and tax compliance, Melbourne 2003

Ayers, B./Laplante, S./McGuire, S., Credit ratings and taxes: The effect of book/ tax differences on rating changes, SSRN Working Paper No. 1316564

Baetge, J./Klönne, H./Schumacher, K., Herausforderungen bei Financial Due Diligence – Untersuchungen aufgrund des BilMoG, DB 2011, S. 829-836

Baetge, J./Lienau, A., Praxis der Bilanzierung latenter Steuern im Konzernabschluss nach IFRS im DAX und MDAX, WPg 2007, S. 15-22

Bakker, A.J., Tax Risk Management – Look before You Leap and Be in Control, in: Bakker, A./Kloosterhof, S. (Hrsg.), Tax Risk Management. From Risk to Opportunity, Amsterdam 2010, S. 469-482

Ballwieser, W., Latente Steuern – Konzeption und Entscheidungsnützlichkeit, in: Baumhoff, H./Dücker, R./Köhler, S. (Hrsg.), Besteuerung, Rechnungslegung und Prüfung der Unternehmen, Wiesbaden 2010, S. 539-553

Balmes, F./Felten, C., Kosten des Steuerstreits, DStZ 2010, S. 454-464

Barth, D., Prognoseberichterstattung. Praxis, Determinanten und Kapitalmarktwirkungen bei deutschen börsennotierten Unternehmen, Frankfurt am Main 2009

Barton, J., Who Cares about Auditor Reputation?, Contemporary Accounting Research 2005, Vol. 22, No. 3, S. 549-586

Baumann, A./Gatterer, M., Austria – Tax Due Diligence: An Austrian Perspective, European Taxation 2010, S. 511-522

Baumann, K.-H./Spanheimer, J., in: Küting, K./Pfitzer, N./Weber, C.-P. (Hrsg.), Handbuch der Rechnungslegung, 5. Auflage, Stuttgart 2002, 7. Ergänzungslieferung August 2010, § 274

Baumgärtel, M., Taxation, Accounting and Transparency: The Interaction of Financial and Tax Accounting, in: Schön, W. (Hrsg.), Tax and Corporate Governance, MPI Studies on Intellectual Property, Competition and Tax Law Volume 3, Berlin 2008, S. 93-100

Baumhoff, H., Aktuelle Entwicklungen bei den internationalen Verrechnungspreisen, IStR 2003, S. 1-6

Bausch, A., Branchen- und Wettbewerbsanalyse im strategischen Management, in: Hahn, D./Taylor, B. (Hrsg.), Strategische Unternehmensplanung – Strategische Unternehmensführung, 9. Auflage, Berlin 2006, S. 195-214

BDI, BDI-Positionen: Reformvorschläge zur zeitnahen Betriebsprüfung, Berlin 2011

BDI/WTS, Betriebsprüfungspraxis in Europa – Reformbedarf in Deutschland?, Berlin 2010

Beck'scher Bilanz-Kommentar, Bilanzkommentar, 7. Auflage, München 2010

Beck'scher Bilanzkommentar, Bilanzkommentar, 8. Auflage, München 2012

Benzel, U./Linzbach, M., Neue Vorschriften für die Bilanzierung von Steuerrisikorückstellungen - Der Exposure Draft ED/2009/2 des IASB, KoR 2009, S. 400-408

Berg, T., The Term Structure of Risk Premia New Evidence from the Financial Crisis, EZB Working Paper Series No. 1165, Frankfurt 2010

Bergan, M./Martin, S., Die elektronische Bilanz, DStR 2010, S. 1755-1759

Bergen, H.v./McCormick, J., Tax risk--the final piece of the jigsaw, International Tax Review 2004, Industry Guide, S. 5-14

Berger, A., Was der DPR aufgefallen ist: Ermessensspielraum und die Bilanzierung von latenten Steuern auf Verlustvorträge, DB 2006, S. 2473-2475

Bertram, K., BilMoG – Erfahrungen mit der Umsetzung, WPg 2011, S. 1

Beyhs, O./Fuchs, M., Neue Vorschläge des IASB zur Bilanzierung von Ertragsteuern – Einführung in den aktuellen Exposure Draft des IASB: ED/2009 „Income Tax", WPg 2009, S. 636-643

Bilsdorfer, P./Weyand, R., Die Informationsquellen und –wege der Finanzverwaltung, 6. Auflage, Berlin 2004

Black, J., Managing Regulatory Risks and Defining the Parameters of Blame: A Focus on the Australian Prudential Regulation Authority, Law & Policy 2006, Vol. 28, No. 1, S. 1-30

Blerck, M.v., Tax Risk Management, Bulletin for International Fiscal Documentation 2005, Vol. 59, No. 7, S. 281 ff.

Blouin, J./Gleason, C./Mills, L., Sikes, S., What Can We Learn about Uncertain Tax Benefits from FIN 48?, National Tax Journal 2007, Vol. 60, No. 3, S. 521-535

Blouin, J./Gleason, C./Mills, L./Sikes, S., Pre-empting disclosure? Firm's decisions prior to FIN 48, SSRN Working Paper No. 1106713

Blümich, W. (Hrsg.), EStG, KStG, GewStG, 116. Ergänzungslieferung, München 2012

BMF, Monatsbericht September 2011, Berlin 2011

BMF, Monatsbericht Oktober 2011, Berlin 2011

Bogendörfer, M., Dimensionen des Risikomanagements von kapitalmarktorientierten Lebensversicherungsunternehmen, Lohmar 2010

Bolik, A./Günther, J., Regierungsentwurf zu den Rahmenbedingungen einer zeitnahen Betriebsprüfung. Maßnahme zur Steuervereinfachung?, StuB 2011, S. 381-382

Booth, P./Cowan, S., The Automation (and Integration) of Tax Accounting, European Taxation 2009, Vol. 49, No. 8-9, S. 434-440

Borkowski, S. C./Gaffney, M. A., FIN 48, uncertainty and transfer pricing: (Im)Perfect together?, Journal of International Accounting, Auditing and Taxation 2012, Vol. 21, No. 1, S. 32-51

Braithwaite, J., Meta Risk Management and Responsive Regulation for Tax System Integrity, Law & Policy 2003, Vol. 25, No. 1, S. 1-16

Breitkreuz, R./Müßig, A., Zur Zeitwertbilanzierung latenter Steuern in der internationalen Rechnungslegung, ZfB 2011, S. 1225-1256

Breker, N./Kuhn, S., Änderung von Jahres-und Konzernabschlüssen – Eine Darstellung der Neuerungen aus der Überarbeitung von IDW RS HFA 6, WPg 2007, S. 770-777

Buck, R./Klopfer, M., Betriebsprüfung. Grundlagen, Ablauf, Prüfungsbericht, Wiesbaden 2011

Buciek, K., in: Blümich, EStG, KStG, GewStG, 116. Ergänzungslieferung, München 2012, , § 5 EStG Rn. 1-1125

Buehler, K./Freeman, A./Hulme, R., The new arsenal of risk management (tools for the 'risk revolution' in financial services), Harvard Business Review 2008, Vol. 86, No. 9, S. 93-100

Burger, A./Buchhart, A., Risiko-Controlling, München 2002

Burkhardt, H., Bilanzansatz und Bewertung latenter Steuern nach IFRS und US-GAAP – Unterschiede, Gemeinsamkeiten, Perspektiven, Augsburg 2009

Buzby, S.L., Listed Versus Unlisted Stocks, and the Extent of Financial Disclosure, Journal of Accounting Research 1975, Vol. 13, No. 1, S. 16-37

Camp, B.T., Theory and Practice in Tax Administration, Virginia Tax Law Review 2009, Vol. 29, No. 2, S. 227-275

Carstensen, K./Nierhaus, W./Berg, T.O./Buchen, T./Breuer, C./Elstner, S./Grimme, C./Henzel, S./Hristov, A./Hristov, N./Kleemann, M./Meister, W./Plenk, J./Wohlrabe, K./Wolf, A./Wollmershäuser, T./Zorn, P., ifo Konjunkturprognose 2012/2013: Eurokrise verzögert Aufschwung, ifo Schnelldienst 24/2012, S. 15-65

CFO Research Services/Deloitte Tax LLP, What Do Companies Want from the Corporate Tax Function? CFO and Tax Executives' Perspectives on Corporate Tax, Boston 2006

Chan, B., Singapore, in: Bakker, A./Kloosterhof, S. (Hrsg.), Tax Risk Management. From Risk to Opportunity, Amsterdam 2010, S. 353-382

Chan, Y./Tan, B., Managing transfer pricing risk, International Tax Review 2006, Asia Transfer Pricing Supple, S. 33-37

Chavent, M./Ding, Y./Fu, L./Stolowy, H./Wang, H., Disclosure and determinants studies: An extension using the Divisive Clustering Method (DIV), European Accounting Review 2006, Vol. 15, No. 2, S. 181-218

Chen, K.-P./Chu, C.Y.C., Internal Control versus External Manipulation: A Model of Corporate Income Tax Evasion, Rand Journal of Economics 2005, Vol. 36, No. 1, S. 151-164

Chludek, A./Tran, D. H., Der Reformvorschlag des IAS 12 gem. ED/2009/2 – Ein Plädoyer für die Einführung der valuation allowance, KoR 2012, S. 4-8

Christiansen, P., Die Medien sollen es richten: Der rechtliche Rahmen für Litigation-PR, in: Rademacher, L./Schmitt-Geiger, A., Litigation-PR: Alles was Recht ist. Zum systematischen Stand der strategischen Rechtskommunikation, Wiesbaden 2012, S. 123-150

Chrobok, S./Buechler, C./Roggen, E., Risikomanagement – etablierter Beitrag zu einer integrierten Unternehmenssteuerung?, ZRFG 2007, S. 101-106

Citi Investment Research, Eight for '08. Our guide to the Eight Key Issues Facing Investors in 2008, New York 2008

Clopath, G., Steuerplanung und Risikomanagement, Der Schweizer Treuhänder 2000, S. 661-668

Clymer, J., Coping with change, in: International Tax Review/PricewaterhouseCoopers (Hrsg.), Tax management in companies, 2. Auflage, London 2008, S. 3-5

Comitee of Sponsoring Organizations of the Treadway Commission, Internal Control – Integrated Framework, Jersey NY 1992.

Constantin, C., Steuerplanung in einer multinationalen Unternehmung, in: Höhn, E./Lutz, B./Zünd, A. (Hrsg.), Steuerplanung in der Unternehmung, Referate eines Seminars der Weiterbildungsstufe der Hochschule St. Gallen, Bern 1975, S. 113-123

Cooke, T.E., Voluntary Corporate Disclosure by Swedish Companies, Journal of International Financial Management and Accounting 1989, Vol. 1, No. 2, S. 171-195

Cooke, T.E., The impact of size, stock market listing and industry type of disclosure in the annual reports of Japanese listed corporations, Accounting and Business Research 1992, Vol. 22, No. 87, S. 229-237

Crabtree, A./Maher, J., The influence of differences in taxable income and book income on the bond credit market, Journal of the American Taxation Association 2009, Vol. 31, No. 1, S. 75-99

Crest, S., Asia tax executives want to get intimate, International Tax Review 2005, Vol. 16, No. 8, S. 13-18

Crest, S., Tax-risk tolerance declines sharply in the UK, International Tax Review 2005, Vol. 16, No. 10, S. 4-4

Cummings, J.L., Chief tax officer reporting structures, Tax Adviser 2005, Vol. 36, No. 10, S. 620-625

Czakert, E., Seminar I: Der internationale Informationsaustausch bei der Festsetzung und Beitreibung von Steuern, IStR 2010, S. 567-570

Dahlke, J., Vergleich der Bilanzierung tatsächlicher Steuern nach HGB und nach IAS 12, KoR 2006, S. 579-589

Dahlke, J., Mehr Transparenz bei der Bilanzierung von Steuerrisiken, KoR 2007, S. 311-322

Dahlke, J., Standardentwurf des IASB zur Bilanzierung von Ertragsteuern: Was lange währt, wird endlich gut?, BB 2009, S. 1462-1466

Daumann, R., Die Prognoseproblematik in den Modellen der Steuerplanung, Wien 1991

DeAngelo, H./Masulis, R.W., Optimal capital structure under corporate and personal taxation, Journal of Financial Economics 1980, Vol. 8, No. 1, S. 3-29

Dell'Anna, F./Schmid, S./Compton, D., IASB Exposure Draft for Income Taxes – Quo Vadis?, Schweizer Treuhänder 2009, S. 864-869

Dell'Anna, F./Staubli, A., Role of the head of tax, in: International Tax Review/PricewaterhouseCoopers (Hrsg.), Tax management in companies, 2. Auflage, London 2008, S. 28-32

Deloitte, iGAAP 2010. A guide to IFRS reporting, 3. Auflage, Edinburgh 2009

Deloitte, Betriebsprüfung – Belastungstest, München 2011

Denk, R./Exner-Merkelt, K./Ruthner, R., Risikomanagement im Unternehmen – Ein Überblick, Wirtschaft und Management 2006, S. 9-38

Desai, H./Hogan, C.E./Wilkins, M.S., The Reputational Penalty for Aggressive Accounting: Earnings Restatements and Management Turnover, The Accounting Review 2006, Vol. 81, No. 1, S. 83-113

Der Präsident des Bundesrechnungshofes als Bundesbeauftragter für Wirtschaftlichkeit in der Verwaltung, Probleme beim Vollzug der Steuergesetze, Stuttgart 2006

Deutsche Gesellschaft für Qualität, Risikomanagement. Risiken beherrschen – Chancen nutzen, DGQ-Band 12-41, Frankfurt 2007

Deutsches Rechnungslegungs Standards Committee (DRSC) (Hrsg.), Deutscher Rechnungslegungs Standard Nr. 18 (DRS 18), Latente Steuern, Stuttgart 2010

Dhaliwal, D./Gleason, C./Mills, L., Last-Chance Earnings Management: Using the Tax Expense to Meet Analysts' Forecasts, Contemporary Accounting Research 2004, Vol. 21, No. 2, S. 431-459

Diamond, D. W./Verrecchia, R. E., Disclosure, Liquidity, and the Cost of Capital, Journal of Finance 1991, Vol. 46, No. 4, S. 1325-1359

Diederichs, M., Risikomanagement und Risikocontrolling, 2. Auflage, München 2010

Diederichs, M./Fricke, W./Macke, S., Risikomanagement im DAX 30 – Untersuchung des State-of-the-Art, DB 2011, S. 1461-1465

Dietrich, H., Steuerklauseln im Unternehmenskaufvertrag (Asset Deal und Share Deal), Ubg 2010, S. 712-719

Douglas. R.F./Ellingsworth, P.J., What management expects: Evaluation of the tax department and its executives, Tax Executive 1996, Vol. 48, No. 1, S. 29-33

DPR e. V., Tätigkeitsbericht 2009, Berlin 2010

Drüen, K.-D., Die Zukunft des Steuerverfahrens, in: Schön, W./Beck, K.E.M., Zukunftsfragen des deutschen Steuerrechts, MPI Studies on Intellectual Property, Competition and Tax Law, Vol. 11, Heidelberg 2009, S. 1-38

Drüen, K.-D., Kooperation im Besteuerungsverfahren, FR 2011, S. 101-113

Duhovnik, M., The Problems of Fair Value in small Emerging Market Economies (the Case of Slovenia), Journal of Economics and Business 2007, Vol. 10, No. 2, S. 73

Dwenger, N./Walch, F., Tax Losses and Firm Investment: Evidence from Tax Statistics, Working Paper Max Planck Institute for Tax Law and Public Finance, München 2011

Easley, D./O'Hara, M., Information and the Cost of Capital, Journal of Finance 2004, Vol. 59, No. 4, S. 1553-1583

Ebersbach, L./Gassmann, O./Reinecke, S., Neue Grenzen für Innovation, in: Belz, C./Schögl, M./Tomczak, T. (Hrsg.), Innovation Driven Marketing, Wiesbaden 2007, S. 49-60

Eckhoff, R., Vom konfrontativen zum kooperativen Steuerstaat, StuW 1996, S. 107-122

EFRAG, Improving the Financial Reporting of Income Tax, Discussion Paper, Brüssel 2011

Eggemann, G./Petry, M., Fast Close – Verkürzung von Aufstellungs- und Veröffentlichungszeiten für Jahres- und Konzernabschlüssen, BB 2002, S. 1635-1638

Ehlers, H., Tax Compliance – Neue Beratungsfelder bei Betreuung kleiner und mittlerer Unternehmen, NWB 2012, S. 1535-1543

Eilers, S./Maier, A., Steuerliche Risiken bei outbound Investments, Ubg 2010, S. 683-690

Eismayr, R./Schnell, M., Betriebsprüfungserfahrungen multinationaler Unternehmen in Deutschland. Steuerliche Außenprüfung in Deutschland, IWB 2010, S. 907-912

Eitzen, B.v./Helms, S., Aktive latente Steuern auf steuerliche Verlustvorträge nach US-GAAP – Anwendungsbesonderheiten für deutsche Unternehmen, BB 2002, S. 823-828

Eitzen, B.v./Dahlke, J., Bilanzierung von Steuerpositionen nach IFRS, Stuttgart 2008

Elfgen, R., Implementierung von Risikocontrolling-Systemen, in: Hölscher, R./Elfgen, R. (Hrsg.), Herausforderung Risikomanagement: Identifikation, Bewertung und Steuerung industrieller Risiken, Wiesbaden 2002, S. 313-331

Elgood, T., Structuring the tax function, in: International Tax Review/PricewaterhouseCoopers (Hrsg.), Tax management in companies, 2. Auflage, London 2008, S. 37-40

Elgood, T./Paroissien, I./Quimby, L., Managing Global Risk for Multinationals, Journal of International Taxation 2005, Vol. 16, No. 5, S. 22-55

Ellrott, H., in: Beck'scher Bilanz-Kommentar, 7. Auflage, München 2010, § 289 Rn. 1-394

Emig, M./Walter, J., Die steuerliche Überleitungsrechnung – neue Impulse durch DRS 18, DStR 2011, S. 488-492

Endert, V., Analyse ausgewählter Einflussfaktoren auf die Höhe von Steuernachzahlungen – eine empirische Untersuchung anhand von Bilanzdaten deutscher Unternehmen, Hamburg 2010

Enden, E. van der/Groot, J. de/Stroom, E. van der, Netherlands, in: Bakker, A./Kloosterhof, S. (Hrsg.), Tax Risk Management, Amsterdam 2010

Endres, D./Rödl, C./Spengel, C./Scheffler, W., Konsequenzen der Internationalisierung der Steuerberatung für Forschung und Lehre im Fach "Betriebswirtschaftliche Steuerlehre", DStR 2009, S. 2500-2506

Eppinger, C./Seebacher, K., Aktivierung latenter Steuern auf einen (fiktiven) EBITDA-Vortrag nach IFRS, KoR 2010, S. 481-482

Erasmus, D.N., South Africa, in: Bakker, A./Kloosterhof, S. (Hrsg.), Tax Risk Management. From Risk to Opportunity, Amsterdam 2010, S. 383-404

Erdmann, M.-K./Zülich, H./Palfner, A., Liabilities – Bilanzielle Auswirkungen des ED IAS 37, KoR 2007, S. 445-452

Erle, B., Tax Risk Management and Board Responsibility, in: Schön, W. (Hrsg.), Tax and Corporate Governance, MPI Studies on Intellectual Property, Competition and Tax Law Volume 3, Berlin 2008, S. 205-220

Ernst & Young, Tax Risk Management. The evolving role of tax directors, London 2004

Ernst & Young, Tax Risk: External Challenge, Internal Challenge. Global Tax Risk Survey 2006, New York 2006

Ernst & Young, The Tipping Point – Where Tax Risks and International Audit Meet, London 2007

Ernst & Young, Tax Administration goes Global, London 2007

Ernst & Young, Steady course, uncharted waters. Findings from the third Ernst & Young global tax risk survey, London 2008

Ernst & Young, International GAAP 2010. General Accepted Accounting Practice under International Financial Reporting Standards, 2. Auflage, Chichester 2010

Ernst & Young, Stellungnahme zum Regierungsentwurf zu den Rahmenbedingungen einer zeitnahen Betriebsprüfung, Stuttgart 2011

Ernst, S., Die Bilanzierung latenter Steuern. Zweck, Ermittlung und Änderungen durch das Bilanzrechtsmodernisierungsgesetz, SteuerStud 2009, S. 584-590

Ertl, P./Steindl, M., Risikomanagement und Corporate Governance – Entwicklung und Inhalt, Stellenwert und faktisch Durchsetzbarkeit, in: Ertl, P. (Hrsg.), Risikomanagement und Jahresabschluss, Wien 2006, S. 9-38

Ettredge, M./Johnstone, K./Stone, M./Wang, Q., The effects of firm size, corporate governance quality, and bad news on disclosure compliance, Review of Accounting Studies 2011, Vol. 16, No. 4, S. 866-889

Europäische Kommission, Leitfaden – Risikomanagement für Steuerverwaltungen, Brüssel 2006

European Commission, Taxation Trends in the European Union, Brüssel 2010

Europäische Kommission, Taxation Trends in the European Union, Brüssel 2012

Europäische Zentralbank, Jahresbericht 2011, Frankfurt 2012

Ewelt, C./Knaur, T., Zum Zielkonflikt der Unternehmenspublizität zu Forschung & Entwicklung – eine empirische Untersuchung der HDAX-Unternehmen, ZfP 2010, S. 37-58

Faccio, M., Politically connected firms, American Economic Review 2006, Vol. 96, No. 1, S. 369-386

Falcao, T., Contributing a Developing Country's Perspective to International Taxation: United Nations Tender for Development of a Transfer Pricing Manual, Intertax 2010, Vol. 38, No. 10, S. 502-508

Fan, J.P.H./Wong, T.J., Corporate ownership structure and the informativeness of accounting earnings in East Asia, Journal of Accounting and Economics 2002, Vol. 33, No.3, S. 401-425

Farrar, D./Glauber, R., Multicollinearity in Regression Analyses the Problem Revisited, Review of Economics and Statistics 1967, Vol. 49, No. 1, S. 92-107

Ficher, B., Auswirkungen eines eigenständigen steuerlichen Gewinnermittlungsrechts, Hamburg 2009

Fichtner, K., Strategisches Risiko- und Diversifikationsmanagement, Chemnitz 2008

Fiechter, J.-R.W., Exchange of Tax Information: The End of Banking Secrecy in Switzerland and Singapore?, International Tax Journal 2010, Vol. 36, No. 6, S. 45-76

Fiedler, K.F./Geib, C., Fast-Close Initiative im Dresdner Bankkonzern, in: Jelinek, B./Hannich, M. (Hrsg.), Wege zur effizienten Finanzfunktion in Kreditinstituten, Wiesbaden 2009, S. 423-435

Financial Accounting Foundation, Post-Implementation Review on FASB Interpretation No. 48, Accounting for Uncertainty in Income Taxes, Norwalk 2012

Financial Accounting Standards Board (FASB), FASB Interpretation No. 48. Accounting for Uncertainty in Income Taxes – an interpretation of FASB Statement No. 109, Norwalk 2006

Financial Accounting Standards Board, Response to the Financial Accounting Foundation's Post-Implementation Review Report on FASB Interpretation No. (FIN) 48, Norwalk 2012

Firth, M., The Impact of Size, Stock Market Listing, and Auditors on Voluntary Disclosure in Corporate Annual Reports, Accounting and Business Research 1979, Vol. 9, No. 36, S. 273-280

Fischer, C./Kalina-Kerschbaum, C., Anmerkungen zum Entwurf des BMF-Schreibens zur E-Bilanz, DStR 2010, S. 2114-2117

Frank, M.M./Rego, S.O., Do Managers Use the Valuation Allowance Account to Manage Earnings around Certain Earnings Targets?, Journal of the American Taxation Association 2006, Vol. 28, No. 1, S. 43-65

Franz, K.-P., Corporate Governance, in: Dörner, D./Horváth, P./Kagermann, H. (Hrsg.), Praxis des Risikomanagements: Grundlagen, Kategorien, branchenspezifische und strukturelle Aspekte, Stuttgart 2000, S. 41-72

Freedman, J., Tax Risk Management and Corporate Taxpayers – International Tax Administration Developments, in: Bakker, A./Kloosterhof, S. (Hrsg.), Tax Risk Management. From Risk to Opportunity, Amsterdam 2010, S. 111-134

Freedman, J./Loomer, G./Vella, J., Moving Beyond Avoidance? Tax Risk and the Relationship between Large Business and HMRC, Report of a preliminary survey, Oxford 2007

Freedman, J./Loomer, G./Vella, J., Corporate Tax Risk and Tax Avoidance: New Approaches, British Tax Review 2009, Vol. 1, No. 1, S. 74-116

Freidank, C.-C./Mammen, A., Reporting steuerlicher Risiken im Konzernlagebericht als Instrument der Corporate Governance. Ableitung möglicher Reportingstrukturen und –wirkungen, ZCG 2008, S. 285-292

Freidank, C.-C./Velte, P., Rechnungslegung von latenten Steuern nach HGB – Gleichschritt zu den IFRS?, StB 2012, S. 33-38

Friese, A./Link, S./Mayer, S., Taxation and Corporate Governance – The State of the Art, in: Schön, W. (Hrsg.), Tax and Corporate Governance, MPI Studies on Intellectual Property, Competition and Tax Law Volume 3, Berlin 2008, S. 357-425

Frischmann, P.J./Shevlin, T./Wilson, R., Economic consequences of increasing the conformity in accounting for uncertain tax benefits, Journal of Accounting and Economics 2008, Vol. 46, No. 3, S. 261-278

Froschhammer, M./Haller, A., IFRS-Konvergenz im Rahmen der BilMoG-Erstanwendung – Eine empirische Analyse, KoR 2012, S. 17-25

Fröschle, G., in: Beck'scher Bilanzkommentar, 8. Auflage, 2012, § 275 Rn. 1-391

Ge, W./McVay, S., The Disclosure of Material Weaknesses in Internal Control after the Sarbanes-Oxley Act, Accounting Horizons 2005, Vol. 19, No. 3, S. 137-158

Gerber, J./König, J., Controlling steuerlicher Risiken in M&A Transaktionen, ZfCM 2009, Sonderheft 1/2009, S. 59-63

Geuenich, M./Kiesel, H., Tax Compliance bei Unternehmen – einschlägige Risiken und Folgerungen für die Praxis, BB 2012, S. 155-162

Gilbert, J.J., The Role of Finance in the Overseas Corporation, in: Marting, E./Finley, R.E. (Hrsg.), The Financial Manager's Job, New York 1964, S. 388-399

Gimmler, F./Greil, S., Bedeutung der deutschen Verrechnungspreisdokumentationsvorschriften für die Betriebsprüfungspraxis, StB 2009, S. 233-238

Giner Inchausti, A., The influence of company characteristics and accounting regulation on information disclosed by Spanish firms, European Accounting Review 1997, Vol. 6, No. 1, S. 45-68

Gleason, C.A./Mills, L.F., Materiality and Contingent Tax Liability Reporting, The Accounting Review 2002, Vol. 77, No. 2, S. 317-342

Gleißner, W., Grundlagen des Risikomanagements in Unternehmen, München 2008

Gleißner, W., Unternehmenswert, Rating und Risiko, WPg 2010, S. 735-743

Göttsche, M./Brähler, G., Die Bedeutung der Konzernsteuerquote für den Kapitalmarkt – Eine empirische Analyse der DAX-30-Unternehmen, WPg 2009, S. 918-925

Graham, J.R./Raedy, J./Shakelford, D.A., Research in Accounting for Income Taxes, SSRN Working Paper No. 1312005

Graumann, M., Risikomanagement und Frühaufklärung, in: Brecht, U. (Hrsg.), Neue Entwicklungen im Rechnungswesen, Prozesse optimieren, Berichtswesen anpassen, Kosten senken, Wiesbaden 2005, S. 4-19

Gray, S.R./Cannella, A.A., The Role of Risk in Executive Compensation, Journal of Management 1997, Vol. 23, No. 4, S. 517-540

Gröger, H./Wellens, A., Steuerliche Aspekte bei der Unternehmenskaufvertragsgestaltung, in: Kneip, C./Jänisch, C. (Hrsg.), Tax Due Diligence. Steuerrisiken und Steuergestaltungen beim Unternehmenskauf, München 2005, S. 904-944

Gros, M./Unrein, D., Zum Stand der Konvergenz von IFRS und US-GAAP. Eine Analyse der aktuellen Ereignisse, KoR 2010, S. 461-469

Grottke, M./Haendel, F., Operation gelungen – Mittelstand tot? – Eine Analyse der Anhangangaben der IFRS for SMEs auf mittelstandsschädliche Wirkungen, DStR 2010, S. 1147-1153

Grundmann, T., Ein anwendungsorientiertes System für das Management von Produkt- und Prozessrisiken, Aachen 2008

Gunkel, M.A., Effiziente Gestaltung des Risikomanagements in deutschen Nicht-Finanzunternehmen. Eine empirische Untersuchung, Norderstedt 2010

Gupta, S./Newberry, K., Determinants of the variability on corporate effective tax rates: evidence from longitudinal data, Journal of Accounting and Public Policy 1997, Vol. 16, No. 1, S. 1-34

Guthoff, A./Rüter, F., Ergebnisabhängige Vergütung in Banken: Die Verwendung des RORAC und verwandter Kennzahlen, ifk Diskussionsbeitrag 99-01, Münster 1999

Haaker, A., Das Wahrscheinlichkeitsproblem bei der Rückstellungsbilanzierung nach IAS 37 und IFRS 3 Eine Analyse der Regelungen im Hinblick auf die Erfüllung des Informationszwecks, KoR 2005, S. 8-15

Haaker, A., Aufblähung des Anhangs zur Kapitalmarktinformation?, PiR 2011, S. 79

Haaker, A., Verstärkt der Ausweis einer valuation allowance den Fehlanreiz zur progressiven Aktivierung von latenten Steuern auf Verlustvorträge?, KoR 2012, S. 265-268

Hagenkötter, A., Die Digitale Steuerprüfung - Neue Formen des Datenzugriffs der Finanzverwaltung seit 1. 1. 2002, NJW 2002, S. 1977-1983

Hahn, K./Oser, P./Breitweg, J./Eisenhardt, P./Kollmann, V., Latente Steuern in der Bilanzierungspraxis mittelständischer Konzerne – Ergebnisse einer empirischen Untersuchung von BDI, Ernst & Young und Dualer Hochschule Baden-Württemberg, DStR 2012, S. 572-578

Hahn, K./Oser, P./Breitweg, J./Eisenhardt, P./Kollmann, V., Latente Steuern in der Bilanzierungspraxis mittelständischer Konzerne – Ergebnisse einer empirischen Untersuchung von BDI, Ernst & Young und Dualer Hochschule Baden-Württemberg (Teil II), DStR 2012, S. 619-626

Haller, A./Ferstl, E.-M./Löffelmann, J., Die „einheitliche" Erstellung von Handels- und Steuerbilanz – Empirische Erkenntnisse über die Bilanzierungspraxis von Kapitalgesellschaften, DB 2011, S. 885-889

Haller, M., Risiko-Management – Eckpunkte eines integrierten Konzepts, in: Jacob, H. (Hrsg.), Schriften zur Unternehmensführung SzU, Band 33, Wiesbaden 1986, S. 7-45

Hampton, P., Reducing Administrative Burdens, London 2005

Hanlon, M., What can we infer about a Firm's taxable income from it's Financial Statements?, National Tax Journal 2003, Vol. 56, No. 4, S. 831-863

Hanlon, M./Heitzman, S., A review of tax research, Journal of Accounting and Economics 2010, Vol. 50, No. 2-3, S. 127-178

Hanlon, M./Mills, L./Slemrod, J., An Empirical Examination of Corporate Tax Noncompliance, in: Auerbach, A.J./Hines, J.R./Slemrod, J. (Hrsg.), Taxing Corporate Income in the 21st Century, Cambridge 2007, S. 171-211

Hardeck, I./Heuke, R., Does Fairness pay off? The Effects of Corporate Tax Strategies on Consumer Behaviour – An Empirical Study, Hamburg 2010

Harley, G., The global rise of indirect tax: managing risk and creating value, International Tax Review 2009, Vol. 20, No. 50, Indirect Taxes, S. 33-36

Hartnett, D., The Link between Taxation and Corporate Governance, in: Schön, W. (Hrsg.), Tax and Corporate Governance, MPI Studies on Intellectual Property, Competition and Tax Law Volume 3, Berlin 2008, S. 3-8

Hassan, O./Marston, C., Disclosure measurement in the empirical accounting literature – a review article, Discussion Paper, London 2010

Hassan, O./Romilly, P./Giorgioni, G./Power, D., The value relevance of disclosure: Evidence from the emerging capital market of Egypt, International Journal of Accounting 2009, Vol. 44, No. 1, S. 79-102

Haunhorst, S., Risikomanagement in der Finanzverwaltung – ein Fall für die Finanzgerichte?, DStR 2010, S. 2105-2110

Healy, P. M./Hutton, A. P./Palepu, K. G., Stock Performance and Intermediation Changes Surrounding Sustained Increases in Disclosure, Contemporary Accounting Research 1999, Vol. 16, No. 3, S. 485-520

Healy, P.M./Palepu, C.G., Information asymmetry, corporate disclosure, and the capital markets: A review of the empirical disclosure literature, Journal of Accounting and Economics 2001, Vol. 31, No. 1-3, S. 405-440

Hebig, M., Steuerabteilung und Steuerberatung in der Großunternehmung – Eine empirische Untersuchung, Berlin 1984

Heckemeyer, J.H., The Effects of Corporate Taxes on Business Behavior. Microsimulation and Meta-Analyses, Heidelberg 2012

Heger, J., Risikoanalyse bei Steuerberatungsunternehmen. Konzeption eines Prognosemodells zur Unterstützung bei Steuerberatungsunternehmen, Dresden 2007

Heitzman, S./Wasley, C./Zimmerman, J., The joint effects of materiality thresholds and voluntary disclosure incentives on firms' disclosure decisions, Journal of Accounting and Economics 2010, Vol. 49, No. 1-2, S. 109-132

Hel-van Dijk, E.C.J.M. van der, The European Union and More Effective Tax Audits, Bulletin for International Taxation 2011, S. 161-165

Helbling, C., Steuerschulden und Steuerrückstellungen, 3. Auflage, Bern 1988

Henderson Global Investors, Tax, risk and corporate governance, Findings from a survey of the FTSE350, London 2005

Henselmann, K./Rose, A., Management steuerlicher Risiken, in: Götze, U./Henselmann, K./Mikus, B. (Hrsg.), Risikomanagement, Heidelberg 2001, S. 186-210

Herbohn, K./Tutticci, I./Khor, P.S., Changes in Unrecognised Deferred Tax Accruals from Carry-Forward Losses: Earnings Management or Signalling?, Journal of Business Finance & Accounting 2010, Volume 37, No. 7-8, S. 763-791

Hermenau, C.-J., Rechtsstaatlichkeit und zeitnahe Betriebsprüfung – ein Widerspruch?, FR 2011, S. 120-122

Herrfurth, J., Die E-Bilanz aus Sicht der Unternehmen, NWB 2010, Sonderdruck E-Bilanz, S. 9-12

Herzig, N., BilMoG, Tax Accounting und Corporate Governance-Aspekte, DB 2010, S. 1-8

Herzig, N., Tax Accounting zwischen BilMoG und E-Bilanz, DStR 2010, S. 1900-1908

Herzig, N., Erfahrungen mit dem BilMoG aus steuerlicher Sicht, DB 2012, S. 1343-1351

Herzig, N./Briesemeister, S./Schäperclaus, J., E-Bilanz und Steuer-Taxonomie. Entwurf des BMF-Schreibens vom 31. 8. 2010, DB 2010, Beilage zu Heft 41, S. 1-24

Herzig, N./Briesemeister, S./Schäperclaus, J., E-Bilanz: Finale Fassung des BMF-Schreibens und der Steuertaxonomien 2012, DB 2011, S. 2509-2516

Herzig, N./Briesemeister, S./Schnäperclaus, J., Von der Einheitsbilanz zur E-Bilanz, DB 2011, S. 1-9

Herzig, N./Heimig, M./Vossel, S., Risikoorientiertes Tax Accounting nach ED/2009/2, DB 2009, S. 2613-2620

Herzig, N./Vera, A., Die Stellung der Steuerabteilung in der Unternehmensorganisation, DB 2001, S. 441-447

Hetfleisch, H.-G., Besteuerung und Unternehmensorganisation, Frankfurt am Main 1970

Hey, J., Steuerplanungssicherheit als Rechtsproblem, Köln 2002

Hey, J., Zeit ist Geld – Wie lässt sich die Betriebsprüfung beschleunigen?, WPg 2011, S. 1

Hierstetter, F., Steuerliche Risiken der Entschuldung einer Kapitalgesellschaft in der Krise, DStR 2010, S. 882-887

Hilsebein, G./Rengier, C., Gesetzliche Neuerungen Effizientes Management der Steuerrisiken in einer modernen Organisation, VW 2010, S. 1742-1743

HM Revenue & Customs, Tax on the Boardroom Agenda. The Views of Business, London 2006

HM Revenue & Customs, Modernising Powers, Deterrents and Safeguards, London 2006

HM Revenue & Customs, 2006 Review of Links with Large Business, London 2006

HM Revenue & Customs, Tax Compliance Risk Management, Review of Links with Large Business, London 2007

HM Revenue & Customs, Giving Certainty to Businesses Through Clearance and Advance Agreements, London 2007

Hoffmann, W.-D., Steuerrisiken, PiR 2010, S. 238-240

Hoffmann, W.-D., in: Lüdenbach, N./Hoffmann, W.-D. (Hrsg.), Haufe IFRS-Kommentar, 10. Auflage, Freiburg 2012, § 26 Rn. 1-168

Hogh, M., Tax Due Diligence, in: Kneip, C./Jänisch, C. (Hrsg.), Tax Due Diligence. Steuerrisiken und Steuergestaltungen beim Unternehmenskauf, München 2005, S. 27-112

Hohmann-Dennhardt, C., Warum sich das Recht mit der Sprache schwertut - Nicht nur Juristen müssen die Gesetze verstehen, sondern auch der Bürger, ZRP 2003, S. 372-375

Hölscher, R./Giebel, S./Karrenbauer, U., Stand und Entwicklungstendenzen des industriellen Risikomanagements – Teil 1, ZRFG 2006, S. 149-154

Hölscher, R./Giebel, S./Karrenbauer, U., Stand und Entwicklungstendenzen des industriellen Risikomanagements – Teil 2, ZRFG 2007, S. 5-14

Hölzer, C./Schnüttgen, H./Bornheim, W., Die Mediation im Steuerrecht nach dem Referentenentwurf zum Mediationsgesetz, DStR 2010, S. 2538-2544

Holzhäuser, B.P./Schmidt, F., Teil D Tax Due Diligence, in: Beisel, D./Andreas, F.E. (Hrsg.), Due Diligence, München 2010, § 28 Ertragsteuerliche Prüfungsschwerpunkte

Hommel, M./Wich, S., Neues zur Entwicklung der Rückstellungsbilanzierung nach IFRS, WPg 2007, S. 509-516

Hornung, K./Reichmann, T./Diederichs, M., Risikomanagement – Teil I: Konzeptionelle Ansätze zur pragmatischen Realisierung gesetzlicher Anforderungen, Controlling 1999, S. 317-325

Horváth, P., Controlling, 8. Auflage, München 2002

Hoyng, R./Kloosterhof, S./Macpherson, A., Tax Control Framework, in: Bakker, A./Kloosterhof, S. (Hrsg.), Tax Risk Management. From Risk to Opportunity, Amsterdam 2010, S. 19-72

Hruschka, F., Ausgewählte Aspekte der Betriebsprüfung, Stbg 2012, S. 1-6

Huber, E./Seer, R., Steuerverwaltung im 21. Jahrhundert: Risikomanagement und Compliance, StuW 2007, S. 355-371

IDW, Prüfungsstandard 340, Die Prüfung des Risikofrüherkennungssystems nach § 317 Abs. 4 HGB, WPg 1999, S. 658-662

IDW, WP Handbuch I 2006, 13. Auflage, Düsseldorf 2006

IDW, Aufhebung von IDW ERS HFA 27, FN-IDW 2010, Düsseldorf 2010

International Financial Accounting Standards Board (IASB), Exposure Draft ED/2009/2 Income Tax, London 2009

International Financial Accounting Standards Board (IASB), Basis for Conclusions. Exposure Draft ED/2009/2 Income Tax, London 2009

IRS, Requirement of a Statement Disclosing Uncertain Tax Positions. 26 CFR Part 1 TD 9510, Washington D.C. 2010

IRS, Instructions for Form 8886, Rev. March 2011, Washington D.C. 2011

Jacobs, O.H., Internationale Unternehmensbesteuerung, 7. Auflage, München 2011

Janssen, B., The Role of the Tax Advisor in the Accounting Process, European Taxation 2009, S. 404-408

Jehle, N., ED Income Tax – Vorgeschlagene Neuregelungen, PiR 2009, S. 153-159

Jessenberger, J./Zimmermann, G., Rechtliche Grundlagen des Risikomanagements im internationalen Industriekonzern, in: Romeike, F. (Hrsg.), Rechtliche Grundlagen des Risikomanagements, Berlin 2008, S. 207-230

Jonas, B., Plädoyer für eine Neubesinnung im Steuerverfahrensrecht, Ubg 2011, S. 133-136

Jonen, A., Semantische Analyse des Risikobegriffs: Strukturierung der betriebswirtschaftlichen Risikodefinition und literaturempirische Auswertung, Beiträge zur Controlling-Forschung Nr. 11, Kaiserslautern 2007

Jost, S.P./Pfaffermayr, M./Winner, H., Transfer Pricing as a Tax Compliance Risk, Working Paper No. 2010-06, Salzburg 2010

Kager, R./Knirsch, D./Niemann, R., Steuerliche Wertansätze als zusätzliche Information für unternehmerische Entscheidungen?, arqus Diskussionsbeitrag Nr. 50, Berlin 2008

Kager, R./Schanz, D./Niemann, R., Estimation of Tax Values Based on IFRS Information: An Analysis of German DAX30 and Austrian ATX Listed Companies, Accounting in Europe 2011, Vol. 8, No. 1, S. 89-123

Kahle, H., Steuerliche Gewinnermittlung nach dem BilMoG, StuB 2011, S. 163-170

Kahle, H./Günther, S., Fortentwicklung des Handels- und Steuerbilanzrechts nach dem BilMoG, StuW 2012, S. 43-55

Kaiser, A., Tax Compliance in ausländischen Finanzverwaltungen, IWB 2010, S. 774-779

Karrenbrock, H., Zweifelsfragen der Berücksichtigung aktiver latenter Steuern im Jahresabschluss nach BilMoG, BB 2011, S. 683-688

Kattouw, A., Companies fail to plan for tax risk, International Tax Review 2006, Vol. 17, No. 4, S. 2-2

Keitz, I./Wenk, M. O./Jagosch, C., HGB-Bilanzierungspraxis nach BilMoG (Teil 1) – Eine empirische Analyse von ausgewählten Familienunternehmen, DB 2011, S. 2445-2450

Keitz, I./Wenk, M. O./Jagosch, C., HGB-Bilanzierungspraxis nach BilMoG (Teil 2) – Eine empirische Analyse von ausgewählten Familienunternehmen, DB 2011, S. 2503-2508

Keller, C., Die Außenprüfung nach §§ 193 ff., SteuerStud 2009, S. 300-309

Kerssenbrock, O.-F./Riedel, O./Strunk, G., Zur Verfassungsmäßigkeit des Datenzugriffs der Finanzverwaltung im Rahmen von Betriebsprüfungen nach § 147 Abs. 6 AO, DB 2002, Beilage zu Heft 49, S. 1-24

Kessler, M./Freisleben, N., in: Münchener Kommentar zum Aktiengesetz, 2. Auflage, München 2004, § 277 Rn. 1-304

Kessler, M./Suchan, S.W., in: Münchener Kommentar zum Aktiengesetz, 2. Auflage, München 2004, § 266 HGB Rn. 1-209

Kessler, W./Scholz-Görlach, U., ED/2009/2 Income Tax - Fortbestehende Unterschiede bei der Abbildung steuerrechtlicher Risiken zwischen US-GAAP und IFRS, PiR 2009, S. 285-298

Kiesel, H./Böhringer, J., Tax Compliance – Risikominimierung durch sanktionsbezogene Enthaftungsmaßnahmen, BB 2012, S. 1190-1195

Kirsch, H., Auswirkungen des Wachstumsbeschleunigungsgesetzes auf Bilanzierung, Bewertung und Berichterstattung latenter Steuern, DStZ 2010, S. 479-486

Klein, O., Die Bilanzierung latenter Steuern nach HGB, IAS und US-GAAP im Vergleich, DStR 2001, S. 1450-1456

Klöne, H., Steuerplanung, Neuwied 1980

Kloosterhof, S., An Introduction to Tax Accounting – Guest Editor's Foreword, European Taxation 2009, Vol. 49, No. 8-9, S. 399-402

Kloosterhof, S./Zoelen, D.v., International – Accounting for Uncertain Income Tax Positions, European Taxation 2009, Vol. 49, No. 8-9, S. 415-421

Koch, W./Wegmann, J., Praktiker-Handbuch. Due Diligence. Chancen-/Risiken-Analyse mittelständischer Unternehmen, Stuttgart 1998

Koch, S./Nagel, C./Themanns, E., E-Bilanz – Die elektronische Übermittlung von Jahresabschlüssen erhält Kontur, NWB 2010, S. 3780-3797

Köhler, A.G./Marten, K.-U./Ratzinger, N.V.S./Wagner, M., Prüfungshonorare in Deutschland – Determinanten und Implikationen, ZfB 2010, S. 5-29

Kommission der Europäischen Gemeinschaften, Unternehmensbesteuerung im Binnenmarkt, Arbeitsdokument der Dienststellen der Kommission, KOM (2001) 582 endg., Luxemburg 2002

Korb, D.L., Shelters, Schemes, and Abusive Transactions: Why Today's Thoughtful U.S. Tax Advisors Should Tell Their Clients to "Just Say No", in: Schön, W. (Hrsg.), Tax and Corporate Governance, MPI Studies on Intellectual Property, Competition and Tax Law Volume 3, Berlin 2008, S. 289-350

Kormann, H., Die Steuerpolitik der internationalen Unternehmung, Düsseldorf 1970

Kozikowski, M./Schubert, W.J., in: Beck'scher Bilanzkommentar, 8. Auflage, 2012, § 249 Rn. 1-341

KPMG, Tax Risk and Responsibility. Identifying and Managing Risk in the Post-Sarbanes-Oxley Business Environment, New York 2003

KPMG, Tax in the Boardroom, Discussion Paper, Zug 2004

KPMG, Tax risk management in the financial sector. An international KPMG survey, Zug 2004

KPMG, The Rising Tide. Regulation and stakeholder pressure on tax departments worldwide, Zug 2007

KPMG, US-GAAP – Rechnungslegung nach US-amerikanischen Grundsätzen –Grundlagen der US-GAAP und SEC-Vorschriften, 4. Auflage, Düsseldorf 2007

KPMG, Insights into IFRS. KPMG's practical guide to International Financial Reporting Standards, 6. Auflage, London 2009

Krampe, S./Helios, M., Steuerliche Aspekte der Verbriefung von Körperschaftsteuerguthaben, Corporate Finance law 2010, S. 141-145

Kratzheller, J.B., Risiko und Risk Management aus organisationswissenschaftlicher Perspektive, Wiesbaden 1997

Kremers, M., Risikoübernahme in Industrieunternehmen. Der Value-at-Risk als Steuerungsgröße für das industrielle Risikomanagement, dargestellt am Beispiel des Investitionsrisikos, Sternenfels 2002

Krommes, W., Handbuch Jahresabschlussprüfung, 3. Auflage, Wiesbaden 2011

Kröner, M., Organschaft und Konzernsteuerquote, in: Herzig, N. (Hrsg.), Organschaft, Stuttgart 2003, S. 562-569

Kröner, M./Beckenhaub, C., Konzernsteuerquote, München 2008

Kroppen, K.-H./Rasch, S., Funktionsverlagerung – der nächste Akt, IWB 2010, S. 316-324

Kroppen, K.-H./Rasch, S., Anmerkungen zu den Verwaltungsgrundsätzen Funktionsverlagerung vom 13.10.2010, IWB 2010, S. 825-841

Künkele, K. P./Zwirner, C., Wichtige Änderungen durch die Neufassung von IAS 12 Ertragsteuern, IRZ 2009, S. 231-233

Künkele, P./Zwirner, C., BilMoG: Auswirkungen auf die steuerliche Bilanzierung, BC 2010, S. 31-35

Künkele, P./Zwirner, C., Steuerbilanzpolitik: Ausweitung der Möglichkeiten durch das BilMoG, DStR 2010, S. 2263-2270

Künstler, T./Seidel, F., Tax Compliance, in: Wecker, G./van Laak, H. (Hrsg.), Compliance in der Unternehmenspraxis, 2. Auflage, Wiesbaden 2008, S. 243-261

Küting, K., Zur Komplexität der Rechnungslegungssysteme nach HGB und IFRS, DB 2012, S. 297-304

Küting, K./Lorson, P./Eichenlaub, R./Toebe, M., Die Ausschüttungssperre im neuen deutschen Bilanzrecht nach § 268 Abs. 8 HGB, GmbHR 2011, S. 1-10

Küting, K./Seel, C., Die Ungereimtheiten der Regelungen zu den latenten Steuern im neuen Bilanzrecht, DB 2009, S. 922-925

Küting, K./Seel, C., Latente Steuern nach dem neuen deutschen Bilanzrecht, in Kessler, W./Förster, G./Watrin, C. (Hrsg.), Unternehmensbesteuerung: Festschrift für Norbert Herzig zum 65. Geburtstag, München 2010, S. 675-693

Küting, K./Stampa, D./Ellmann, D./Lauer, P., Das neue deutsche Bilanzrecht für den Einzelabschluss, Schweizer Treuhänder 2009, S. 920-927

Küting, K./Strauß, M., Die Intensität und Komplexität der Anhangangaben nach HGB und IFRS im Vergleich, StuB 2011, S. 439-446

Küting, K./Zwirner, C., Zunehmende Bedeutung und Indikationsfunktion latenter Steuern in der Unternehmenspraxis, BB 2005, S. 1553-1562

La Porta, R./Lopez-de-Silanes, F./Shleifer, A./Vishny, R., Investor Protection and Corporate Governance, Journal of Financial Economics 2000, Vol. 58, No. 1, S. 3-27

Lambert, R.A., Contracting theory and accounting, Journal of Accounting and Economics 2001, Vol. 32, No. 1-3, S. 3-87

Lang, M./Lundholm, R., Cross-Sectional Determinants of Analyst Ratings of Corporate Disclosures, Journal of Accounting Research 1993, Vol. 31, No. 2, S. 246-71

Lange, K.W., Risikoberichterstattung nach KonTraG und KapCoRiLiG, DStR 2001, S. 227-232

Langmead, J. M./Keeling, K.O., How Blue Chip Companies Fared Under FIN 48, CPA Journal 2010, Vol. 80, No. 5, S. 28-33

Langseder, A., in: Müller, W./Winkeljohann, N. (Hrsg.), Beck'sches Handbuch der GmbH, 4. Auflage, München 2009, § 9 Rn. 1-283

Ledure, D./Bertrand, P./Breggen, M.v.d./Hardy, M., Financial Transactions in Today's World: Observations from a Transfer Pricing Perspective, Intertax 2010, Vol. 38, No. 6/7, S. 350-358

Lee, A./Rabenort, M., The changing role of the tax professional, International Tax Review 2009, Vol. 20, No. 8, S. 32-34

Lehavy, R./Sloan, R.G., Investor Recognition and Stock Returns, Review of Accounting Studies 2008, Vol. 13, No. 2-3, S. 327-361

Lenter, D./Slemrod, J./Shackelford, D., Public Disclosure of Corporate Tax Return Information: Accounting, Economics, and Legal Perspectives, National Tax Journal 2003, Vol. 56, No. 4, S. 803-830

Lienau, A./Erdmann, M.-K./Zülich, H., Bilanzierung latenter Steuern auf Verlustvorträge nach IAS 12, DStR 2007, S. 1094-1097

Liu, J./Yao-Hua, T./Hulstijn, J., IT Enabled Risk Management for Taxation and Customs: The Case of AEO Assessment in the Netherlands, in: Wimmer, M.A./Scholl, H.J./Janssen, M./Traunmüller, R. (Hrsg.), Electronic Government, 8th International Conference, EGOV 2009, Linz, Austria, August 31 - September 3, 2009, Proceedings, Heidelberg 2009

Löffler, C., Tax Due Diligence beim Unternehmenskauf, Düsseldorf 2002

Löffler, C., Tax Due Diligence beim Unternehmenskauf (Teil 2), WPg 2004, S. 625-638

Lohse, T./Riedel, N./Spengel, C., The Increasing Importance of Transfer Pricing Regulations – a Worldwide Overview, Oxford University Centre for Business Taxation, Saïd Business School, WP 12/27, Oxford 2012

Loitz, R., Auswirkungen von Section 404 des Sarbanes-Oxley Act auf die Tätigkeit von Steuerabteilungen, WPg 2005, S. 817-830

Loitz, R., Latente Steuern nach dem Bilanzrechtsmodernisierungsgesetz (BilMoG) – ein Wahlrecht als Mogelpackung?, DB 2009, S. 913-921

Loitz, R., Wesentliche Änderungen des Tax Accounting durch die Einführung von ED/2009/2 für die Unternehmenspraxis, DB 2009, S. 1997-2005

Loitz, R., Tax Accounting nach ED/2009/2 – ein neuer Standard für die Abbildung von Ertragsteuern in der Finanzberichterstattung, DStR 2009, S. 2267-2273

Loitz, R., DRS 18 – Bilanzierung latenter Steuern nach dem Bilanzrechtsmodernisierungsgesetz, DB 2010, S. 2177-2185

Loitz, R., Audit of Tax – neue Herausforderungen für die integrierte Prüfung der Steuerposten bei einer Abschlussprüfung, WPg 2012, S. 247-258

Loitz, R./Taetzner, T./Weber, T., The great crossover, in: International Tax Review/PricewaterhouseCoopers (Hrsg.), Tax management in companies, 2. Auflage, London 2008, S. 14-17

Loose, M., Funktion der steuerlichen Nebenleistungen für den Steuervollzug, DStJG 2008, S. 203-219

Lorenz, M., Einführung in die rechtlichen Grundlagen des Risikomanagements, Romeike, F. (Hrsg.), Rechtliche Grundlagen des Risikomanagements, Berlin 2008, S. 3-29

Lorson, P./Melcher, W./Gleichmann, D., EFRAG Diskussion zu Ertragsteuern insbesondere zu Latenten Steuern – Großer Wurf oder Flickwerk? (Teil 1), KoR 2012, S. 442-451

Lowell, C.Y./Martin, M.R./Donohue, M.J., Manging transfer pricing risk: part 1, Journal of International Taxation 2006, Vol. 17, No. 7, S. 44-58

Lüdenbach, N., Bilanzierung von bei einer Due Diligence aufgedeckten, vertraglich vom Verkäufer zu tragenden Steuerrisiken?, PiR 2008, S. 242-244

Lüdenbach, N./Hoffmann, W.-D. (Hrsg.), Haufe IFRS-Kommentar, 10.Auflage, Freiburg 2012

Lück, W., Elemente eines Risiko-Managementsystems. Die Notwendigkeit eines Risikomanagementsystems durch den Entwurf eines Gesetzes zur Kontrolle und Transparenz im Unternehmensbereich (KonTraG), DB 1998, S. 8-14

Lück, W., Der Umgang mit unternehmerischen Risiken durch ein Risikomanagementsystem und durch ein Überwachungssystem. Anforderungen durch das KonTraG und Umsetzung in der betrieblichen Praxis, DB 1998, S. 1925-1930

Lühn, A., Konzeption und Aussagekraft der tax reconciliation in IFRS-Konzernabschlüssen, KoR 2009, S. 235-245

MacCrimmon, K.R./Wehrung, D.A., Taking Risks. The Management of Uncertainty, New York 1986

Mack, A., Der Streit beim Finanzgericht, AG 2010, S. 326-328

MacPherson, A./Kennedy, M./Egert, J./Lucas, B., United Kingdom, in: Bakker, A./Kloosterhof, S. (Hrsg.), Tax Risk Management. From Risk to Opportunity, Amsterdam 2010, S. 405-430

Maier, A., Steuerliche Risiken bei Auslandstätigkeiten, SteuK 2011, S. 295-299

Maier, M.T./Weil, M., Latente Steuern im Einzel-und Konzernabschluss: Auswirkungen des BilMoG auf die Bilanzierungspraxis, DB 2009, S. 2729-2736

Mammen, A., Die Konzernsteuerquote als Lenkungsinstrument im Rahmen des Risikomanagementsystems börsennotierter Muttergesellschaften, Wiesbaden 2011

Mank, K./Nientimp, A., Formale Kriterien zur Anerkennung internationaler Verrechnungspreise, DB 2007, S. 2163-2165

Marginson, D./McAulay, L./Roush, M./Zijl, T.v., Performance measures and short-termism: an exploratory study, Accounting and Business Research 2010, Vol. 40, No. 4, S. 353-370

Marlière, A./Kummer, I., Risikominimierung und Kostentransparenz durch strukturiertes Vertragsmanagement, DB 2010, S. 1361-1365

Marten, K.-U./Quick, R./Ruhnke, K., Wirtschaftsprüfung, 2. Auflage, Stuttgart 2003

Maute, H., Überleitungsrechnung zur Steuerbilanz, BC 2002, S. 241-244

Mayer, M./Loitz, R./Quella, J.-O./Zerwas, P., Latente Steuern: Bewertung, Bilanzierung, Beratung, Wiesbaden 2009

Melcher, W./Möller, F., Ebenen der Gesamtdifferenzenbetrachtung im Rahmen der Bilanzierung latenter Steuern – Unterschiede zwischen den handelsrechtlichen und den internationalen Regelungen: Theoretische Fundierung und Fallbeispiel, KoR 2011, S. 548-557

Menard, S., Applied Logistic Regression Analysis: Sage University Series on Quantitative Applications in the Social Sciences, Thousand Oaks 1995

Mensch, G., Risiko und Unternehmensführung, Frankfurt am Main 1991

Merbecks, A., Zur Organisation des Risikomanagements in Kreditinstituten, Wiesbaden 1996

Merton, R. C., A Simple Model of Capital Market Equilibrium with Incomplete Markets, Journal of Finance 1987, Vol. 42, No. 3, S. 483-510

Meussen, G., Horizontaal toezicht, eine neue Kooperationsform im Besteuerungsverfahren in den Niederlanden, FR 2011, S. 114-117

Meyer, M., Analyse des Temporary Konzepts zur Bilanzierung latenter Steuern aus Sicht des Tax Reporting, ZfP 2010, S. 353-371

Meyer, M./Ruberg, L., Die Erstellung von Planungsrechnungen als Voraussetzung für die Bilanzierung latenter Steuern - Anwendungsfelder, Anforderungen, Zweifelsfragen, DStR 2010, S. 1538-1543

Meyer, M./Ruberg, L., Bekanntgabe von DRS 18 Latente Steuern – Partielle Aufhebung der Begrenzung des Prognosehorizonts bei Verlustvorträgen, DStR 2010, S. 2094-2100

Meyer, M./Ruberg, L., Leitlinien für die Erstellung von Planungsrechnungen im Rahmen des Tax Accounting, Ubg 2010, S. 431-438

Mik, B., Introduction to Tax Risk Management, in: Bakker, A./Kloosterhof, S. (Hrsg.), Tax Risk Management. From Risk to Opportunity, Amsterdam 2010, S. 1-18

Mikus, B., Zur Integration des Risikomanagements in den Führungsprozess, in: Götze, U./Henselmann, K./Mikus, B. (Hrsg.), Risikomanagement, Heidelberg 2001, S. 67-94

Mills, L.F., Book-Tax Differences and Internal Revenue Service Adjustments, Journal of Accounting Research 1998, Vol. 36, No. 2, S. 343-356

Mills, L.F./Robinson, L.A./Sansing, R.C., FIN 48 and Tax Compliance, The Accounting Review 2010, Vol. 85, No. 5, S. 1721-1742

Modlinger, F., Das Risikomanagement der Finanzämter, Stbg 2011, S. 515-516

Müller, J./Sureth, C./Läufer, C., Mögliche Fallstricke einer Optimierung unternehmerischer Investitionsentscheidungen auf der Grundlage der Konzernsteuerquote, WPg 2010, S. 1028-1034

Müller, W./Winkeljohann, N. (Hrsg.), Beck'sches Handbuch der GmbH, 4. Auflage, München 2009

Müller, S./Kreipl, M., Die Veränderung des abschlusspolitischen Potenzials durch das BilMoG im Lichte der Entscheidungsnützlichkeit der Rechnungslegung, ZfP 2010, S. 313-329

Münchener Kommentar zum Aktiengesetz, 2. Auflage, München 2004

Münchener Kommentar zum Handelsgesetzbuch, 2. Auflage, München 2008

Murphy, A.B., Firm Characteristics of Swiss Companies that Utilize International Accounting Standards, International Journal of Accounting 1999, Vol. 34, No. 1, S. 121-131

Netherlands Tax and Customs Administration Co-ordination group on the treatment of very large businesses, Tax Control Framework, Heerlen 2008

Neubert, B./Geiler, T., Bilanzierung latenter Steuern: Änderungen, Auswirkungen, auf den Jahresabschluss und praktische Umsetzung, ZfCM 2010, Supplement 3, S. 34-45

Neubig, T./Balvinder, S., Tax risk and strong corporate governance, Tax Executive 2004, Vol. 56, No. 2, S. 114-119

Nevius, A.M., IRS Amends Plan for Uncertain Tax Positions, Journal of Accountancy 2010, Vol. 210, No. 5, S. 26-29

Nimwegen, S./Koelen, P., COSO II als Rahmen für die Beschreibung der wesentlichen Merkmale des internen Kontroll- und des Risikomanagementsystems, DB 2010, S. 2011-2015

O'Brien, R.M., A Caution regarding Rules of Thumb for Variance Inflation Factors, Quality & Quantity 2007, Vol. 41, No. 5, S. 673-690

Obermayr, A., Managing Tax Risks, in: Ertl, P. (Hrsg.), Risikomanagement und Jahresabschluss, Wien 2006, S. 85-107

OECD, Compliance Risk Management: Managing and Improving Tax Compliance, Paris 2004

OECD, Third Meeting of the OECD Forum on Tax Administration, 14-15 September 2006, Final Seoul Declaration, Paris 2006

OECD, Tax Intermediaries Study, Working Paper 6 – The Enhanced Relationship, Paris 2007

OECD, Study in the Role of Tax Intermediaries, Paris 2008

OECD, Transfer Pricing Aspects of Business Restructurings. Discussion Draft, Paris 2008

OECD, Information Note – General Administrative Principles: Corporate Governance and Tax Risk Management, Paris 2009

OECD, Compliance Management of Large Business Tax Group, Paris 2009

OECD, Corporate Governance and Tax Risk Management, Paris 2009

OECD, Review of Comparability and of Profit Methods: Revision of Chapters I-III of the Transfer Pricing Guidelines, Paris 2010

OECD, Tax Administration in OECD and Selected Non-OECD Countries: Comparative Information Series, Paris 2011

OFD-Hannover, Leitfaden Zeitnahe Betriebsprüfung, Hannover 2009

OFD-Koblenz, Eckpunkte für die Durchführung einer zeitnahen Prüfung von Großbetrieben und Konzernen, Koblenz 2008

Ortmann-Babel, M./Bolik, A./Gageur, P., Ausgewählte steuerliche Chancen und Risiken des BilMoG, DStR 2009, S. 934-938

Oser, P./Hahn, K./Breitweg, J./Eisenhardt, P., Das Bilanzrechtsmodernisierungsgesetz in der Praxis mittelständischer Unternehmen. Eine empirische Untersuchung der Konzernabschlüsse 2010, Stuttgart 2011

Ossadnik, W., Grundsatz und Interpretation der Materiality, WPg 1993, S. 617-629

o.V., Koalitionsvertrag zwischen CDU, CSU und FDP, Wachstum. Bildung. Zusammenhalt, Berlin 2009

Paarsch, H.J., A Monte Carlo Comparison of Estimators for Censored Regression Models, Journal of Econometrics 1984, Vol. 24, No. 1-2, S. 197-213

Pampel, K., Anforderungen an ein betriebswirtschaftliches Risikomanagement unter Berücksichtigung nationaler und internationaler Prüfungsstandards, Wismarer Diskussionspapiere, Heft 13/2005

Pellens, B./Kemper, T./Schmidt, A., Geplante Reformen im Recht der GmbH: Konsequenzen für den Gläubigerschutz, ZGR 2008, S. 381-430

Pestke, A., Zur Rolle des Steuerberaters im Risikomanagement der Finanzverwaltung, Stbg 2011, S. 1-6

Peter, M./Wehnert, O./Koch, M./Peter, S., Änderungen bei der Besteuerung von Funktionsverlagerungen durch das EU-Vorgaben-Umsetzungsgesetz – echte Erleichterung oder Fata Morgana in der Steuerwüste?, IStR 2011, S. 180-184

Petersen, K., Anwendungsfragen der Steuerabgrenzung im Jahresabschluss, WPg 2011, S. 255-263

Petersen, K./Zwirner, C. (Hrsg.), Bilanzrechtsmodernisierungsgesetz BilMoG, München 2009

Petersen, K./Zwirner, C., Latente Steuern nach dem BilMoG – Darstellung und Würdigung der Neukonzeption, StuB 2009, S. 416-423

Petrak, L./Schneider, J., Compliance und Steuern: Praxistipps zur Vermeidung wirtschaftlicher Risiken, BC 2008, Heft 1, S. 11-15

Phillips, H., Rechnungslegung nach BilMoG. Kurzkommentar zum Jahresabschluss und Lagebericht nach neuem Bilanzrecht, Wiesbaden 2010

Philipps, H., Rechnungslegungspraxis der KMU nach BilMoG – Empirische Befunde im ersten Jahresabschluss nach neuem Bilanzrecht, BBK 2011, S. 307-316

Phillips, H., Rechnungslegungspraxis nach BilMoG – Empirische Befunde zur Ausübung von Wahlrechten und Ermessensspielräumen im ersten Jahresabschluss nach neuem Bilanzrecht, StuB 2011, S. 203-209

Phillips, J.D., Corporate tax-planning effectiveness: The role of compensation-based incentives, Accounting Review 2003, Vol. 78, No. 3, S. 847-874

Phillips, J.D./Pincus, M./Rego, S.O., Earnings management: New evidence based on deferred tax expense, Accounting Review 2003, Vol. 78, No. 2, S. 491-522

Phillips, J.D./Pincus, M./Rego, S.O./Wan, H., Decomposing Changes in Deferred Tax Assets and Liabilities to Isolate Earnings Management Activities, Journal of the American Taxation Association 2004, Vol. 26, Supplement, S. 43-66

Picot, A./Dietl, H., Informations(de)regulierung am Kapitalmarkt aus institutionenökonomischer Sicht, Jahrbuch für Neue Politische Ökonomie 1994, Band 13, S. 113-138

Pierk, J./Weil, M., Accounting Choice in Price-Regulated Industries – Unintended Consequences?, Working Paper Humboldt University Berlin, SSRN Working Paper No. 2065928, Berlin 2012

Pollanz, M., Konzeptionelle Überlegungen zur Einrichtung und Prüfung eines Risikomanagementsystems – Droht eine Mega-Erwartungslücke?, DB 1999, S. 393-399

Piehler, M./Schwetzler, B., Zum Wert ertragsteuerlicher Verlustvorträge, Zfbf 2010, S. 60-100

Plesko, G.A., Corporate Tax Avoidance and the Properties of Corporate Earnings, National Tax Journal 2004, Vol. 57, No. 3, S. 729-737

Pöllath, R., Unternehmensführung (Corporate Governance) und Besteuerung, in: Birk, D. (Hrsg.), Transaktionen. Vermögen. Pro Bono. Festschrift zum zehnjährigen Bestehen von P+P Pöllath+Partners, München 2008, S. 3-27

Pöller, R., Sonderprobleme und Umsetzung der Neuregelungen zur Bilanzierung latenter Steuern nach BilMoG, BC 2011, S. 10-17

Poterba, J./Rao, N./Seidman, J., The Significance and Composition of Deferred Tax Assets and Liabilities, NBER Working Paper 12923, Cambridge 2007

Poterba, J.M./Rao, N.S./Seidman, J.K., Deferred Tax Positions and Incentives for Corporate Behavior around Corporate Tax Changes, National Tax Journal 2011, Vol. 64, No. 1, S. 27-58

Power, M., The nature of risk: The risk management of everything, Balance Sheet 2004, Vol. 12, No. 5, S. 19-28

Pratter, K./Köster, O./Zeller, L., Tax Accounting – Bilanzierung von Gewinnsteuern nach IFRS, Steuer Revue 2010, No. 5, S. 354-365

Preston, J.R./Adamek, A.M., Who's minding the tax department, Management Accounting 1983, Vol. 64, No. 11, S. 24-27

PricewaterhouseCoopers, Tax Risk Management, London 2004

PricewaterhouseCoopers, IFRS Manual of Accounting 2008. Global guide to International Financial Reporting Standards, London 2007

PricewaterhouseCoopers, Investor view 5 – Improving income tax disclosures, London 2010

Prinz, U., Steuerwirkungen des BilMoG: Ziel, Realität, Perspektiven, GmbHR 2009, S. 1027-1035

Pross, A./Czakert, E., Die Bedeutung von rechtzeitigen, gezielten und umfassenden Informationen zur Bekämpfung aggressiver Steuerplanung, IStR 2011, S. 277-278

Pross, A./Czakert, E., Aggressiver Steuerplanung entgegentreten durch verbesserte Transparenz und Offenlegung, IStR 2011, S. 279-284

Prystawik, O./Schauf, T., Steuerliche Anhangangaben nach HGB - was ist erforderlich?, DB 2011, S. 313-318

Raabe, J., Erfolgsfaktoren für Innovation in Unternehmen. Eine explorative und empirische Analyse, Wiesbaden 2012

Raffournier, B., The determinants of voluntary financial disclosure by Swiss listed Companies, European Accounting Review 1995, Vol. 4, No. 2, S. 261-280

Rainer, G./Heußer, J., in: Münchener Kommentar zum Handelsgesetzbuch, 2. Auflage, München 2008, § 266 Rn. 1-125

Rappaport, A., Creating Shareholder Value: A Guide for Managers and Investors, 2. Auflage, New York 1998

Rasch, S./Schmidtke, R., Neue Bestimmungen zur Funktionsverlagerung in Australien, IWB 2010, S. 720-726

Raedy, J.S./Seidman, J./Shackelford, D.A., Is There Information in the Tax Footnote?, McCombs Research Paper Series No. ACC-01-11

Rego, S.O./Wilson, R., Executive Compensation, Equity Risk Incentives, and Corporate Tax Aggressiveness, SSRN Working Paper No. 1337207

Reichmann, T., Controlling mit Kennzahlen und Managementberichten, 6. Auflage, München 2001

Reichmann, T./Form, S., Balanced Chance- and (Risk-Management), Controlling 2000, S. 189-198

Rice, S.C./Weber, D.P., How Effective is Internal Control reporting under SOX 404? Determinants of the (Non-)Disclosure of Existing Material Weaknesses, Journal of Accounting Research 2012, Vol. 50, No. 3, S. 811-843

Richter, A./Welling, B., Diskussionsbericht zum 37. Berliner Steuergespräch „Kooperationsformen im Besteuerungsverfahren“, FR 2011, S. 123-127

Richter, L./Kruczynski, M./Kurz, C., E-Bilanz: Mindestumfang der steuerlichen Deklaration nach der geplanten Taxonomie, BB 2010, S. 2489-2494

Rieger, H., Prinzipien des internationalen Steuerrechts als Problem der Steuerplanung in der multinationalen Unternehmung, Berlin 1978

Risse, R., Steuercontrolling- und Reporting. Konzernsteuerquote und deren Bedeutung für das Steuermanagement, Wiesbaden 2010

Risse, R., Tax Compliance in der Form der zeitnahen Außenprüfung, DB 2011, S. 667-674

Risse, R., Zeitnahe Betriebsprüfung, FR 2011, S. 117-120

Risse, R., Steuerliches Risikomanagement, Ubg 2012, S. 169-176

Risse, R./Große-Allermann, F., Tax Compliance auf der Grundlage handelsrechtlicher Risikomanagementsysteme – Auswirkungen des § 289 Abs. 5 HGB in der Fassung des BilMoG, Ubg 2010, S. 629-634

Robinson, J.R./Sikes, S.A./Weaver, C.D., Performance Measurement of Corporate Tax Departments, The Accounting Review 2010, Vol. 85, No. 3, S. 1035-1065

Robinson L.A./Schmidt, A.P., Firm and investor responses to uncertain tax benefit disclosure requirements, Tuck School of Business Working Paper No. 2009-59, Hanover 2012

Rogers, D.A., Does executive portfolio structure affect risk management? CEO risk taking incentives and corporate derivatives usage, Journal of Banking & Finance 2002, Vol. 26, No. 2/3, S. 271-295

Rolletschke, S./Burkhard, S., Zeitschriftenauswertung Steuerstrafrecht 2009, DStZ 2010, S. 753-764

Rose, G., Verunsicherte Steuerpraxis, StbJb 1975/1976, S. 41-85

Rose, G., Ein Grundgerüst planungsrelevanter Steuerrechtsrisiken, in: Elschen, R./Siegel, T./Wagner, F.W., Unternehmenstheorie und Besteuerung. Festschrift Dieter Schneider, Wiesbaden 1995, S. 479-493

Rosenbach, G., Steuerfreiheit von Beteiligungserträgen, in: Kneip, C./Jänisch, C. (Hrsg.), Tax Due Diligence. Steuerrisiken und Steuergestaltungen beim Unternehmenskauf, München 2005, S. 142-178

Röthlisberger, R./Zitter, G., Tax Risk Management. Aktuelle Herausforderungen für alle Steuerverantwortlichen, Schweizer Treuhänder 2005, S. 295-297

Ruberg, L., Gegenwind für ED/2009/2 Ende der Kommentierungsfrist für Neufassung von IAS 12 Income Taxes, Status Recht 2009, S. 230-231

Ruberg, L., Aktuelle Entwicklungen im Bereich des Tax Accounting, Ubg 2009, S. 863-874

Ruberg, L., Werthaltigkeitsnachweis aktiver latenter Steuern auf Verlustvorträge anhand von Passivlatenzen – Besonderheiten bei der Mindestbesteuerung, Ubg 2011, S. 204-209

Ruberg, L., Das Diskussionspapier “Improving the Financial Reporting of Income Tax” – Neue Wege für die Bilanzierung latenter Steuern?, Ubg 2012, S. 246-255

Salavei, K., Implications of financial statement restatements of different items, Applied Financial Economics 2010, Vol. 20, No. 11, S. 879-890

Salzberger, W., Seminar G: Tax Risk Management, IStR 2008, S. 555-556

Schabetsberger, G.A., Die Tax Due Diligence, Saarbrücken 2008

Schachel, I./Vögtle, M., Wirkungen von Investor Relations-Arbeit am deutschen Aktienmarkt, FB 2006, S. 580-589

Schanz, D./Schanz, S., Finding a New Corporate Tax Base after the Abolishment of the One-Book System in EU Member States, European Accounting Review 2010, Vol. 19, No. 2, S. 311-341

Schäffeler, U., Latente Steuern nach US-GAAP für deutsche Unternehmen, Frankfurt am Main 2000

Schärer, C./Mayne, H., Learning to manage VAT risk, International Tax Review 2007, Vol. 18, No. 8, S. 33-36

Scheibe, H./Schwerdt, D., Neue Verrechnungspreisvorschriften in Italien, IWB 2010, S. 861-863

Schiereck, D./Tunder, R./Gohlke, F., Durch Wertpapieranalysten wahrgenommene Qualität der Finanzkommunikation deutscher Unternehmen, DB 2010, S. 401-407

Schiffers, J., E-Bilanz (§5 b EStG) – schlichte Verfahrensvorschrift vor dem Hintergrund des Risikomanagements im Steuervollzug und des Tax Accouting, Stbg 2011, S. 7-18

Schildbach, T., Internationale Rechnungslegung, Interessenvertretung und Kontroversen in der Sache, DStR 2010, S. 2048-2052

Schilling, D./Traska, N., Praxis der Bilanzierung latenter Steuern am Beispiel der DAX-30 Unternehmen, PiR 2011, S. 307-316

Schlager, J., Einfluss der Steuerrechtsprognose auf die Risikopolitik der Unternehmung, Wiesbaden 1979

Schleicher, K., Die Kontrolle des Steuervollzugs durch die Rechnungshöfe, DStJG 2008, S. 59-83

Schmidt, E., Moderne Steuerungssysteme im Steuervollzug, DStJG 2008, S. 37-58

Schmidt, F., Teil D Tax Due Diligence, in: Beisel, D./Andreas, F.E. (Hrsg.), Due Diligence, München 2010, § 25 Vorbemerkungen

Schmitt, M., Steuervollzug im föderalen Staat, DStJG 2008, S. 99-133

Smith, P.W., Tax Management in Action, in: Marting, E./Finley, R.E. (Hrsg.), The Financial Manager's Job, New York 1964, S. 325-334

Schmundt, W., Die Prognose von Ertragsteuern im Discounted Cash Flow Verfahren, Wiesbaden 2008

Schneider, H., Stellung und Bedeutung der Steuerabteilung in einem Kreditinstitut, Kreditwesen 1999, S. 24-30

Schneider, H., Die steuerliche Arbeitsteilung innerhalb der Unternehmung - Zentralisation und Dezentralisation steuerlicher Aufgaben in Großunternehmen, DStR 2001, S. 1224-1228

Schneider, T., Digitale Analyse der Unternehmensdaten – Vorbereitung der Betriebsprüfung, Sicherheit der Unternehmensdaten, DStR 2004, S. 1269-1272

Scholz-Görlach, U., Systematik der bilanziellen Erfassung latenter Steueransprüche, PiR 2009, S. 195-201

Schön, W., Tax and Corporate Governance: A Legal Approach, in: Schön, W. (Hrsg.), Tax and Corporate Governance, MPI Studies on Intellectual Property, Competition and Tax Law Volume 3, Berlin 2008, S. 31-62

Schorcht, H., Risikomanagement und Risikocontrolling junger Unternehmen in Wachstumsbranchen, Berlin 2004

Schramm, H.-G., Steuerliche Ungewißheitsanalyse, Bergisch Gladbach 1989

Schredelseker, K., Jahresabschluss und Marktinformation, DBW 2008, S. 159-184

Schroen, O.C., Scheinbar korrekte Rechnung, dennoch kein Vorsteuerabzug, NWB 2010, S. 4124-4128

Schulze-Osterloh, J., Ausgewählte Änderungen des Jahresabschlusses nach dem Referentenentwurf eines Bilanzrechtsmodernisierungsgesetzes, DStR 2008, S. 63-73

Schutzman, M., The role of technology, in: International Tax Review/PricewaterhouseCoopers (Hrsg.), Tax management in companies, 2. Auflage, London 2008, S. 23-27

Scott, W. R., Financial Accounting Theory, 6. Auflage, Toronto 2012

Seer, R., Möglichkeit und Grenzen eines „maßvollen" Gesetzesvollzugs durch die Finanzverwaltung, FR 1997, S. 553-562

Seer, R., Reform des Veranlagungsverfahrens, StuW 2003, S. 40-59

Seer, R., Reform der Steuerveranlagung, StbJb 2004/2005, S. 53-78

Seer, R., Rolle des Steuerberaters in einer elektronischen Finanzverwaltung, DStR 2008, S. 1553-1560

Seer, R., Zeitnahe Außenprüfung bei Groß- und Konzernbetrieben, Ubg 2009, S. 673-679

Seer, R., Ausbau des grenzüberschreitenden Informationsaustausches, IWB 2009, S. 951-964

Seer, R., Die Vollstreckungsamtshilfe in Steuersachen nach der neu gefassten Betreibungsrichtlinie 2010/24/EU, IWB 2011, S. 144-152

Seer, R., Tax Compliance und Außenprüfung, in: Binnewies, B./Spatschek, R. (Hrsg.), Festschrift für Michael Streck, Köln 2011, S. 403-415

Seer, R./Gabert, I., Der internationale Auskunftsaustausch in Steuersachen, StuW 2010, S. 3-23

Seifert, W.G., Risk Management im Lichte einiger Ansätze der Entscheidungs- und Organisationstheorie, Frankfurt am Main 1980

Senger, T./Brune, J.W./Hoehne, F., Steuerunsicherheiten in der internationalen Rechnungslegung – Status quo und künftige Entwicklungen, WPg 2010, S. 673-681

Serg, O., Optimierung der Konzernsteuerquote durch internationale Funktionsverlagerungen, Lohmar 2006

Shaviro, D., Disclosure and Civil Penalty Rules in the U.S. Legal Response to Corporate Tax Shelters, in: Schön, W. (Hrsg.), Tax and Corporate Governance, MPI Studies on Intellectual Property, Competition and Tax Law Volume 3, Berlin 2008, S. 229-256

Simlacher, A./Schurbohm-Ebneth, A., Die geplanten Änderungen zur Bilanzierung von Ertragsteuern in IFRS-Abschlüssen, KoR 2009, S. 389-399

Simons, D./Weißenberger, B.E., Die Konvergenz von externem und internem Rechnungswesen – Kritische Faktoren für die Entwicklung einer partiell integrierten Rechnungslegung aus theoretischer Sicht, BFuP 2008, S. 137-160

Simons, R., How risky is your Company?, Harvard Business Review 1999, Vol. 77, No. 3, S. 85-94

Singhvi, S.S./Desai, H.B., An Empirical Analysis of the Quality of Corporate Financial Disclosure, Accounting Review 1971, Vol. 46, No. 1, S. 129-138

Slemrod, J., The Economics of Corporate Tax Selfishness, National Tax Journal 2004, Vol. 57, No. 4, S. 877-899

Slemrod, J./Blumenthal, M., The Income Tax Compliance Cost of Big Business, Public Finance Review 1996, Vol. 24, No. 4, S. 411-438

Sommerfeld, H./Steurer, E., Integriertes Chancen- und Risikomanagement bei der BMW Group, in: Deutsche Gesellschaft für Risikomanagement e. V. (Hrsg.), Risikoaggregation in der Praxis. Beispiele und Verfahren aus dem Risikomanagement von Unternehmen, Berlin 2008, S. 93-109

Spengel, C./Lammersen, L., Methoden zur Messung und zum Vergleich internationaler Steuerbelastungen, StuW 2001, S. 222-238

Spengel, C./Matenaer, S., Grenzüberschreitende Verrechnung von Betriebsstättenverlusten - ein kritischer Vergleich der EuGH-Rechtsprechung, IStR 2010, S. 817-820

Spengel, C./Matenaer, S., Tax Risk Management – Strategische, prozessuale und organisationale Einflussfaktoren, Ubg 2011, S. 798-811

Spengel, C./Ortmann-Babel, M./Matenaer, S., Tax Risk Management der Finanzverwaltung: Hat Deutschland den Anschluss an die internationale Entwicklung verpasst?, Ubg 2012, S. 466-475

Spengel, C./Ortmann-Babel, M./Zinn, B./Matenaer, S., Common Corporate Tax Base for Europe: An Impact Assessment of the Draft Council Directive on a CC(C)TB, World Tax Journal 2012, Vol. 4, No. 3, S. 185-221

Spengel, C./Zöllkau, Y. (Hrsg.), Common Corporate Tax Base CC(C)TB and Determination of Taxable Income. An International Comparison, Heidelberg 2012

Stacey, J.A, Managing Tax Risk: Weighing Risk, Opportunity, and Transparency in a More Restrictive Regulatory and Governance Environment, Toronto 2005

Seidler, L.J./Stickney, C.P., Current Issues in the Measurement and Disclosure of Corporate Income Taxes, The Accounting Review 1979, Vol. 54, No. 2, S. 421-433

Spannagl, T./Häßler, A., Ein Ansatz zur Implementierung eines Risikomanagement-Prozesses, DStR 1999, S. 1826-1832

Steiner, H. J./Belz, D., Steuerliches Risikomanagement Ergebnisse einer Umfrage im deutschsprachigen Raum, Der Schweizer Treuhänder 2009, S. 95-102

Streck, M./Binnewies, B., Tax Compliance, DStR 2009, S. 229-234

Strohmeier, G., Ganzheitliches Risikomanagement in Industriebetrieben, Wiesbaden 2007

Stulz, R.M., Rethinking Risk Management, Journal of Applied Corporate Finance 1996, Vol. 9, No. 3, S. 8-25

Takano, H./Ariyasu, K./Angell, R., Japan, in: Bakker, A./Kloosterhof, S. (Hrsg.), Tax Risk Management. From Risk to Opportunity, Amsterdam 2010, S. 289-308

Tappen, F., Verrechnungspreise und Funktionsverlagerung (Teil 2), SteuK 2010, S. 465-468

Tsay, R.S., Analysis of Financial Time Series, 2. Auflage, New York 2002

Tax Executive Institute, Post-Implementation Review of FIN 48, The Tax Executive 2011, Vol. 63, No. 5, S. 371-377

Theil, M., Risikomanagement – Stand und Ansätze für eine Weiterentwicklung, in: Mugler, J. (Hrsg.): Versicherung, Risiko und Internationalisierung. Herausforderungen für Unternehmensführung und Politik. Festschrift für Heinrich Stremitzer zum 60. Geburtstag, Wien 1996, S. 205-220

Theile, C., Der neue Jahresabschluss nach dem BilMoG, DStR 2009, Beihefter zu Heft 18, S. 21-35

Theile, C./Nagafi, H./Zyczkowski, C., BilMoG: Analystenschreck oder Weißer Ritter des HGB?, BBK 2011, S. 912-941

Thijs, B./Feyerabend, H.-J., Steuerstrategien und Risk Management bei Kreditinstituten, Versicherern und Finanzdienstleistern, BB 2004, S. 1994-1998

Tikos, P., Foreign Account Tax Compliance Act (FATCA) – US-steuerrechtliche Anforderungen an das globale Finanzsystem, RIW 2011, S. 221-226

Tipke, K., Zu Gerd Roses Bemühen um mehr Steuerplanungssicherheit, in: Herzig, N. (Hrsg.), Betriebswirtschaftliche Steuerlehre und Steuerberatung, Gerd Rose zum 65. Geburtstag, Wiesbaden 1991, S. 91-110

Tobin, J., Estimation of Relationships for Limited Dependent Variables, Econometrica 1958, Vol. 26, No. 1, S. 24-36

Tomohara, A./Lee, H. J./Lee, S., Did FIN 48 increase companies' tax payments? Trade-off between disclosure and tax burdens, Applied Economics 2012, Vol. 44, No. 33, S. 4239-4248

Trips, M., Risikomanagement in der öffentlichen Verwaltung. Zur Möglichkeit der Einführung eines Risikomanagements im öffentlichen Sektor, NVwZ 2003, S. 804-811

Veit, K.-R., Die Inanspruchnahme von Bilanzierungshilfen – Ergebnisse einer empirischen Untersuchung, DB 1995, S. 2129-2131

Velte, P., Entobjektivierung der Rechnungslegung durch latente Steuern (auf Verlustvorträge), StuW 2011, S. 292-298

Velte, P./Stiglbauer, M./Sepetauz, K., Entwicklung der Risiko- und Prognoseberichterstattung am deutschen Kapitalmarkt, JfB 2011, S. 123-177

Vera, A., Organisation von Steuerabteilungen und Einsatz externer Steuerberatung in deutschen Großunternehmen, Lohmar 2001

Viemann, K., ZP-Stichwort: Risikoadjustierte Performancemaße, Zeitschrift für Planung & Unternehmenssteuerung 2005, S. 373-380

Vogler, M./Gundert, M., Einführung von Risikomanagementsystemen Hinweise zur praktischen Ausgestaltung, DB 1998, S. 2377-2383

Voß, J., Ungewißheit im Steuerrecht – Formen, Konsequenzen, Maßnahmen, Wiesbaden 1992

Watrin, C., Statistische Methoden in der steuerlichen Betriebsprüfung, in: Kirsch, H.-J./Thiele, S. (Hrsg.), Rechnungslegung und Wirtschaftsprüfung, Festschrift zum 70. Geburtstag von Jörg Baetge, Düsseldorf 2007, S. 1188-1207

Watrin, C./Richter, F., Konzernsteuerquote und Kapitalmarkt, Ubg 2012, S. 44-53

Wacker, W.H., Steuerplanung im nationalen und transnationalen Unternehmen, Berlin 1979

Wagner, F., Risk Management im Erstversicherungsunternehmen, Karlsruhe 2000

Watson, A./Shrives, P./Marston, C., Voluntary Disclosure of Accounting Ratios in the UK, British Accounting Review 2002, Vol. 34, No. 4, S. 289-313

Weber, C., Die Behandlung latenter Steuern im Jahresabschluss und ihr Informationsgehalt im Rahmen der Unternehmensanalyse, Frankfurt 2003

Weber, D., Ziele und Erfolgsfaktoren der externen Risikoberichterstattung von Kreditinstituten, KoR 2010, S. 208-216

Weber, D.P., Do Analysts and Investors Fully Appreciate the Implications of Book-Tax Differences for Future Earnings?, Contemporary Accounting Research 2009, Vol. 26, No. 4, S. 1175-1206

Weber, J./Weißenberger, B.E./Liekweg, A., Ausgestaltung eines unternehmerischen Chancen- und Risikomanagement nach dem KonTraG, DStR 1999, S. 1710-1716

Weber, S.C./Velte, P., Der Zusammenhang zwischen Corporate Governance und Kapitalkosten des Unternehmens, DStR 2011, S. 39-45

Weide, G./Hoffjan, A./Nevries, P./Trapp, R., Organisatorisch-personelle Auswirkungen einer Integration des Rechnungswesens – eine empirische Analyse, Zfbf 2011, S. 63-86

Weitekamp, K., Chancen-/Risikomanagement als Führungsaufgabe aus Sicht der Internen Revision Ein praxisorientierter Ansatz, Versicherungswirtschaft 1997, S. 1756-1759

White, G.I./Sondhi, A.C./Fried, D., The Analysis and Use of Financial Statements, 2. Auflage, New York 1998

Whitehead, R./Oxner, T., IRS Access to Tax Workpapers, CPA Journal 2010, Vol. 80, No. 10, S. 44 ff.

Wiesch, N., Anpassung von Steuerbilanzen (oder Handelsbilanzen) an Prüferbilanzen, SteuerStud 2010, S. 509-517

Wildemann, H., Management leistungswirtschaftlicher Risiken in Industrieunternehmen – eine theoretische und empirische Untersuchung, Berlin 2006

Williams, D.F., Developing the Concept of Tax Governance, Discussion Paper, London 2007

Withus, K.-H., Lageberichterstattung über Chancen und Risiken im Fokus des Enforcementverfahrens, KoR 2010, S. 237-240

Wittmann, F., Der Einfluß der Steuern auf die Investitionsentscheidungen der Unternehmen. Eine empirische Analyse, Frankfurt am Main 1986

Wolf, K., Risikomanagement gemäß den Anforderungen des KonTraG bei DaimlerChrysler, Controlling 2004, S. 211-216

Wolf, K., Interne Kontroll- und Risikomanagementsysteme in der Unternehmenspraxis – Status quo und Möglichkeiten einer Integration zu einem ganzheitlichen Kontroll- und Risikomanagement, WPg 2010, S. 867-877

Wollweber, M., Risikomanagement in Umwandlungsfällen – Fallstricke bei der Umstrukturierung, AG 2011, 77-81

Wolz, C., Latente Steuern nach BilMoG: Analyse der konzeptionellen Neuregelung im Einzel- und Konzernabschluss, DB 2010, S. 2625-2633

Wunder, H.F., Tax risk management and the multinational enterprise, Journal of International Accounting, Auditing and Taxation 2009, Vol. 18, No. 1, S. 14-28

Wünnemann, M., Gesetzlicher Regelungsbedarf für eine zeitnahe Betriebsprüfung, Ubg 2011, S. 197-203

Zimmermann, M., Steuercontrolling, Wiesbaden 1997

Zinn, B./Spengel, C., Book-tax Conformity: Empirical Evidence from Germany, ZEW-Discussion Paper Nr. 12-051, Mannheim 2012

Zülch, H./Hoffmann, S., Die Stellungnahme des Bundesrates zum BilMoG-RegE – Anmerkungen zu den vorgeschlagenen Änderungen, DB 2008, S. 1643-1644

Zwirner, C., IFRS-Bilanzierungspraxis, Berlin 2007

Zwirner, C., Relevanz des BilMoG – auch für IFRS-Bilanzierer und den Kapitalmarkt, KoR 2011, S. 1-5

Zwirner, C., Vergleichbarkeit von Jahresabschlüssen nach BilMoG – Der Versuch, Unmögliches möglich zu machen, StuB 2011, S. 569-575

Zwirner, C./Künkele, K. P., BilMoG: Bilanzanalyse, Rating und Vergleichbarkeit, BC 2011, S. 212-215

Entscheidungen

Datum	Aktenzeichen	amtliche Quelle oder Fundstelle
1. Europäischer Gerichtshof		
12. 9. 2006	C-196/04	EuGHE 2006, S. I-7995
2. Bundesfinanzhof		
13. 1. 1966	IV 51/62	BStBl III 1966, S. 189
27. 11. 2001	VIII R 36/00	BStBl II 2002, S. 731
3. Finanzgerichte		
FG Köln		
7. 7. 2009	13 V 1232/09	BB 2009, S. 2747

Verwaltungsanweisungen

Betriebsprüfungsverordnung (BpO) vom 15. 3. 2000, BStBl I 2000 , S. 369

BMF-Schreiben vom 16. 7. 2001, IV D 2 – S 0316 – 0136/01, BStBl I 2001, S. 415

BMF-Schreiben vom 20. 5. 2009, IV B 5 – S 2411/07/10021, BStBl I 2009, S. 645

BMF-Schreiben vom 20. 8. 2009, IV A 4 – S 1450/08/10001, BStBl I 2009, S. 886

BMF-Schreiben vom 12. 3. 2010, IV C 6 - S 2133/09/10001, BStBl I 2010, S. 239

BMF-Schreiben vom 13. 10. 2010, IV B 5 - S 1341/08/10003, BStBl 2010, S. 774

BMF-Schreiben vom 28. 9. 2011, IV C 6 - S 2133-b/11/10009, BStBl I 2011, S. 855

Finanzministerium Nordrhein-Westfalen, Erlaß vom 11.6.2008, S 0401 - 10 - V A 5, Beck-Verw 242338

Drucksachen des Bundesrates und des Bundestages

Bundestags-Drucksache 16/10067 vom 30. 7. 2008

Bundestags-Drucksache 16/12407 vom 24.3.2009

Verlautbarungen der Europäischen Gemeinschaftsorgane

Richtlinie des Rates 77/799 EWG vom 19. 12. 1977 über die gegenseitige Amtshilfe zwischen den zuständigen Behörden der Mitgliedstaaten im Bereich der direkten Steuern, Abl. 1977 Nr. L 336, S. 15-20

Richtlinie 2006/43/EG des Europäischen Parlaments und des Rates vom 17. 5. 2006 über die Abschlussprüfungen von Jahresabschlüssen und konsolidierten Abschlüssen, zur Änderung der Richtlinien 78/660/EWG und 83/349/EWG des Rates und zur Aufhebung der Richtlinie 84/253/EWG des Rates, Abl. 2006 Nr. L 157, S. 87-107

Richtlinie 2008/55/EG des Rates vom 26. 5. 2008 über die gegenseitige Unterstützung bei der Beitreibung von Forderungen in Bezug auf bestimmte Abgaben, Zölle, Steuern und sonstige Maßnahmen, Abl. 2008 Nr. L 150, S. 28-38

Richtlinie 2010/24/EU des Rates vom 16. 3. 2010 über die Amtshilfe bei der Beitreibung von Forderungen in Bezug auf bestimmte Steuern, Abgaben und sonstige Maßnahmen, Abl. 2010 Nr. L 84, S. 1-12

Richtlinie 2011/16/EU des Rates vom 15. 2. 2011 über die Zusammenarbeit der Verwaltungsbehörden im Bereich der Besteuerung und zur Aufhebung der Richtlinie 77/799/EWG, Abl. 2011 Nr. L 64, S. 1-12

Übereinkommen 90/463/EWG vom 23. 7. 1990 über die Beseitigung der Doppelbesteuerung im Falle von Gewinnberichtigungen zwischen verbundenen Unternehmen (Schiedsverfahrenskonvention), Abl. 1990 Nr. L 225, S. 10

Vorschlag für eine Richtlinie des Rates vom 16. 3. 2011 über eine Gemeinsame Konsolidierte Körperschaftsteuer-Bemessungsgrundlage, KOM(2011) 121/4

Vorschlag für eine Richtlinie des Rates vom 25. 10. 2011 über den Jahresabschluss, den konsolidierten Abschluss und damit verbundene Berichte von Unternehmen bestimmter Rechtsformen, KOM (2011) 684 final

STEUER, WIRTSCHAFT UND RECHT

Herausgegeben von vBP StB Prof. Dr. Johannes Georg Bischoff, Wuppertal, Dr. Alfred Kellermann, Vorsitzender Richter am BGH (a. D.), Karlsruhe, Prof. (em.) Dr. Günter Sieben, Köln, und WP StB Prof. Dr. Dr. h. c. Norbert Herzig, Köln

Band 326
Benedikt Zinn
Tax Accounting in Germany – Empirical Evidence on the Relationship between Financial and Tax Accounting and Options for Reform
Lohmar – Köln 2012 • 204 S. • € 49,- (D) • ISBN 978-3-8441-0208-6

Band 327
Alexander Reichl
Verrechnung immaterieller Wirtschaftsgüter im internationalen Konzern
Lohmar – Köln 2013 • 460 S. • € 69,- (D) • ISBN 978-3-8441-0216-1

Band 328
Benjamin S. Cortez
Neuausrichtung der deutschen Hinzurechnungsbesteuerung – Kritische Würdigung und Reformansatz der zentralen Norm des § 8 AStG
Lohmar – Köln 2013 • 400 S. • € 66,- (D) • ISBN 978-3-8441-0218-5

Band 329
Markus Weiß
Risikofaktoren im steuerberatenden Berufsstand – Eine empirische Analyse
Lohmar – Köln 2013 • 356 S. • € 64,- (D) • ISBN 978-3-8441-0224-6

Band 330
Sebastian Matenaer
Implikationen steuerlicher Risiken – Ökonomische Analyse und empirische Evidenz
Lohmar – Köln 2013 • 280 S. • € 58,- (D) • ISBN 978-3-8441-0238-3

JOSEF EUL VERLAG